333教育综合
应试解析

教育学原理分册　　主编　徐影

编委会　凯程教研室

北京理工大学出版社
BEIJING INSTITUTE OF TECHNOLOGY PRESS

版权专有　侵权必究

图书在版编目（CIP）数据

333教育综合应试解析．教育学原理分册/徐影主编．—北京：北京理工大学出版社，2022.1（2023.4重印）

ISBN 978-7-5763-0894-5

Ⅰ．①3… Ⅱ．①徐… Ⅲ．①教育学–研究生–入学考试–自学参考资料 Ⅳ．①G40

中国版本图书馆CIP数据核字（2022）第015447号

出版发行 / 北京理工大学出版社有限责任公司
社　　址 / 北京市海淀区中关村南大街5号
邮　　编 / 100081
电　　话 /（010）68914775（总编室）
　　　　　（010）82562903（教材售后服务热线）
　　　　　（010）68944723（其他图书服务热线）
网　　址 / http://www.bitpress.com.cn
经　　销 / 全国各地新华书店
印　　刷 / 河北鹏润印刷有限公司
开　　本 / 889毫米×1194毫米　1/16
印　　张 / 12.5
字　　数 / 333千字
版　　次 / 2022年1月第1版　2023年4月第3次印刷
定　　价 / 278.90元（共4册）

责任编辑 / 多海鹏
文案编辑 / 多海鹏
责任校对 / 周瑞红
责任印制 / 李志强

图书出现印装质量问题，请拨打售后服务热线，本社负责调换

目录

第一章　教育学概述	004
第一节　教育学的研究对象与任务	006
第二节　教育学的产生与发展	007

第二章　教育的概念	014
第一节　教育的概念与质的特点	015
第二节　教育活动的基本要素	019
第三节　教育的历史发展	021

第三章　教育与人的发展	027
第一节　人的发展概述	028
第二节　影响人身心发展的因素	032
第三节　影响人身心发展因素的理论	035

第四章　教育与社会发展	039
第一节　教育的社会制约性	040
第二节　教育的社会功能	042
第三节　教育与我国社会主义建设	049

第五章　教育目的	053
第一节　教育目的概述	054
第二节　教育目的相关理论	057
第三节　我国的教育目的	064

第六章　教育制度	071
第一节　教育制度概述	072
第二节　现代学校教育制度	074
第三节　我国现行学校教育制度	077

第七章　课程	083
第一节　课程概述	085
第二节　课程理论的发展	089
第三节　课程争论的几个主要问题	092
第四节　课程设计	097
第五节　课程改革	102

第八章　教学（上）	110
第一节　教学概述	111
第二节　教学过程	112

第九章　教学（下）	123
第三节　教学组织形式	124
第四节　教学原则和教学方法	129
第五节　教学评价	139

第十章　德育	146
第一节　德育概述	147
第二节　德育过程	150
第三节　德育原则与德育方法	153
第四节　德育途径	160
第五节　立德树人是教育的根本任务	162

第十一章　教师与学生	164
第一节　教师	165
第二节　学生与师生关系	175

第十二章　班主任	179
第一节　班主任工作概述	180
第二节　班集体的培养	182

第十三章　学校管理	186
第一节　学校管理概述	187
第二节　学校管理详情与发展趋势	189

参考文献	195

① 本书按照知识的逻辑调整了大纲的章节名称和大纲知识点的顺序，但是不缺少大纲的任何一个知识点。依照本书的知识编排顺序学习，更符合知识的逻辑和学习的基本心理逻辑，也与凯程课程的授课方式保持一致。

教育学原理

学科框架

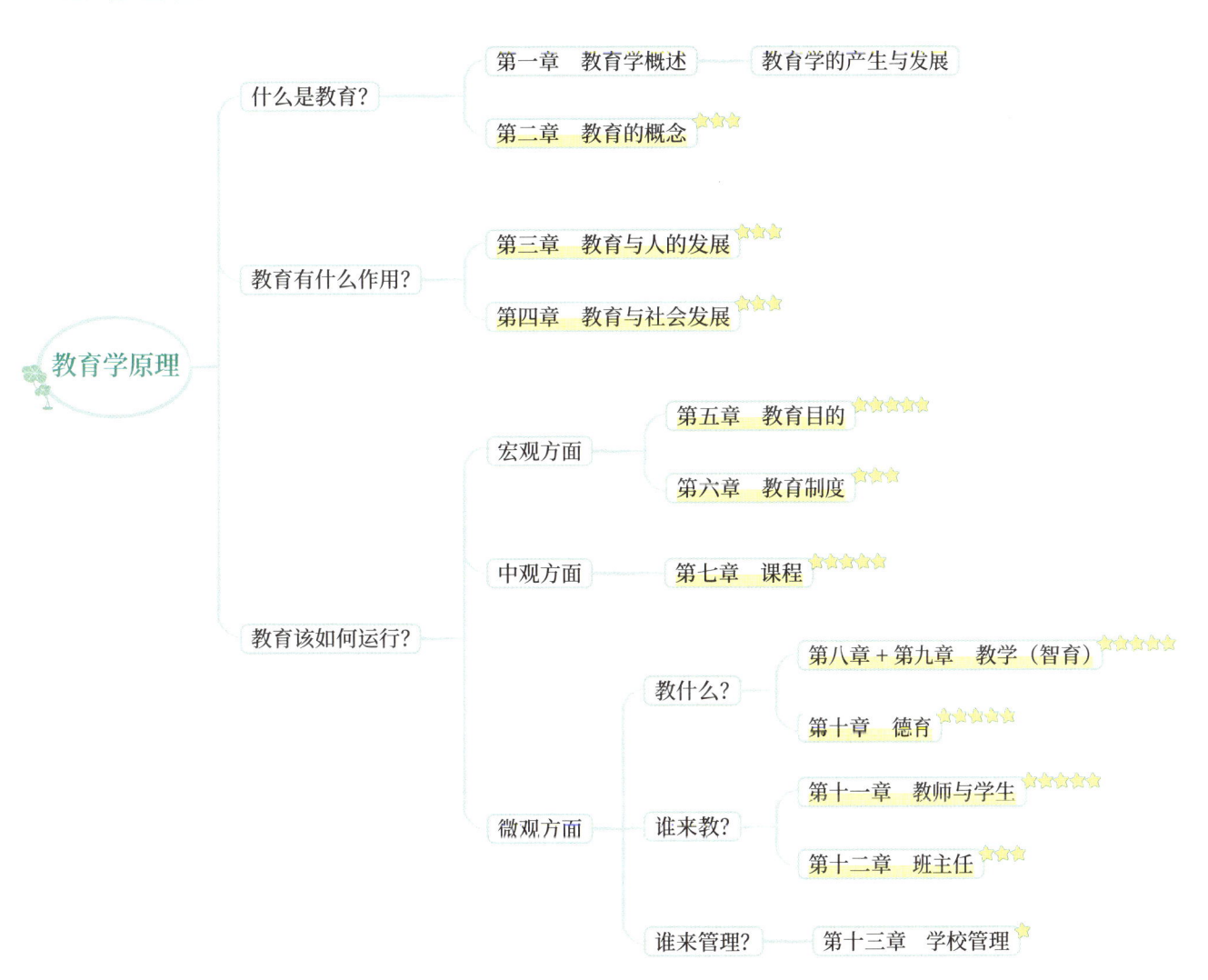

教育学原理
- 什么是教育？
  - 第一章　教育学概述 —— 教育学的产生与发展
  - 第二章　教育的概念 ⭐⭐⭐
- 教育有什么作用？
  - 第三章　教育与人的发展 ⭐⭐⭐
  - 第四章　教育与社会发展 ⭐⭐⭐
- 教育该如何运行？
  - 宏观方面
    - 第五章　教育目的 ⭐⭐⭐⭐
    - 第六章　教育制度 ⭐⭐⭐
  - 中观方面
    - 第七章　课程 ⭐⭐⭐⭐
  - 微观方面
    - 教什么？
      - 第八章+第九章　教学（智育）⭐⭐⭐⭐⭐
      - 第十章　德育 ⭐⭐⭐⭐
    - 谁来教？
      - 第十一章　教师与学生 ⭐⭐⭐⭐
      - 第十二章　班主任 ⭐⭐⭐
    - 谁来管理？
      - 第十三章　学校管理 ⭐

章节考频图

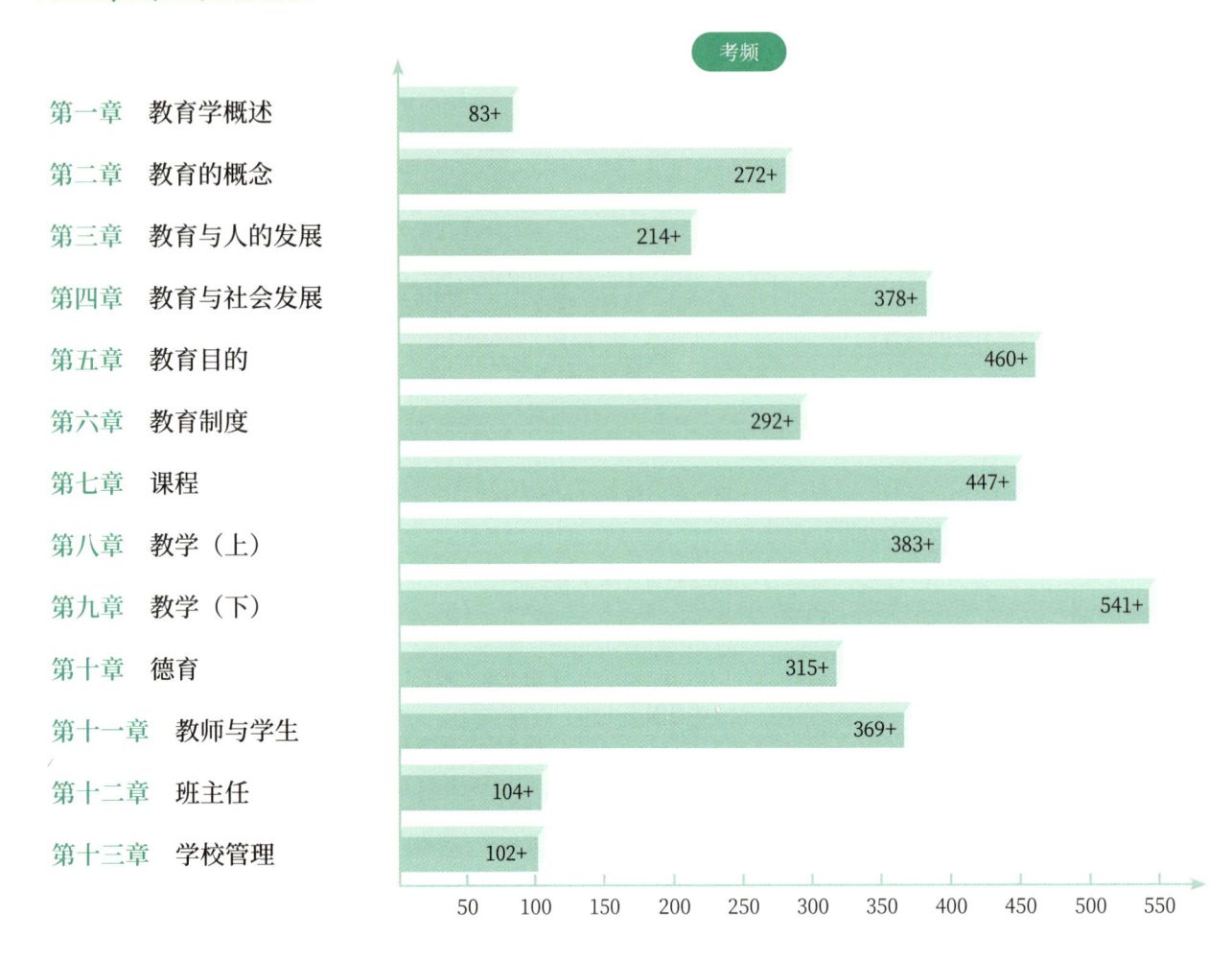

章节	考频
第一章　教育学概述	83+
第二章　教育的概念	272+
第三章　教育与人的发展	214+
第四章　教育与社会发展	378+
第五章　教育目的	460+
第六章　教育制度	292+
第七章　课程	447+
第八章　教学（上）	383+
第九章　教学（下）	541+
第十章　德育	315+
第十一章　教师与学生	369+
第十二章　班主任	104+
第十三章　学校管理	102+

教育学原理 003

教育学原理高频知识点频次图

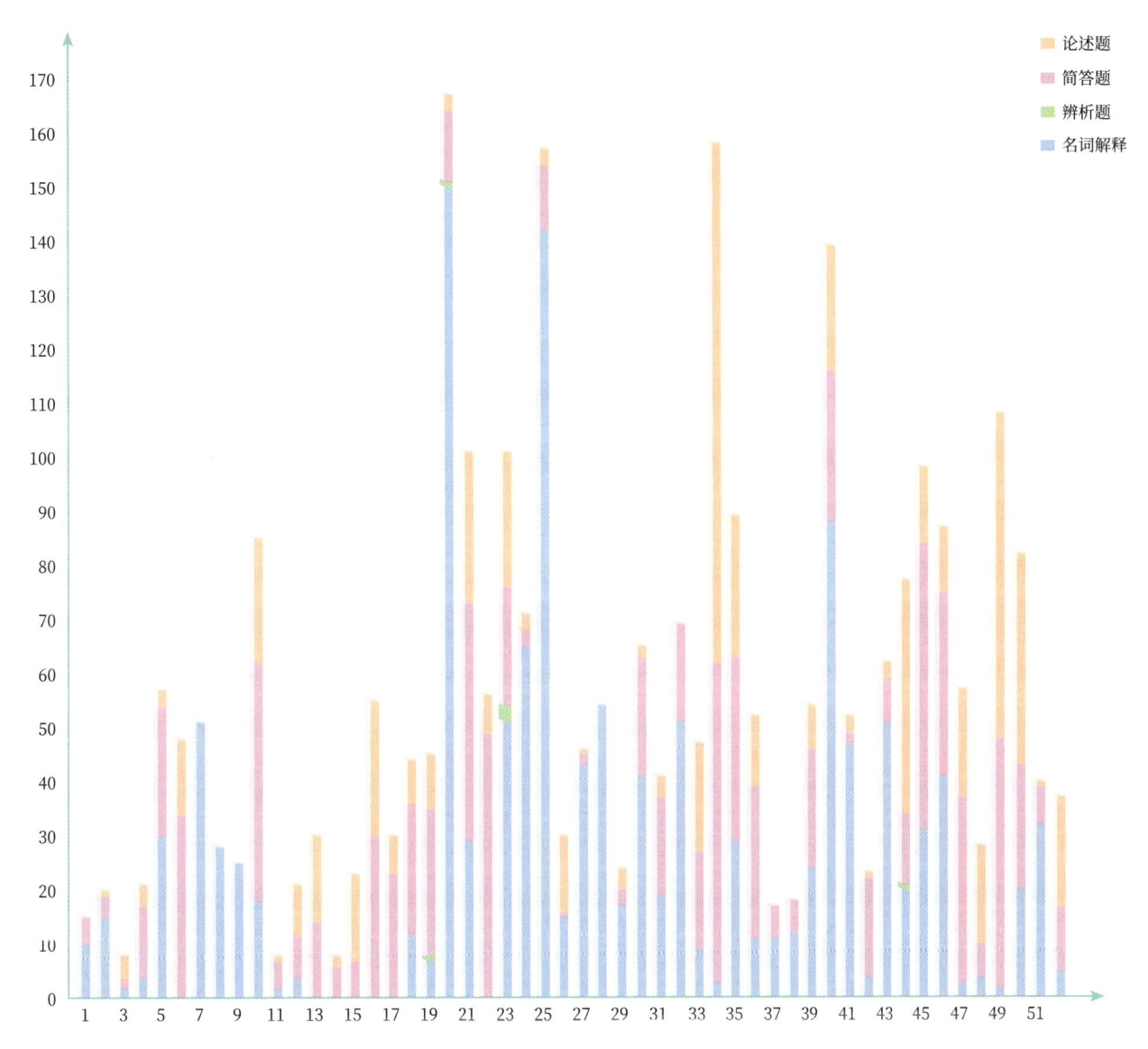

1. 教育学的研究对象和任务
2. 实验教育学
3. 实用主义教育学
4. 教育的质的特点
5. 教育的基本要素
6. 现代教育的特点
7. 教育
8. 狭义的教育
9. 学校教育
10. 人的发展及规律
11. 遗传
12. 环境在人的发展中的作用
13. 个体的主观能动性在人的发展中的作用
14. 知识对人的发展的价值
15. 学校教育的作用
16. 教育的社会制约性
17. 教育的文化功能
18. 社会的流动功能
19. 教育的相对独立性
20. 教育目的
21. 教育目的的价值取向（个人本位论和社会本位论）
22. 我国教育目的的基本精神
23. 全面发展教育及其组成部分
24. 教育制度
25. 学校教育制度及其类型
26. 终身教育思潮
27. 课程
28. 课程标准
29. 学科课程
30. 活动课程
31. 课程设计
32. 教学及其意义和任务
33. 教学过程及其性质
34. 教学过程中应处理好的几种关系
35. 教学原则
36. 启发性原则
37. 教学方法
38. 教学模式
39. 中小学常用的教学方法
40. 教学组织形式
41. 教学评价
42. 教学评价的原则和方法
43. 德育
44. 德育过程
45. 德育原则
46. 德育的途径与方法
47. 班集体的培养
48. 班主任工作的内容和方法
49. 教师素养
50. 教师专业发展
51. 学校管理
52. 学校管理的发展趋势

第一章 教育学概述

考情分析

第一节 教育学的研究对象与任务
- 考点1 教育学的概念
- 考点2 教育学的研究对象
- 考点3 教育学的研究任务

第二节 教育学的产生与发展
- 考点1 教育学的萌芽
- 考点2 独立形态教育学的产生与发展
- 考点3 教育学发展的多样化时期
- 考点4 教育学的理论深化阶段

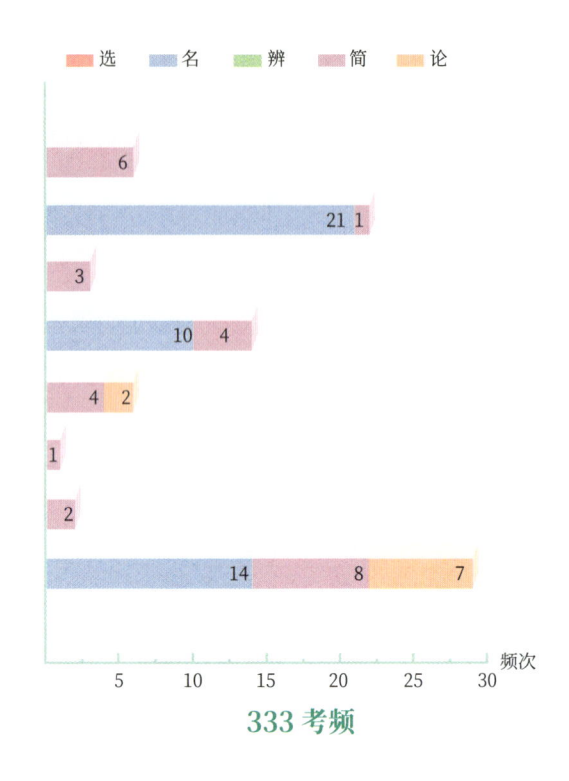

333考频

① 本章内容依据《教育学基础》(第3版)第一章编写而成,同时也参考了马工程版《教育学原理》的绪论部分。

知识框架

教育学概述
├── 教育学的研究对象与任务
│   ├── 教育学的概念：通过对教育现象和教育问题的研究，科学地解释教育现象与教育问题，揭示教育规律，沟通教育理论与教育实践，探讨教育艺术和教育价值的一门科学
│   ├── 研究对象：有价值的、能够引起社会普遍关注的教育问题和教育现象
│   └── 研究任务：科学地解释教育现象与教育问题，揭示教育规律，沟通教育理论与教育实践，探讨教育价值观念与教育艺术
└── 教育学的产生与发展
    ├── 萌芽阶段 —— 事件：四本书
    │   ├── 《论语》
    │   ├── 《学记》：世界上最早专门论述教育问题的著作
    │   ├── 《理想国》
    │   └── 《论演说家的培养》：西方最早论述教育问题的著作
    ├── 独立形态阶段 —— 事件：四人物
    │   ├── 培根：首次提出把"教育学"作为独立学科
    │   ├── 夸美纽斯：《大教学论》是近代最早的教育学著作
    │   ├── 康德：在大学讲授教育学
    │   └── 赫尔巴特：《普通教育学》标志着教育学成为独立学科
    ├── 发展多样化阶段
    │   ├── 实科教育学
    │   ├── 实验教育学
    │   ├── 文化教育学
    │   ├── 实用主义教育学
    │   ├── 马克思主义教育学
    │   ├── 批判教育学
    │   └── 制度教育学
    └── 理论深化阶段
        ├── 布卢姆的教育目标分类学
        ├── 布鲁纳的知识结构说
        └── 苏联教育家的教育思想

考点解析

第一节 教育学的研究对象与任务 （简：5+ 学校）[1]

考点 1 　教育学的概念 ★★★ 2min搞定 （名：10+ 学校；简：20 湖北）

（1）**含义**：教育学就是关于"教育"的学问，即通过对教育现象和教育问题的研究，科学地解释教育现象与教育问题，揭示教育规律，沟通教育理论与教育实践，探讨教育艺术和教育价值的一门科学。

（2）**研究对象**：教育学以有价值的、能够引起社会普遍关注的教育问题和教育现象为研究对象。

（3）**研究任务**：科学地解释教育现象与教育问题，揭示教育规律，沟通教育理论与教育实践，探讨教育价值观念与教育艺术。

（4）**教育学的价值**：教育学是教育实践的高度概括和科学抽象，是在人类长期的教学实践活动中形成并发展起来的一门科学。它既是理论科学，又是实践科学。

考点 2 　教育学的研究对象 ★★ 1min搞定

教育学以有价值的、能够引起社会普遍关注的教育问题和教育现象为研究对象。具体而言，教育学的研究对象是人的教育活动，其中既包括个人的教育活动，也包括人类社会中的各种教育问题和教育现象。这些教育问题和教育现象实际上是人类群体的教育活动在社会生活中的具体表现形式。但不是任何一个教育问题或教育现象都值得我们去研究，只有人类普遍关注的、有一定研究价值和意义的问题才可以进入教育研究领域。

考点 3 　教育学的研究任务 ★★★ 2min搞定 （简：19 中国海洋）

教育学的研究任务是科学地解释教育现象与教育问题，揭示教育规律，沟通教育理论与教育实践，探讨教育价值观念与教育艺术。

（1）**教育规律**。它包括教育内部诸因素之间、教育与其他事物之间本质性的联系，以及教育发展变化过程的规律性。（名：5+ 学校）

（2）**沟通教育理论与教育实践**。[2] 教育学的任务不仅是为了促进教育理论知识的发展，也是为了更好地开展教育实践。教育学充当两者的"桥梁"，沟通着教育理论与教育实践。

（3）**教育价值观念**。人们在建构和参与教育活动时，会自觉或不自觉地把自己对生活的理解与态度，以及对人生意义与社会理想的选择和追求作为出发点，形成教育价值观念，引领和规范教育的发展和人的发展。因此，以教育为研究对象的教育学又是一门探讨教育价值观念或教育应然状态的学科。

（4）**教育艺术**。教育者有自己的经历、人生体验、教育风格，受教育者也是社会中活生生的人，他们在教育活动中不仅有自己的现实基础和主观意愿，而且他们的成长还要经过自身的建构和努力。这样，教育活动就可能是而且也应该是充满灵性、情感、自由创造的活动。在这一意义上，可以说教育是一门艺术。

---

[1] 年份、部分院校、题型均为简写，其中师范大学简写成师大，×× 大学省略大学二字，下同。
[2] 关于教育理论与教育实践的关系，当前学术最前沿的观点是教育理论与教育实践是平等的关系，理论不应该以较高的姿态去指导实践。目前较为中肯的说法是教育理论为教育实践提供建议。当然，考生答题时如果使用"指导教育实践"这一说法也不会错，目前仍然有很多学者肯定这种说法。

凯程助记

研究对象：教育问题与教育现象。

研究任务：对现实——科学地解释教育现象与教育问题→揭示教育规律→沟通理论与实践；对理想——探讨教育价值观念＋教育艺术。

经典真题[①]

▶▶ 名词解释

1. 教育学（10 江苏师大、中山、西南，11 渤海、扬州、西北师大、沈阳师大，12、17、18、19、20 哈师大，15 沈阳师大，16 河南师大、海南师大，19 长春师大，21 同济、华南师大、广东技术师大，23 齐齐哈尔）

2. 教育规律（13 山西师大，14 渤海，17 郑州、天津，19 山东师大，20 沈阳师大，21 广东技术师大、华南师大，22 华南师大、湖北）

3. 教学要素（21 沈阳师大）

▶▶ 简答题

1. 简述教育学的研究对象和任务。（11 渤海，16、20 深圳，18、21 湖北）

2. 简述教育学作为一门学科的主要任务。（19 中国海洋）

3. 简述教育学。（20 湖北）

第二节 教育学的产生与发展

（简：11 江西师大，14 西北师大，16 集美，17 河南师大；论：19 广西师大，22 洛阳师范学院）

考点1 教育学的萌芽 3min搞定 （简：18 江苏）

自从有了教育活动，也就有了人们对教育活动的认识。但是近代之前，人们对教育的认识活动主要停留在经验和习俗的水平，没有形成系统的理论认识，也没有形成一门独立的学科。我们称这个时期为"前教育学时期"，也叫作教育学的萌芽阶段。

（1）**国内教育学的萌芽主要体现在：**记录孔子教育思想的《论语》、论述孟子教育思想的《孟子》、无名氏的《大学》、子思的《中庸》、乐正克的《学记》等著作。其中，战国末期的《学记》是世界上最早出现的专门论述教育问题的著作，比西方最早的教育著作《论演说家的培养》还早三百多年。

（2）**西方教育学的萌芽主要体现在：**希腊三哲的教育思想，如柏拉图的《理想国》等著作。此外，古罗马昆体良的《论演说家的培养》（也叫《雄辩术原理》），是西方最早的教育著作，它既是一部修辞学教程，又是一部教学法论著。

（3）**这一时期的教育思想的特点：**①教育思想没有从哲学或政治体系中分化出来。②教育思想没有形成完整的理论体系。③教育著作停留在经验描述和总结上，抽象概括能力比较低。④教育论述多以论文形式出现。

[①] 重要真题的答案均在《333 教育综合真题汇编与高频题库》，下同。

> **凯程助记**
>
> 主要掌握四本书：《论语》《学记》《理想国》《论演说家的培养》。
> 主要记住两地位：《学记》是世界上最早专门论述教育问题的著作；《论演说家的培养》是西方最早论述教育问题的著作。

考点 2　独立形态教育学的产生与发展　5min搞定　（简：18天津职业技术师大，20成都）

在17世纪以后的资本主义社会，资产阶级教育思想家写出了一系列教育著作，教育学逐渐成为一门独立的学科。对教育问题的论述，逐渐从经验的总结过渡到理论的说明，要求教育适应儿童的身心发展规律和天性，开始运用心理学的知识来论述教学问题。但是，他们多采用与自然现象类比，或思辨式的演绎和推理等方法，没能运用实证和实验的方法，因此，这一时期的教育学并没有达到科学化的地步。

1. 使教育学成为独立的学科的主要代表人物

（1）**培根**：1623年，英国学者培根的《论科学的价值和发展》，首次提出把"教育学"作为一门独立的学科。

（2）**夸美纽斯**：1632年，捷克著名教育家夸美纽斯写的《大教学论》是近代最早的一部教育学著作。

（3）**康德**：18世纪末，德国著名哲学家康德在哥尼斯堡大学开始讲授教育学，这是教育学列入大学课程的开端。

（4）**赫尔巴特**：1806年，德国著名教育家赫尔巴特出版了《普通教育学》，这是现代第一部系统的教育学著作，标志着教育学成为一门独立的学科[1]。赫尔巴特被誉为"现代教育学之父"和"科学教育学的奠基人"。

除此之外，洛克著有《教育漫话》，卢梭著有《爱弥儿》，裴斯泰洛齐著有《林哈德和葛笃德》，等等。这些教育家都推动了教育学的科学化，为科学教育学的诞生做出了贡献。

2. 独立形态教育学形成时期的特点

（1）**在研究对象上**，教育问题成为一个专门的研究领域。（2）**在概念和范畴上**，有了专门的教育概念与范畴。（3）**在研究方法上**，有了专门的教育学研究方法，以思辨式的演绎和推理为主。（4）**在研究结果上**，有了专门的、系统的教育学著作。（5）**在组织机构上**，有了专门的教育研究机构。

考点 3　教育学发展的多样化时期　★★★　30min搞定

20世纪是教育学迅速成长和发展的时期，在赫尔巴特创立的教育理论基础之上，教育学的发展日益走向多元化，出现了许多新的教育理论和教育学流派，产生了一些重要的教育学著作。

1. 实科教育学　★★★

（1）**简介**：斯宾塞是英国著名的实证主义者，他的代表著作是《教育论》。

（2）**观点**：①他反对思辨，主张科学只是对经验事实的描写和记录。他提出教育的任务是为完满生活做准备。②他把人类生活分为：a. 直接有助于自我保全的活动；b. 间接有助于自我保全的活动；c. 抚养和教育子女的活动；d. 与维持正常的社会和政治关系有关的活动；e. 关于娱乐和闲暇生活的活动。③他强调实用学科的重要性，反对古典语言和文学的教育。

---
[1] 有的教材认为《大教学论》标志着教育学成为一门独立的学科，有的教材认为《普通教育学》标志着教育学成为一门独立的学科，这里是有分歧的地方，本书采用第二种说法。

（3）**评价**：斯宾塞重视实证教育的思想，反映了19世纪资本主义大工业生产对教育的要求，具有明显的功利主义色彩。

2. 实验教育学 ☆☆☆☆☆　（名：5+学校；简：11鲁东，14首师大，17内蒙古师大，19北师大；论：15华中师大）

（1）**简介**：19世纪末20世纪初，实验教育学在欧美兴起，是指运用自然科学的实验法研究儿童发展及其与教育关系的理论。①1908年，德国教育家拉伊出版了《实验教育学》，系统地阐述了实验教育思想。②1914年，德国教育家梅伊曼出版了代表著作《实验教育学纲要》。

（2）**观点**：①反对以赫尔巴特为代表的强调概念思辨的教育学。②提倡把实验心理学的研究成果和方法应用于教育研究中。③将教育实验划分为提出假设、制订实验计划并进行实验、验证结论三个基本阶段。④认为心理实验与教育实验有差别，心理实验要在实验室里进行，而教育实验要在真实的学校环境和教学实践活动中进行。⑤主张用实验、统计和比较的方法研究教育，用实验数据作为改革学制、课程和教学方法的依据。

（3）**优点**：提倡定量的研究方法，使定量研究成为20世纪教育学研究的一个基本范式，极大地推进了教育科学的发展。

（4）**局限**：当实验教育学及其后继者把定量方法夸大为教育研究的唯一有效方法时，就走上了"唯科学主义"的迷途，受到了文化教育学的批评。

凯程助记

反对思辨——主张实验 ┬ 实验过程——提出假设—制订实验计划并进行实验—验证结论
　　　　　　　　　　├ 实验地点——真实的学校环境和教学实践活动中
　　　　　　　　　　└ 实验方法——实验、统计和比较

3. 文化教育学（精神科学教育学） ☆☆☆　（名：15宁波，17内蒙古师大）

（1）**简介**：文化教育学又称精神科学教育学，是19世纪末出现在德国的一种教育学说。代表人物有狄尔泰（《关于普遍妥当的教育学的可能》）、斯普朗格（《教育与文化》）、利特（《职业陶冶、专业教育、人的陶冶》）等。

（2）**观点**：①人是一种文化的存在，人类历史是一种文化的历史。②教育的过程是一种历史文化过程。③教育研究必须采用精神科学或文化科学的方法，即理解和解释的方法进行。④教育的目的就是要培养完整的人格，促使社会历史的客观文化向个体的主观文化转变，并将个体的主观世界引向博大的客观文化世界。⑤培养完整人格的主要途径就是"陶冶"与"唤醒"，要调动教师与学生双方的积极性，建构和谐的师生关系。

（3）**优点**：文化教育学深刻影响了德国乃至世界20世纪的教育学发展，在教育的本质等方面给人以许多启发。

（4）**局限**：①思辨气息太浓，哲学色彩太重，在解决现实的教育问题上很难给出有针对性和可操作性的建议，限制了其在实践中的应用。②一味地夸大社会文化现象的价值相对性，忽视其普遍规律的存在，使这一理论缺乏彻底性。

凯程助记　人是文化存在，教育是文化过程，方法是理解解释，目的是完整人格，途径是陶冶唤醒。

4. 实用主义教育学 ★★★★★
(名：12河北师大，17广东技术师大；简：18西华师大、天津职业技术师大，19山西；论：5+学校)

（1）**简介**：实用主义教育学于19世纪末20世纪初在美国兴起，其代表人物有美国的杜威（《民主主义与教育》《经验与教育》）、克伯屈（《设计教学法》）等。

（2）**观点**：①教育即生活，教育要与当前的实际生活紧密联系。②教育即经验，课程组织要以学生的经验为中心，而不是以学科知识体系为中心。③学校即社会，学生要学习现实社会中所要求的基本态度、技能和知识。④教育即生长，教育的目的只是促进人本身的生长，教学过程应该重视学生自己的独立发现、表现和体验，尊重学生的差异性。⑤教育要以儿童为中心，教师只是学生成长的帮助者，而不是领导者。⑥主张做中学即在经验中学习，在操作中学习。

（3）**优点**：以美国实用主义文化为基础，是美国文化精神的反映，对以赫尔巴特为代表的传统教育理念进行了深刻的批判，推动了教育学的发展。

（4）**局限**：在一定程度上忽略了系统知识的学习，弱化了教师的主导作用，模糊了学校的特质，因此不断地遭到批判。

> **凯程助记** 杜威的主流思想——教育即生活、经验和生长，学校即社会，儿童中心论，做中学。

5. 马克思主义教育学 ★★★
(简：23首师大)

（1）**简介**：①克鲁普斯卡娅的《国民教育和民主主义》是第一部用马克思主义观点阐述教育学和教育史的专著；②凯洛夫的《教育学》；③杨贤江的《新教育大纲》。

（2）**观点**：①教育是一种社会历史现象，在阶级社会里具有鲜明的阶级性。②教育起源于生产劳动。③现代教育的根本目的在于促进学生的全面发展。④现代教育与现代大生产劳动相结合是培养全面发展的人的唯一方法。⑤在与政治、经济、文化等的关系上，教育一方面受它们的制约，另一方面又具有相对独立性，即能够促进社会政治、经济、文化等的发展。⑥马克思主义唯物辩证法和历史唯物主义是教育科学研究的方法论基础。

（3）**优点**：马克思主义的产生为教育学的发展奠定了科学的方法论基础。

（4）**局限**：在实际教育学的研究过程中，人们往往没有很好地理解和运用马克思主义理论，该理论容易被简单化和机械化。

> **凯程助记**
> 教育具有阶级性，教育起源是劳动，教育目的要全面，教育劳动相结合，教育社会互影响，研究方法很科学。

6. 批判教育学 ★★★★★
(名：23四川师大)

（1）**简介**：批判教育学于20世纪70年代之后兴起，其代表人物及著作有鲍尔斯和金蒂斯的《资本主义美国的学校教育》、阿普尔的《教育与权力》、布尔迪厄的《教育、社会和文化的再生产》等。

（2）**观点**：①当代资本主义的学校教育是维护现实社会不公平和不公正的工具，是造成社会差别、歧视和对立的根源。②社会大众已经对社会中的不平等和不公正丧失了"意识"。③批判教育学的目的就是要揭示看似自然的事实背后的利益关系，帮助教师和学生对自己所处的教育环境及形成教育环境的诸多因素敏感起来，即对他们进行"启蒙"，以达到意识"解放"的目的。④采用实践批判的态度和方法研究教育。

(3) **优点**：批判教育学具有很强的战斗性、批判性和解放力量。它批判霸权主义，培育民主对话的环境，致力于把人类从压迫、异化和贬抑中解放出来。

(4) **局限**：批判教育学陷入了晦涩、空泛的批判性话语之中，缺乏实践取向。

> **凯程助记**
>
> 教育是维护不公平、不公正的工具 → 大众却看不到（丧失"意识"）→ 批判学者在启蒙→用批判的态度和方法才有用。

7. 制度教育学

(1) **简介**：制度教育学是法国20世纪60年代诞生的一种教育学说，其代表人物有乌里、瓦斯凯等。

(2) **观点**：①教育学研究应该首先研究教育制度，阐明制度对教育情境中的个体行为的影响。②教育中的官僚主义、师生与行政人员间的隔离主要是由教育制度造成的。③教育制度的分析不仅要分析那些显性的制度，还要分析隐性的制度。

(3) **优点**：制度教育学关注教育与社会的关系，重视教育的外部环境，特别是制度问题对教育的影响，促进了教育社会学的发展。

(4) **局限**：制度教育学过分依赖精神分析理论来分析制度与个体行为之间的关系，有很大的片面性。

> **凯程助记**
>
> **学派代表人物与观点总结**
>
> | 学派 | 代表人物 | 观点（关键词） |
> |---|---|---|
> | 实科教育学 | 斯宾塞 | 描写、记录、实用学科 |
> | 实验教育学 | 拉伊、梅伊曼 | 实验研究、量化 |
> | 文化教育学 | 狄尔泰、斯普朗格 | 精神或文化科学方法、陶冶、唤醒 |
> | 实用主义教育学 | 杜威、克伯屈 | 教育即生活、教育即经验、教育即生长、学校即社会、以儿童为中心、从做中学 |
> | 马克思主义教育学 | 凯洛夫、杨贤江 | 阶级性、起源于生产劳动、教育与生产劳动相结合、人的全面发展、教育的相对独立性 |
> | 批判教育学 | 鲍尔斯、阿普尔 | 揭示不公平现象、批判性强、实践批判的分析方法 |
> | 制度教育学 | 乌里、瓦斯凯 | 研究教育制度 |

考点4 教育学的理论深化阶段 10min搞定

20世纪50年代以来，由于科学技术的迅猛发展，人力资源的开发和运用成为提高生产效率和发展经济的主要因素。这引起了世界范围内新的教育改革，并促进了教育学的发展。

1. 布卢姆的教育目标分类学[1]

1956年，美国心理学家布卢姆制定出了教育目标的分类系统。他把教育目标分为认知目标、情感目标、动作技能目标三大类，每类目标又分成不同的层次，排列成由低到高的阶梯。

---
[1] 教育学原理第七章课程对布卢姆教育目标分类学知识点进行了详细解释，第一章考生有可能学不明白，应该在第七章联系相关知识点再详细学习，此处大概了解即可。

(1) 布卢姆将教育目标分为三个领域。

认知领域： 记忆—理解—应用—分析—评价—创造。

情感领域： 接受—反应—价值化—组织—价值体系个性化。

动作技能领域： 知觉—定势—模仿—操作—准确—连贯—习惯化。

(2) 评价。

①**优点：** 布卢姆的教育目标分类学可以帮助教师更加细致地去确定教学的目的和任务，为人们观察、分析教育活动过程和进行教育评价提供了方法框架。

②**局限：** 布卢姆的教育目标分类学并未说明应该怎样促进学生心智能力的发展，对情感、动作技能目标的阐述也不够深入。

2. 布鲁纳的知识结构说①

1960年，美国教育心理学家布鲁纳出版了《教育过程》这本著作。

(1) 观点。

①**知识结构说。** 布鲁纳主张"不论我们选教什么学科，务必使学生理解该学科的基本结构"。他还提出了这样的一个命题："任何学科的基本原理都可以用某种形式，教给任何年龄的任何儿童。"

②**发现教学法。** 布鲁纳特别重视学生能力的培养，提倡发现学习。

(2) 评价。

①**优点：** 布鲁纳对于编选教材、发展学生能力、提高教学质量的教育思想是有积极意义的。

②**局限：** 忽视了学生的接受能力，主张学生提早学习科学的基本原理，这是不易推行的。

3. 苏联教育家的教育思想

(1) 赞科夫关于促进一般发展的教育思想。②

赞科夫的《教学与发展》是他十余年教学改革实验的总结，全面阐述了他的实验教学论的体系。通过实验，他批评了苏联传统的教学理论对发展学生智力的忽视，强调教学应走在学生发展的前面，促进学生的一般发展。

评价： 赞科夫的教学理论对苏联的学制和教育改革起到了很大的推动作用。

(2) 巴班斯基关于教学过程最优化的教育思想。

巴班斯基认为，应该把教学看作一个系统，从系统的整体与部分之间、部分与部分之间，以及系统与环境之间的相互联系、相互作用之中考察教学，以便最优化处理教学问题。

评价： 巴班斯基将现代系统论的方法引入教学论的研究，是对教学论进一步科学化的新探索。

> **凯程拓展**
>
> **教育学的价值** ★★★ （论：21北师大）
>
> **1. 教育学的理论价值**
>
> **(1) 反思日常教育经验。** 人们关于教育的认识，大致有两种基本形式：一种是习俗的形式，即人们在日常教育生活中对教育问题自然形成的一些态度、看法、评价或信念，它们构成了日常教育经验；另一种是科学的形式，就是我们所说的"教育学"理论。从现实来看，这两种教育形式都是存在的，它们共同构成了教育生活的认识论基础。

---

① 布鲁纳的知识结构说在教育心理学第三章有详细介绍，当考生学完了教育心理学，就更能理解教育学原理第一章对此知识点的简略介绍。布鲁纳的教育内容很多，考生须在教育心理学中联系相关知识点做深入理解。

② 外国教育史第八章做了详细介绍，考生可以在外国教育史中详细学习，此处大概了解即可。

(2) 科学地解释教育现象与教育问题。 教育学是对教育现象与教育问题的"科学解释",这就意味着:

①教育学是以教育现象与教育问题为逻辑起点和对象的,教育学研究的主要任务就是对教育现象与教育问题提供超越日常习俗认识和传统理论认识的新解释。

②教育学作为对教育现象与教育问题的科学解释,必须使用专门的语言、概念或符号,而不能局限于日常的语言、概念或符号,否则会影响教育学的可传播性和可理解性,从而不能很好地被教育知识共同体所领会和接纳。

③教育学作为对教育现象与教育问题的科学解释,其解释是有理论视角、根据或预设的,而不是直接建立在感性经验与判断基础上的,我们需要的是一种理性的解释。因此,从事教育学研究的一个基本任务就是要促进教育知识的增长,提供对教育问题的新的、更有效的解释。

2. 教育学的实践价值

(1) 启发教育实践工作者的教育自觉,使他们不断领悟教育的真谛。

(2) 获得大量的教育理论知识,拓展教育工作的理论视野。

(3) 养成正确的教育态度,培植坚定的教育信念。

(4) 提高教育实践工作者的自我反思和发展能力。

(5) 培养研究型的教师,教师只有成为研究者,才能更好地适应教育改革的需要和挑战。

经典真题

名词解释

1. 实验教育学（10、16 安徽师大,13 宁波、首师大,14 扬州,15 江苏师大,19 青海师大,21 曲阜师大、聊城,22 中央民族、温州）

2. 实用主义教育学（12 河北师大,17 广东技术师大）

3. 文化教育学（15 宁波,17 内蒙古师大）

4. 批判教育学（23 四川师大）

简答题

1. 简述教育学的萌芽阶段。（18 江苏）

2. 简述实验教育学。（11 鲁东,14 首师大,17 内蒙古师大,19 北师大）

3. 简述实用主义教育学。（18 西华师大、天津职业技术师大,19 山西）

4. 简述教育学创立的主客观条件。（22 河南）

5. 简述马克思主义教育学的基本观点。（23 首师大）

论述题

1. 论述实验教育学。（15 华中师大）

2. 论述实用主义教育学。（10 四川师大、南京师大,13 曲阜师大,15 江苏,18 内蒙古师大,21 合肥师范学院）

3. 论述教育学的产生和发展。（19 广西师大,22 洛阳师范学院）

第二章 教育的概念①

考情分析

第一节 教育的概念与质的特点
考点1 教育概念的界定
考点2 教育概念里的专业词汇
考点3 教育的质的特点

第二节 教育活动的基本要素
考点1 教育活动的基本要素

第三节 教育的历史发展
考点1 教育的起源
考点2 古代教育的特点
考点3 现代教育的特点

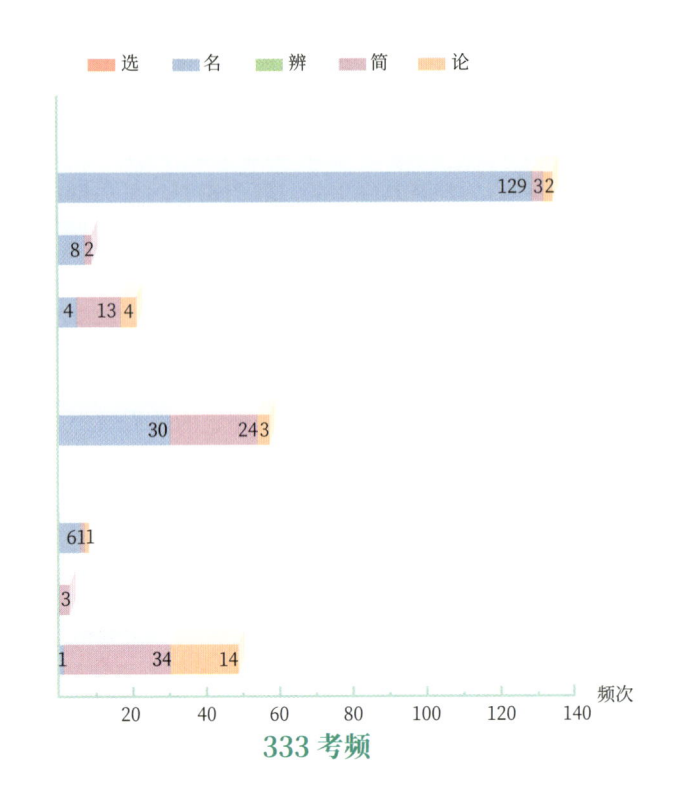

图例：选 名 辨 简 论

- 教育概念的界定：129、32
- 教育概念里的专业词汇：8、2
- 教育的质的特点：4、13、4
- 教育活动的基本要素：30、24、3
- 教育的起源：6、11
- 古代教育的特点：3
- 现代教育的特点：1、34、14

横轴：20　40　60　80　100　120　140　频次

333考频

知识框架

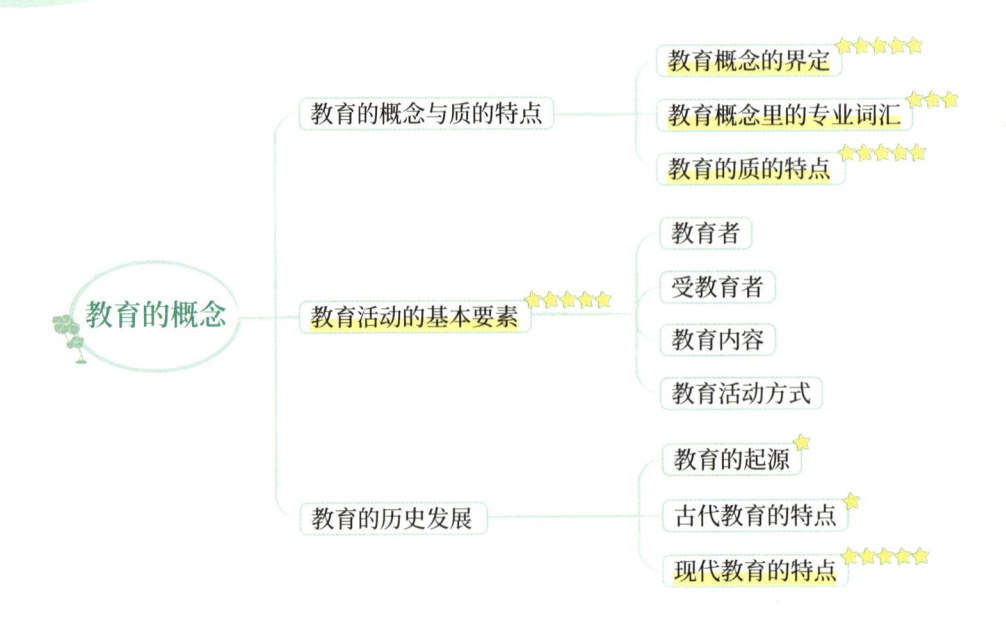

教育的概念
- 教育的概念与质的特点
  - 教育概念的界定 ★★★★★
  - 教育概念里的专业词汇 ★★★
  - 教育的质的特点 ★★★★★
- 教育活动的基本要素 ★★★★★
  - 教育者
  - 受教育者
  - 教育内容
  - 教育活动方式
- 教育的历史发展
  - 教育的起源 ★
  - 古代教育的特点 ★
  - 现代教育的特点 ★★★★

---

① 本章主要参考王道俊、郭文安的《教育学》（第七版）第一章。

第一节 教育的概念与质的特点

考点1 教育概念的界定 （名：30+ 学校）

教育的概念并没有一个精准的界定，不同的教材对教育的概念有不同的描述，一般情况下，我们将教育的概念分为广义和狭义之说。

1. 广义的教育 （名：25+ 学校）

广义的教育指凡是有目的地增长人的知识和技能，影响人的思想品德，提高人的认识能力，增强人的体质，陶冶人的审美，增强人的劳动能力，完善人的个性的一切活动。不论这种活动是有组织还是无组织的，有计划还是无计划，系统还是零散的，有教育者教导还是自我教育，都叫作教育。它包括家庭教育、学校教育和社会教育，也包含所有的制度化教育与非制度化教育。

2. 狭义的教育 （名：25+ 学校；论：19 扬州）

狭义的教育指教育者专门组织的不断趋向规范化、制度化和体系化的教育，主要指学校教育。具体描述为依据社会要求和学生的身心发展规律，有目的、有计划、有组织、系统地向学生传授知识技能，培养学生的思想品德，发展学生的体力与美感，增进其劳动能力并发扬其个性的社会实践活动，通过这种活动把受教育者培养成一定社会所需要的人才。

总之，教育所具有的本质属性是一种有目的地培养人的社会活动。这是教育区别于其他现象的基本特征，是教育的质的特点。

考点2 教育概念里的专业词汇（必要补充知识点）

从教育的概念看，我们发现广义的教育包括人们在家庭、学校和社会上所受到的有目的的影响与活动主体对所受到的影响自觉做出的认识、选择、对策和进行的自我教育、自我建构。今天我们对教育的定义更强调学生的主动性。

1. 正规教育与非正规教育 （名：21 杭州师大）

按照教育活动的规范程度，教育可分为正规教育和非正规教育。

(1) 正规教育。（名：23 浙江）

①**含义：正规教育是指国家教育部门认可的教育机构（学校）所提供的有目的、有组织、有计划，由专职人员承担，以促进学生的身心发展为直接目标的全面、系统的教育活动，如各级各类学校教育。**

②**特点：**正规教育具有统一性、连续性、标准化、制度化的特点，最有利于促进国家普及教育和提高教育效率。

③**意义：**正规教育是在学校产生之后出现的，包括当今教育中的各级各类教育，今天我们所谈的种种教育改革都是指这种正规教育，所以，正规教育的出现极大地推动了人类文明的进步。

(2) 非正规教育。（简：23 西北师大）

①**含义：**《中国教育大百科全书》认为，非正规教育是在正规教育系统外进行的有组织、有计划的教育活动及国家教育行政部门统一学制要求范围（初等教育、中等教育、高等教育）以外的各类教育活动，

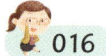

如扫盲、文化技术培训、政治学习、业务训练、专题讲座、岗位培训和继续教育等，它与正规教育相对。

②**特点**：a. 有组织的活动，但未充分制度化。b. 不需要注册，不发文凭，不授予学位。c. 组织性的教育，但未常规化。d. 结构松散，组织灵活。

③**意义**：a. 非正规教育可以满足人们各种各样的学习需要，满足社会均衡和发展的需要。b. 非正规教育是促进终身学习的重要手段，在学习型社会的建设中起核心作用。c. 非正规教育已成为判断任何一个国家和社会经济发展水平的有效的晴雨表。

2. 正式教育与非正式教育（名：16首师大，21、22宁波）

正规教育与非正规教育二者合称为正式教育，除此之外还有非正式教育。

（1）**正式教育**：不同的教育词典与教材对正式教育的解释均有所不同。凯程认为项贤明老师主编的马工程版《教育学原理》的说法最为中肯，认为正式教育是正规教育与非正规教育的总称，二者都强调教育中的组织性。依此理解，正式教育相当于制度化教育，主要是指从非制度化教育中演化而来的，由专门的教育人员、机构以及运行制度所构成的教育形态。

（2）**非正式教育**：是指在日常生活、工作中进行的不具有结构性或组织性的自主、偶发性学习活动。如与家人或邻里自主交谈，在工作岗位和市场里进行的讨论，在图书馆、博物馆进行的读书或参观、考察，以及在一定场合进行的娱乐活动等。这一解释与很多教材对非制度化教育的解释一致，即非正式教育就是非制度化教育。非正式教育的特点是自主、灵活、范围广、时间长，弥补了正规教育与非正规教育的不足。

随着社会的发展、科技的进步，非正式教育与正规教育、非正规教育一起构成终身教育的体系。

3. 家庭教育、学校教育与社会教育（名：23山西师大；简：23青岛）

根据教育活动的存在范围，教育可分为家庭教育、学校教育和社会教育。

（1）**家庭教育**：指以家庭为单位，父母或主要监护人在家庭里自觉、有意识地对子女进行的教育活动。家庭教育在培养青少年健全人格方面作用重大，是学校教育无法取代的。（名：13青岛，23山西师大）

（2）**学校教育**：指以学校为单位进行的教育活动，即学校有目的、有计划、有组织地由专门人员对受教育者施加影响，以使受教育者产生变化的活动。学校教育对人的身心发展起到了主导性的作用。（名：25+学校）

（3）**社会教育**：指在广泛的社会生活和生产过程中所进行的教育活动，主要包含社会传统的教育（如国民性）、社会制度的教育（如民主精神）和社会活动或事件的教育（如终身教育思潮的影响）。

当今社会，我们需要建立高度一体化的家校关系、校校关系以及学校社区关系，这是改革当前学校、建设学习型社会的一个重要举措，也是培养合格人才的重要合力。

4. 教育概念的内涵与外延

（1）**教育概念的内涵**：反映的是教育的本质，即教育的质的特点。教育是有目的地培养人的社会活动，这是教育活动与其他社会活动的根本区别，是教育的质的特点或教育的本质。

（2）**教育概念的外延**：指教育概念所反映的本质属性的全部对象。根据教育定义外延的大小，教育可分为广义的教育与狭义的教育；根据教育活动的规范程度，教育可分为正规教育与非正规教育；根据教育活动的存在范围，教育可分为家庭教育、学校教育和社会教育。

教育概念的内涵与外延有着十分密切的关系，教育概念的内涵越丰富，则外延越小，反之则越大。

凯程提示

以上概念在学术界的分歧

以下为各种教材或词典对一些相关概念的解释。

（1）正式教育＝正规教育，非正式教育＝非正规教育。此出自顾明远老师主编的《教育大辞典》，但在马工程版《教育学原理》中有理有据地推翻了此说法。

（2）正规教育＝制度化教育，非正规教育＝非制度化教育。此出自孙俊三老师主编的《教育学原理》，但有些教材并不认同这一说法。

（3）关于制度化教育的说法，目前存在分歧，不同教材对制度化教育内涵的解释不同，一般有以下两种说法。

①柳海民老师主编的《教育学原理》与十二所师范院校联合编写的《教育学基础》认为，制度化教育是从非制度化教育中演化而来的，是指由专门的教育人员、机构以及运行制度所构成的教育形态。古代社会就已经出现了具备上述三要素的教育。因此，有的学者认为制度化教育在古代社会就存在了。

②冯建军老师主编的《现代教育学基础》与311高教版大纲解析认为，制度化教育出现在19世纪下半叶，近代社会完备的学校系统与学校制度的形成，标志着制度化教育的形成。

以上两种观点，只能说是学术见解上的分歧，建议考生依据311真题的出题特点，以第一种观点为主。

（4）关于正规教育、正式教育、非正规教育与非正式教育的说法，目前也存在争议。有的教材认为，非正规教育与正规教育合称为正式教育，非正规教育与非正式教育含义不一致，如马工程版《教育学原理》。还有很多论文与教材将正规教育与正式教育完全等同，非正规教育与非正式教育完全等同。可见这一知识点目前存在争议，凯程通过梳理历年真题，比较倾向于马工程版教材的说法。

综合比较各种教材，凯程认为马工程版《教育学原理》对以上知识点做的解释最充分，最值得考生借鉴，以"古代出现了有组织的学校，就有了制度化教育"为理解，梳理以下关系：

正规教育＋非正规教育＝正式教育＝制度化教育。

无组织的教育＝非正式教育＝非制度化教育。

考点3 教育的质的特点 ★★★★★ 5min搞定

（名：12北京航空航天，19温州，22西北师大、西南；简：10+学校；论：12、18湖北，17广西师大，19扬州）

教育是一种有目的地培养人的社会活动，这是教育与其他社会活动的本质区别，也是人类社会生活不可或缺的重要组成部分。教育看似是人人都会参与的大众平凡之事，其实是一种极其复杂的、灵动的、与社会发展并进的育人活动，但教育有其相对稳定的质的特点。

1. 教育是有目的地培养人的社会活动

教育不是盲目、自发的活动，而是一种自觉的、有目的的活动。教育的目的是有目的地选择目标、组织内容及活动方式来培养人、促进人的发展。其首要的任务是促进年轻一代德、智、体、美、劳的全面发展，使他们从生物人逐步成长为社会人，进而成为适应与促进社会生活各个方面发展需要的人。

2. 教育是教育者引导受教育者学习、传承、践行人类经验的互动活动

听任年轻一代凭自己的意愿和经验来获得自我的身心发展，其效果是极其低下的，难以符合社会的期望与要求，因而需要由有经验的父母、年长一代，或学有专长的教师有目的地进行引导才能有效地发展他们的智能和品行，把他们培养成为能适应社会发展需要并能促进社会发展的人和各种专门人才。所以，教育是教育者引导受教育者学习、传承、践行人类经验的互动活动。

3. 教育是激励与教导受教育者自觉学习和自我教育的活动

教育者与受教育者的教学互动是以激励学生之学为基础、动力的，旨在使青少年学生积极主动地成为自觉学习、自我教育的人。可以说，一切教育本质上都是自我教育。只要提高了受教育者的学习与自我要求的积极性，那么即使在生活交往中学生也能时时刻刻自觉地进行自我教育和自我建构。总之，教育是有目的地引导受教育者能动地学习与自我教育以促进其身心发展的活动。

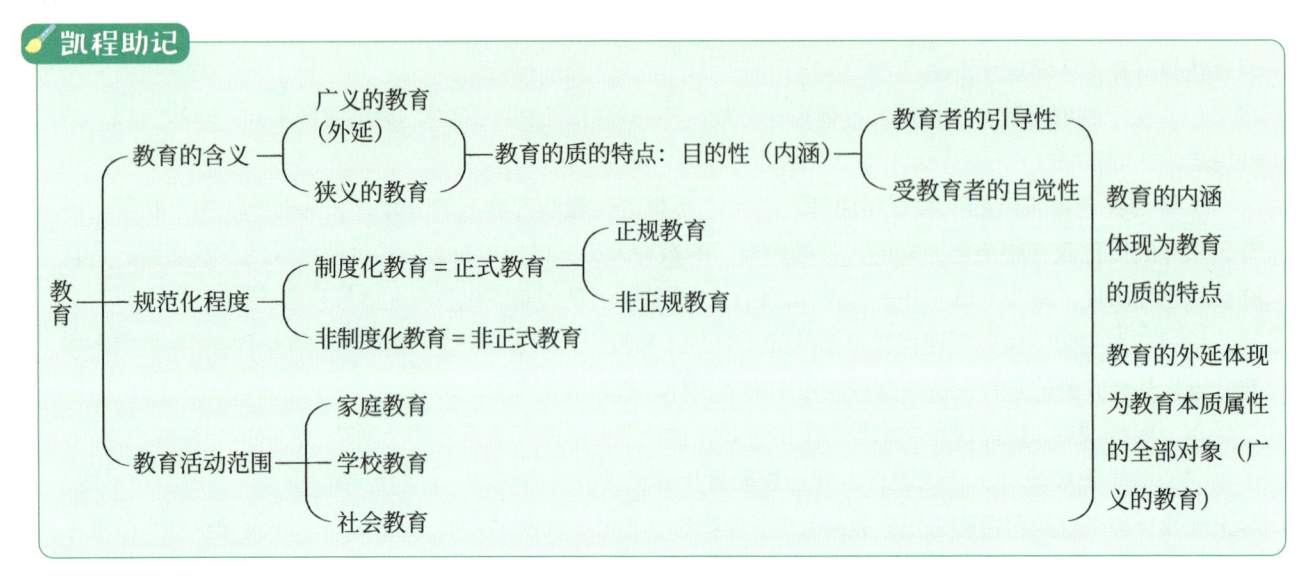

凯程助记

```
                     ┌─ 广义的教育 ─┐                          ┌─ 教育者的引导性
       ┌─ 教育的含义 ─┤   (外延)     ├─ 教育的质的特点：目的性（内涵）─┤
       │             └─ 狭义的教育 ─┘                          └─ 受教育者的自觉性
       │                                                                        
       │                              ┌─ 正规教育                    教育的内涵
  教育 ─┤─ 规范化程度 ─┬─ 制度化教育=正式教育 ─┤                         体现为教育
       │             │                └─ 非正规教育                  的质的特点
       │             └─ 非制度化教育=非正式教育
       │                                                            教育的外延体现
       │             ┌─ 家庭教育                                      为教育本质属性
       └─ 教育活动范围 ┤─ 学校教育                                      的全部对象（广
                     └─ 社会教育                                      义的教育）
```

经典真题

▶▶ 名词解释

1. 广义的教育（10 扬州，11、15、16、18 华南师大，15 江西师大、集美，15、16 哈师大，21 北华、湖北，22 上海师大，23 苏州科技）

2. 狭义的教育（10、16 聊城，11 江西师大、陕西师大，12 湖北、安徽师大、西南，12、14、16 西华师大，14 哈师大，14、15、16、19、20 吉林师大，15 湖南科技、东北师大，16 福建师大，16、17 华南师大，17 扬州、贵州师大、河北，18 集美、温州，21 苏州科技，22 湖北，23 宝鸡文理学院）

3. 学校教育（10 河南师大、青岛、宁波、安徽师大，10、11 渤海，10、12、14 华中师大，11、15 杭州师大，11、22 哈师大，12 南京师大、华南师大，12、17、22 江西师大，13、17 西华师大，13 湖北师大、西南，16 江苏师大，17 沈阳师大、天津师大，18 陕西师大，22 济南，23 青海师大）

4. 教育的质的规定性（12 北京航空航天，19 温州，22 西北师大、西南）

5. 教育（10 首师大，11 南京师大，11、14 中山，11、14、18 曲阜师大，11、19 西华师大，12 苏州，13、16 四川师大，13、17 哈师大，14 北师大、天津，14、15、20、22 延安，15 华中师大，15、16 广东科技学院，16 天津职业技术师大，16、17 陕西师大，17 赣南师大、集美、南宁师大、宁波、内蒙古师大，17、19、20、21 湖北，18 宁夏、贵州师大、山西师大、沈阳师大，18、20 淮北师大，19 汕头、湖北师大、陕西理工，19、20 鲁东，21 天水师范学院、重庆三峡学院，21、22 福建师大、石河子，22 广西师大）

6. 正规教育与非正规教育（21 杭州师大） 　　7. 教育方法（21 华东师大）

8. 教育评价（14 西南，21 北师大，22 延安） 　　9. 制度化教育（22 宁波）

10. 家庭教育（23 山西师大）

›› 简答题

1. 简述教育的质的规定性。（11 江苏，14 延安，18 广西民族，19 河北、大理，20 天津师大，21 河南师大、洛阳师范学院、华中师大、云南民族）
2. 简述家庭教育的特点。（21 西南）
3. 简述国务院关于教育评价的措施。（21 贵州师大）
4. 简述《中华人民共和国家庭教育促进法》规定家庭教育应当符合的要求。（22 贵州师大）
5. 简述非正规教育。（23 西北师大）
6. 简述学校教育、社会教育、家庭教育之间的关系。（23 青岛）
7. 简述教育活动的基本要素及其相互关系。（23 温州）
8. 简述教育的基本形态及每种形态的特点。（23 延安）

›› 论述题

1. 如何理解教育是一种有目的地影响人的社会活动？（19 扬州）
2. 论述教育的质的规定性。（12、18 湖北，17 广西师大）
3. 论述培养人的教育活动之"实践"品性。（22 大理）
4. 材料：纳粹集中营的幸存者成了校长，但是他看到那些有学问的人变成了施害者。有人认为，当代年轻一代是垮掉的一代，有人认为年轻一代有担当。结合教育学知识对此观点进行评述。（22 西北师大）
5. 学生马某和同学溺死在河中，调查发现，他们因为犯错经常被班主任殴打，回家告诉父母，父母也不理睬。

试分析这种现象出现的原因以及我们应该怎么样防范类似问题的发生。（23 宁夏）

第二节 教育活动的基本要素

考点 1 教育活动的基本要素 ★★★★★ 10min搞定（名：5+学校；简：15+学校；论：17、21 湖北，21 广西师大）

教育活动的基本要素主要有教育者、受教育者、教育内容、教育活动方式，即教育活动的四要素。这些要素之间的相互活动构成教育活动的内部结构，教育者借助教育措施作用于受教育者，其结果是影响受教育者的身心发展。

(1) 教育者。（名：5+学校）

①含义：教育者指参与教育活动，与受教育者在教学或教导上互动，对受教育者的全面发展产生影响的专业人员，主要指教师。

②地位：教育者是整个教育活动的主导者。其主导地位主要体现在：教育者是知识文化的传播者；教育者是人类文明的传授者；教育者是教育活动的组织者、设计者、实施者；教育者是学习者的指导者、引领者。

③作用：教育者有计划、有目的地用系统的文化知识来促进学生德、智、体、美等全面发展，使其成为社会需要的人。所以，教育者是教育活动的一个基本要素，是教育活动中不可或缺的要素。

(2) 受教育者。（名：5+学校；辨：20 南京师大）

①含义：受教育者指参与教育活动，在教育者的指导下自身积极主动地吸收经验，促进自我发

展的个体，主要指学生。既包括学校中学习的儿童、少年和青年，也包括各种形式的成人教育中的学生。

②**地位**：受教育者是学习的主体。其主体地位主要体现在：受教育者是积极主动的求知者；受教育者具有独立性、能动性、选择性和创造性；受教育者缺乏技能，也不成熟，所以具有可塑性。

③**作用**：受教育者是构成教育活动的基本要素之一。受教育者是一个求知的个体，是学习的主体。教育活动的实际效果归根到底必须落实到受教育者的自愿学习、自我建构、自我实现上。教育者的教育活动不能代替受教育者的发展。随着受教育者的学习自觉性、能力的提高和知识的不断增长，他们的能动性在教育活动中所起的作用将日益加大，逐步趋向自觉、自动、自主与自律。

(3) 教育内容。（名：5+学校）

①**含义**：教育内容是指教育者引导受教育者在教育活动中学习的前人积累的经验，主要指课程、教育材料或教科书。

②**地位**：教育内容是构成教育活动的基本要素之一，是师生传承的精神客体。

③**作用**：教育内容在教育活动过程中具有重要意义，它是师生教学互动共同操作的对象，是引导青少年学习与发展成人的精神资源。

(4) 教育活动方式。（名：20广东技术师大，22西北师大）

①**含义**：教育活动方式是指教育者引导受教育者学习教育内容所选用的交互活动方式，主要指教育手段、教育方法、教育组织形式等。

②**地位**：教育活动方式是构成教育活动的基本要素之一，是沟通教育者与受教育者的中介桥梁。

③**作用**：教育活动方式直接影响学生学习的主动性和理解程度，也影响着学生的发展水平。如教师如何设计、选择和实施教育活动，特别是学生的主动性、自觉性等发挥的状况，在很大程度上决定着学生对所学知识的理解程度，决定着学生智力与能力、思想与品德、审美与体力的发展水平。

总之，教育活动的四个基本要素既相互独立，又相互联系，构成一个完整的系统。

经典真题

›› 名词解释

1. 教育的基本要素（15广东技术师大，16天津职业技术师大，21北京航空航天、山西、沈阳）
2. 教育者（16、22沈阳师大，18广东科技学院、郑州，19集美，20华南师大）
3. 受教育者（11河南师大，13、23华南师大，15北京航空航天，20集美、南京师大，21、23哈师大，22福建师大）
4. 教育中介系统（14沈阳师大，18山东师大，22西北师大，23河南师大）
5. 教育内容（12山西师大，14湖北，20扬州，21华东师大、集美、洛阳师范学院，23曲阜师大、扬州）
6. 教育活动方式（20广东技术师大）
7. 环境教育（23西华师大）

›› 简答题

简述教育的基本要素。（10、12浙江师大，14、16内蒙古师大，15集美、青岛，15、19湖北，17、18沈阳师大，17、23南宁师大，18陕西师大、聊城，20安庆师大、赣南师大、天水师范学院，21东华理工、中国海洋、宁夏，22东北师大、西南、济南）

> **论述题**
> 1. 论述教育的基本要素。（17、21 湖北）
> 2. 结合教育的三大要素谈谈智能时代的教育发展。（21 广西师大）

第三节　教育的历史发展

教育起源后，教育的历史发展可以分为两大时期：一是古代教育，包括原始社会、奴隶社会和封建社会的教育；二是现代教育，包括资本主义社会和社会主义社会的教育。很多学者致力于研究教育起源的问题，所以本节按照教育的起源—古代教育—现代教育的顺序来介绍教育的历史发展。

考点1　教育的起源（补充知识点） 9min搞定 （简：20 广西师大）

1. 生物起源说★★★★★（名：18、23 宁波，19 重庆师大）

（1）**代表人物**：法国社会学家、哲学家勒图尔诺，英国教育学家沛西·能，美国教育学家桑代克等。

（2）**主要观点**：教育的产生完全来自动物本能，是种族发展的本能需要。教育从它的起源来说就是一个生物学的过程，不仅人类社会有教育，而且不管这个社会如何原始，在高等动物中都有低级形式的教育，与种族需要和种族生活相适应，它是天生的，是扎根于本能的不可避免的行为。

（3）**评价**。

①**该理论是第一个科学起源论**。生物起源说是教育学史上第一个正式提出的有关教育起源的学说，标志着在教育起源问题上开始从神话解释转向科学解释。

②**该理论没有区分人类的教育行为与动物的养育行为的差别**。它把教育的起源归于动物的本能行为，没能把人类的教育行为与动物的养育行为区别开来，因而也没能把握人类教育的目的性和社会性。

2. 心理起源说★★★（名：18 宁波，21 济南）

（1）**代表人物**：美国著名教育学家孟禄。

（2）**主要观点**：教育起源于儿童对成人生活的无意识的心理模仿。心理起源说是在对生物起源说批判的基础上产生的。孟禄从心理学的角度解释教育起源问题，他认为原始教育的形式和方法主要是日常生活中儿童对成人生活的无意识模仿。

（3）**评价**。

①**该理论比生物起源说有进步，因为该理论涉及人的心理层面**。教育是以人为对象的，而人是有心理活动的。孟禄鉴于此而立论，有其合理的一面。

②**该理论忽视了人的教育的有意识性，从本质上并没有区分人的模仿与动物的本能活动的区别**。模仿分为有意识的模仿和无意识的模仿，如果是有意识的模仿，则属于人类的教育活动范畴，而无意识的模仿则不属于教育活动范畴。孟禄提出的教育起源于人的无意识模仿，从根本上抹杀了教育的有意识性，该理论还是没有说明人与动物的教育现象的区别。

③**该理论抹杀了教育的社会属性，也就忽视了人类教育的社会性、历史性和文化性**。后来，辩证唯物主义者提出，人类的发展具有社会性、历史性和文化性，教育作为人类社会的产物，也同样具有这三种特征。

3. 劳动起源说（社会起源说） （名：14 陕西师大，22 洛阳师范学院）

（1）**代表人物：** 苏联教育学家麦丁斯基以及我国的一些教育史学家和教育学家，如杨贤江等。

（2）**主要观点：** ①人类教育起源于劳动和劳动过程中所产生的需要。②教育从产生之日起，其职能就是传递劳动过程中形成的社会生产和生活经验。③教育以人类语言和意识的发展为条件。④教育是人类特有的一种社会活动。⑤教育范畴是历史性与阶级性的统一，而不是一个永恒不变的范畴。

（3）**评价：** 劳动起源说符合马克思主义的历史唯物论与辩证法，从而为科学、合理地揭示教育起源问题奠定了基础。但关于教育起源的确切提法仍然是值得探讨的问题。

凯程助记

名称	人物	观点	评价
生物起源说	勒图尔诺、桑代克、沛西·能	动物本能，种族发展的本能需要	(1) 第一个科学起源论； (2) 没有区分人类的教育行为与动物的养育行为
心理起源说	孟禄	人的无意识的心理模仿	(1) 有进步，涉及心理层面； (2) 忽视人的教育的有意识性，本质上没有区分人的模仿与动物的本能活动； (3) 忽视了社会性、历史性和文化性
劳动起源说	马克思主义者	(1) 生产劳动与生活需要； (2) 传递生产生活经验； (3) 语言、意识是条件； (4) 教育是人类特有的活动； (5) 历史性与阶级性统一	(1) 区别人与动物； (2) 符合历史唯物论、辩证法，科学、合理

考点 2　古代教育的特点 （简：14 西南，15 河南师大，19 聊城）

1. 原始的教育主要是在社会生产和生活的过程中进行的

在原始社会里，由于生产力水平很低，教育还没有从社会生活中分化为专门的事业，也没有专门的教育机构和专职教育人员，只是在社会生产和生活的过程中进行。

2. 古代诞生了学校教育

到了奴隶社会，随着生产力的发展，社会分工的逐步进步，剩余产品的出现，便产生了让一部分人有可能脱离劳动而专门承担管理生产、掌管国事和从事文化教育的活动，从而使社会上出现了脑力劳动与体力劳动的分工。在这个演变过程中，学校教育逐渐从生活和生产中分化出来，成为独立的形态，也出现了专门从事教育工作的老师，产生了学校。学校的出现意味着正规教育制度的诞生，是人类教育发展的一个质的飞跃。

3. 教育阶级性的出现和强化

在阶级社会里，学校教育被奴隶主阶级所独占，所有的学校都是奴隶主阶级用来培养他们自己子弟的场所。因此，从学校产生之日起，教育便具有阶级性，成为统治阶级统治人民的工具。在封建社会，教育的阶级性得到了进一步的强化。

4. 学校教育与生产劳动相脱离

在奴隶社会中，脑力劳动与体力劳动是分离与对立的状况，反映在教育上就表现为学校教育与生产劳动的脱离。然而，也正是这种分离使学校教育与生产劳动长期相脱离，并逐渐形成了一种教育传统。

考点3 现代教育的特点 ★★★★ 8min搞定 （简：20+学校；论：10+学校）

1. 学校教育逐步普及

19世纪中叶以后，各个先进资本主义国家通过了有关普及义务教育的法律，这些法律大多具有强制性。正是这些具有强制性的法律的实施，使得先进资本主义国家先后在19世纪末20世纪初普及了初等教育。20世纪，先进资本主义国家在第二次世界大战后完成了中等教育的普及并实现了高等教育大众化；发展中国家由极端落后的教育向普及教育迈进，并取得了巨大的成绩。

显然，学校教育的普及是人类教育发展史上一件了不起的大事，它将古代少数人垄断的学校教育转变为现代绝大多数人都能享受的学校教育，这是现代教育的一个重大发展。它既对社会发展有着不可估量的作用，又满足了人的发展需要，促进了人的解放。

2. 教育的公共性日益突出

随着大工业生产发展的需要，工人阶级和其他劳动人民对教育权的争取，现代社会管理方式的转变，教育的阶级性越来越不合时宜，越来越受到来自统治阶级和被统治阶级两方面的批判。在此情形下，教育逐渐成为社会的公共事业和共同话题，也成为政治家们优先考虑的社会问题。

3. 教育的生产性不断增强

现代教育的生产性和经济功能得到了世界各国政府的高度重视，教育改革由此被看作经济发展的战略性条件。许多国家都把教育看作一种生产性事业，加大对教育的投入，积极发展教育事业，努力提高教育质量。同时，许多国家的经验也证明：优先发展教育是发展科学技术、推动经济发展的有力保证。

4. 教育制度逐步完善

现代教育兴起以后，特别是在公共教育制度形成以后，随着学校数量的大量增加，需要确立一定的规范作为衡量学校工作的尺度，并在学校职能健全以后解决上下级别学校之间的衔接、不同类型学校的分工以及办学权限之类的问题。于是，学校制度、课程设置、考试制度等措施应运而生，促使现代教育向制度化的方向发展。目前，各国的教育正向着终身教育的方向迈进。

> **凯程拓展**
>
> **教育功能** （名：22重庆师大、西南）
>
> 教育功能是教育活动与系统对个体发展和社会发展所产生的各种影响和作用。从不同的角度，可将教育功能做如下分类。
>
> **1. 从教育作用的对象上划分，可分为个体发展功能与社会发展功能** （名：23河南；论：23首师大、宁夏）
>
> （1）**教育的个体发展功能**：也称教育的本体功能，是在教育系统内部发生的。简而言之，教育的个体发展功能表现为教育的个体个性化功能、个体社会化功能、谋生功能和享用功能。
>
> （2）**教育的社会发展功能**：教育作为社会结构的子系统，通过培养人进而影响社会的存在与发展，是教育的本体功能在社会结构中的衍生，是教育的派生功能。具体表现为文化功能、经济功能和政治功能。
>
> **2. 从教育作用的方向上划分，可分为正向功能与负向功能**
>
> （1）**教育的正向功能**。
>
> 教育的正向功能指教育对社会进步和个体发展的积极影响和推动作用。

①教育可能对个体发展产生积极影响和作用。比如，当下所倡导的终身教育体系，满足了个体的需要，有助于个体积极应对未来社会中的各种挑战。

②教育可能对社会发展产生积极影响和作用。比如，教育提高了劳动者的素质，从而提升了整个社会的劳动生产率，促进了经济的发展。

（2）教育的负向功能。

教育的负向功能指教育对社会和个体发展的消极影响和阻碍作用。

①教育可能对个体发展产生消极影响和作用。比如，过分强调知识的传授导致学生的实践能力不足，又如反复地机械练习会抑制学生的创新精神和创造才能的发展。

②教育可能对社会发展产生消极影响和作用。比如，20世纪60年代一些国家推行"教育先行"政策，抑制了这些国家投资和发展经济及其他社会事业；研究发现资本主义学校教育在再生产政治、经济、文化方面的不平等。

3. 从教育作用的呈现方式上划分，可分为显性功能与隐性功能

（1）教育的显性功能。

教育的显性功能是依照教育的目的、任务和价值，教育在实际运行中所出现的与之相符合的结果。如促进人的全面和谐发展、促进社会的进步等。

（2）教育的隐性功能。

教育的隐性功能是伴随显性教育功能所出现的非预期的、间接的，且具有较大隐藏性的结果，这种结果既非事先筹划，也很难被察觉到。如不公正的教育复制了现有的社会关系，再现了社会的不平等。

二者的区分是相对的，一旦隐性的潜在功能被有意识地开发、利用，就转变为显性教育功能。

333教育综合考研可能涉及的专业词汇

（1）全民教育（教育全民化）。

①**含义**：1990年联合国教科文组织召开了"世界全民教育大会"，大会通过了《世界全民教育宣言》。全民教育指每个人（儿童、青少年、成人）都应能获得旨在满足其基本学习需要的受教育机会，人人都必须接受一定程度的教育。全民教育的目标是满足所有人基本的学习需要，并为社会进步而贡献自己的价值，同时，全民教育也致力于传递并丰富共同的文化和道德价值观。

②**背景**：针对全球大量失学儿童，成人文盲比例高，教育质量低下和教育不平等等现象而提出。

③**表现**：a. 普及九年义务教育；b. 普及学前教育；c. 扫盲教育；d. 职业教育与成人教育。

④**意义**：a. 教育对于个人的发展和社会的进步来说极为重要；b. 必须普及基础教育和促进教育平等；c. 全民教育是终身学习和人类发展的基础。

（2）公民教育。

①**含义**：公民教育有广义和狭义之分。a. 广义的公民教育是指在现代社会里，培育人们有效地参与国家和社会公共生活，培养明达公民的各种教育手段的综合体；b. 狭义的公民教育是指旨在培养参与国家或社会公共生活的成员必要知识的公民学科。

②**表现**：根据公民教育所涉及的深度和广度，我们从三个方面理解公民教育。a. "有关公民的教育"，强调对国家历史、政体结构和政治生活过程的理解；b. "通过公民的教育"，通过积极参与学校和社会活动来获得公民教育；c. "为了公民的教育"，在知识与技能、过程与方法、情感态度与价值观等各个方面培养学生，使学生在未来的生活中能够真正行使公民的职责。

③意义：a. 公民教育有利于促进政治民主化建设；b. 公民教育有利于增强民众对国家的认同感；c. 公民教育有利于促进人权和自由。

(3) 全纳教育。（名：12曲阜师大，18北师大）

①含义：全纳教育是20世纪90年代提出的一种新的教育理念和教育过程。全纳教育作为一种教育思潮，容纳所有学生，反对歧视、排斥，促进积极参与，注重集体合作，满足不同需求，是一种没有排斥、没有歧视、没有分类的教育。它主张所有学生都应有机会进入普通学校接受教育，普通学校应接纳所有的学生，而不管学生所具有的各种特殊性。

②背景：针对社会中各种教育的不平等和隔离的问题而提出。

③表现：a. 批判现行的普通学校与特殊学校相隔离的状况，提出"随班就读"；b. 促进男女合校；c. 促进贫贵子弟合校等。

④意义：a. 立足于解决人的受教育的基本权利问题；b. 促进教育公平和民主；c. 充分体现教育的包容性以及社会的宽容度。

(4) 融合教育。

①含义：融合教育是特殊教育领域的重要概念，是指一种让大多数残障儿童进入普通班，并促进其在普通班学习的方式。完全融合指的是特殊儿童不分类别、不分轻重皆可融入普通班。融合教育希望能合并普通教育和特殊教育系统，建立一套统一的系统以管理教育资源，并将不同种类班级的学生融合在一起。

②背景：20世纪60年代针对特殊学校和普通学校相隔离的情况而提出。

③表现：特殊儿童进入普通学校，与普通儿童一起学习和成长。

④意义：a. 让所有人主动关心特殊儿童，这对普通学生和特殊学生的学业及社会性发展都有益；b. 让特殊学生以后可以在正常社会中生存。

经典真题

名词解释

1. 教育的劳动起源说（14陕西师大，22洛阳师范学院）
2. 教育的生物起源说（18、23宁波，19重庆师大）
3. 心理起源说（18宁波，21济南）
4. 教育的本体价值（23河南）
5. 教育的保守功能（23山西）
6. 教育信息化（23济南）

简答题

1. 简述古代教育的特点。（14西南，15河南师大，19聊城、哈师大）
2. 简述现代教育的特点。（10青岛，11聊城，11、18福建师大，13辽宁师大、北师大、湖南师大，13、14浙江师大，13、16华南师大，14河北师大，15山东师大，16西北师大、天津职业技术师大、扬州，18、23闽南师大，19宁夏、江苏，19、20安庆师大，20吉林师大，20、22集美，21中央民族、河北，22扬州、河南师大、延安）
3. 简述教育起源的几种理论。（20广西师大）
4. 简述教育的历史发展过程。（16青岛）
5. 简述教育现代化的内容和特征。（21广东技术师大）

6. 现代教育发展中人的地位和价值发生了什么变化？(21 吉林师大)

7. 简述现代教育改革的趋势。(23 陕西师大)

8. 简述教育起源论的三种主要观点。(23 济南)

论述题

1. 论述现代教育的特点。(10 宁波，11、13 辽宁师大，11、18 福建师大，12 河南师大，15、19 江苏师大，23 湖南师大、中央民族)

2. 举例说明 21 世纪世界教育发展的趋势。(21 新疆师大)

3. 论述教育信息化。(21 首师大)

4. 论述教育对个体发展功能的表现。(23 首师大)

5. 对比传统教育，试分析现代教育教学理念都发生了哪些转变。(23 扬州)

第三章 教育与人的发展

考情分析

第一节 人的发展概述

考点1 人的发展的含义与特点

考点2 人的发展的规律性

第二节 影响人身心发展的因素

考点1 遗传素质在人的身心发展中的作用

考点2 环境在人的身心发展中的作用

考点3 个体活动（个体主观能动性）在人的身心发展中的作用

考点4 学校教育在人的身心发展中的作用

第三节 影响人身心发展因素的理论

考点1 单因素论与多因素论

考点2 内发论与外铄论

考点3 内因与外因交互作用论

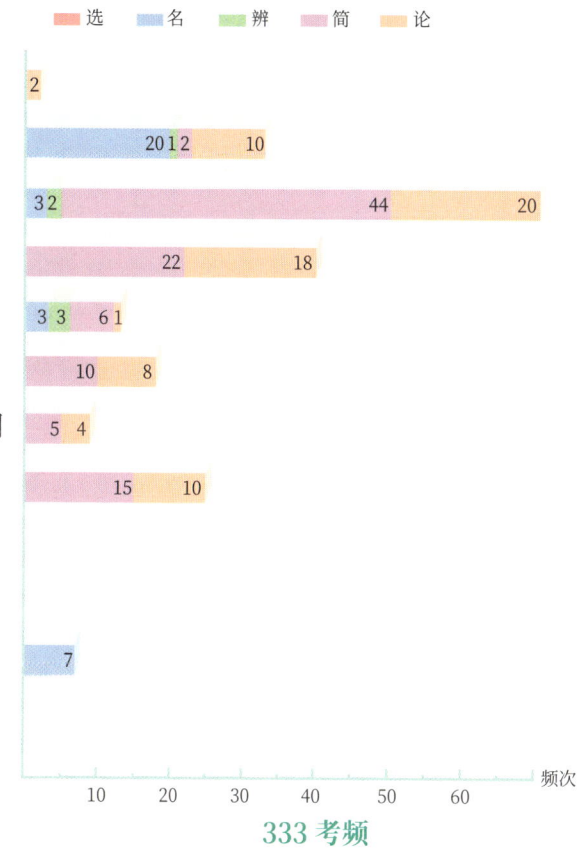

① 本章大部分内容参考王道俊、郭文安的《教育学》（第七版）第二章和马工程版《教育学原理》的第三章。"影响人身心发展的因素"参考《教育学基础》（第3版）、叶澜的《教育概论》等。

知识框架

```
                        ┌─ 人的发展的含义与特点 ★★★
                        │
           人的发展概述 ─┤                      ┌ 顺序性 ── 对教育的制约→量力、循序渐进
                        │                      │
                        │                      ├ 阶段性 ── 对教育的制约→针对性
                        └─ 人的发展的规律性 ★★★┤
                                               ├ 差异性 ── 对教育的制约→因材施教
                                               │
                                               ├ 不平衡性 ─ 对教育的制约→抓关键期
                                               │
                                               └ 整体性 ── 对教育的制约→全面发展

                                               ┌ 遗传素质 ★
                                               │
教育与人的                                     ├ 环境 ★★★
           影响人身心发展的因素 ★★★★★ ─┤
  发展                                         ├ 个体活动（个体的主观能动性） ★★★
                                               │
                                               │              ┌ 学校教育的主导作用
                                               │              │
                                               └ 学校教育 ★★★├ 学校教育发挥主导作用的原因
                                                              │
                                                              ├ 学校教育发挥主导作用的表现
                                                              │
                                                              └ 学校教育发挥主导作用的条件

                                               ┌ 单因素论与多因素论 ★
                                               │
           影响人身心发展因素的理论 ─────────┤ 内发论和外铄论 ★★★★
                                               │
                                               └ 内因与外因交互作用论 ★
```

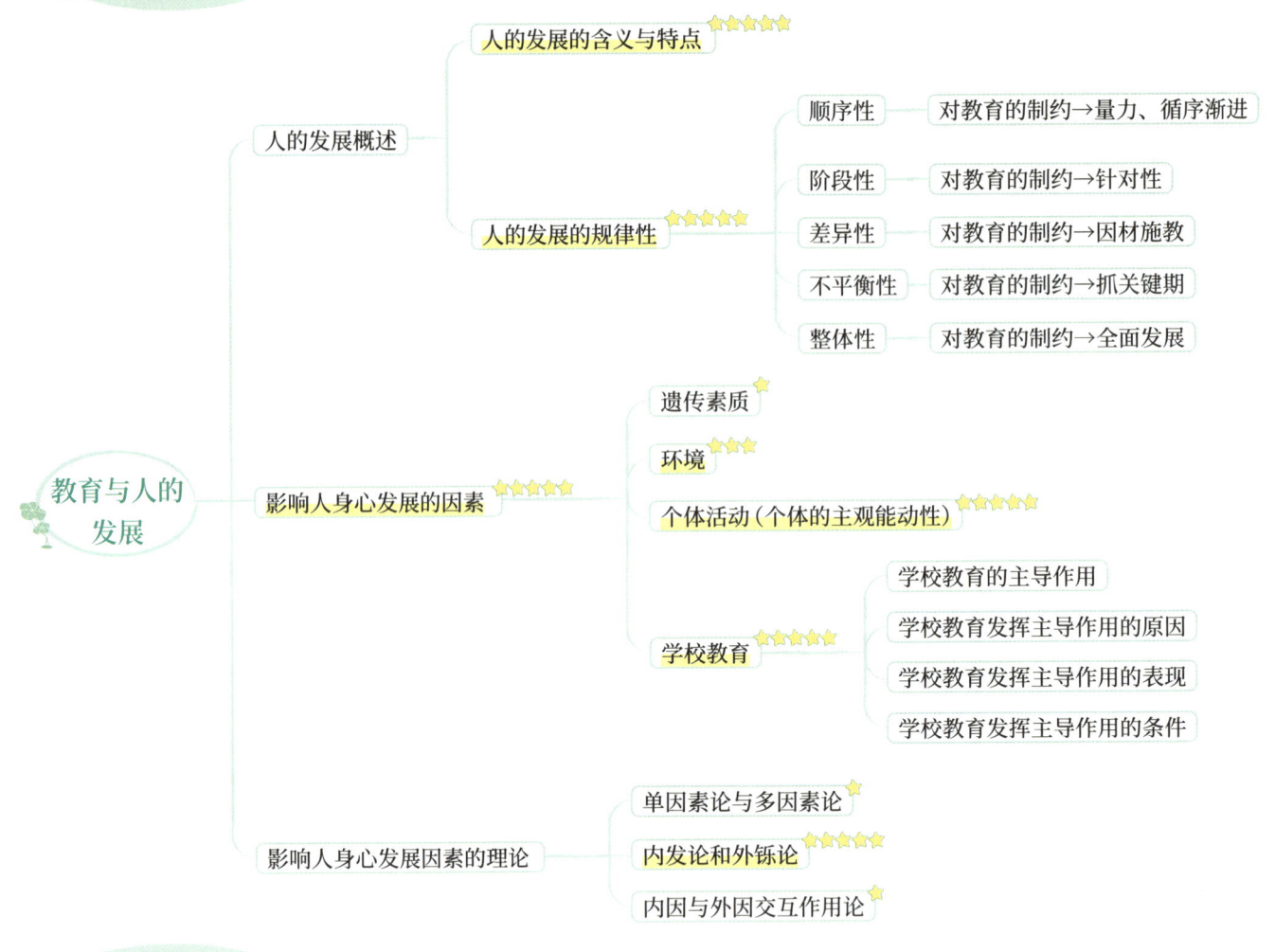

考点解析

第一节 人的发展概述 （论：21 福建师大、西华师大）

考点 1 人的发展的含义与特点 ★★★★ 6min搞定 （名：10+ 学校；简：12 扬州）

1. 人的发展的含义 （名：20+ 学校）

"人的发展"一般有两种释义：一种是指人类的发展或进化的过程；另一种指个体的成长变化过程。这里主要讨论的是个体发展问题。

（1）**广义的个体发展**是指个体从胚胎到死亡的变化过程，其发展持续于人的一生。

（2）**狭义的个体发展**是指个体从出生到成人的变化过程，主要是指儿童的发展过程。儿童的发展过程也就是儿童的成人过程。

（3）**人的发展的内容**大体上可以分为以下三个方面：

①**生理发展**：包括机体的正常发育，体质的不断增强，神经、运动、生殖等系统的生理功能的逐步完善。

②**心理发展**：包括感觉、知觉、注意、记忆、思维、言语等认知的发展，需要、兴趣、情感、意志

等意向的形成，能力、气质、性格等个性的完善。

③**社会性发展：**包括社会经验和文化知识的掌握，社会关系和行为规范的习得，从而成长为具有社会意识、人生态度和实践能力的现实的社会个体，能够适应并促进社会发展的人。

人的发展的三个方面，既有一定的相对独立性，又十分密切地联系在一起，在人的发展过程中形成相互制约、相互促进的关系。它们与教育所要培养的人的德、智、体、美、劳等方面的发展是交织在一起的。

2. 人的发展的特点 (简：20 沈阳师大)

（1）**未完成性**。(论：16 曲阜师大)

人是未完成的动物，人的未完成性与人的非特定化密切相关。对儿童来说，他们不仅处于未完成状态，而且处于未成熟状态。儿童发展的未完成性、未成熟性，蕴含着人发展的不确定性、可选择性、开放性和可塑性，潜藏着巨大的生命活力和发展可能性，预示着人的需教育性和人的可教育性。

（2）**能动性**。(辨：21 西南)

人在发展过程中会表现出人所特有的能动性，这种能动性具体表现在人的主动、自主、自觉、自决和自我塑造等方面。人在发展过程中表现出的能动性，是人的生长发展与自然界发展变化及动物生长发展最重要的不同点，这也是人的教育与人改造自然的实践活动以及动物训练等活动之间最根本的区别。

👉 考点 2 人的发展的规律性 ★★★★★ 10min搞定 (简：30+ 学校；论：15+ 学校)

人的身心发展特点有顺序性、阶段性、差异性、不平衡性和整体性。这些特点也可以看作人的身心发展的规律，它们具有重要的教育学意义，教育工作者必须依据这些特点进行教育。

1. 人的身心发展具有顺序性 (论：22 沈阳师大、深圳)

（1）**含义：**人的身心发展具有方向性、顺序性和不可逆性，不仅身心发展的整体过程表现出一定的顺序，它的个别过程也是如此。

举例：①人的动作的发展遵循从上到下（头尾律）、从躯体到外围（近远律）、从大动作到精细动作（大小律）等发展规律。②人的认知的发展总是遵循从无意注意到有意注意、从机械记忆到意义记忆、从具体形象思维到抽象逻辑思维的规律发展。

（2）**对教育的制约：**人的身心发展的顺序性要求教育必须遵循量力性原则和循序渐进原则，要有序地、慢慢地促进青少年发展，不能揠苗助长、急于求成。

2. 人的身心发展具有阶段性

（1）**含义：**在人的发展过程中，身体、心理的发展都呈现相对独立的前后衔接阶段。人的发展变化既体现出量的积累，又表现出质的飞跃，从而表现出发展的阶段性。个体发展的不同阶段会表现出不同的年龄特征及主要矛盾，面临着不同的发展任务。

举例：现代心理学将人的发展阶段概括为婴儿期（从出生到 3 岁）、幼儿期（3～6 岁）、儿童期（6～11、12 岁）、少年期（11、12～14、15 岁）、青年期（14、15～17、18 岁）、成年期（18 岁以后）等。

（2）**对教育的制约：**人的身心发展的阶段性，要求对不同年龄阶段的学生提出的教育任务要有所不同，在教育内容和方法上也应有所不同，要进行有针对性的教育，以便有效地促进他们的个性发展。

3. 人的身心发展具有差异性 (辨：18 山东师大)

（1）**含义：**由于遗传、环境及教育等因素的不同，即使在同一年龄阶段，不同个体之间身心发展也存在着个别差异。这种差异主要表现在两个方面：一是不同个体身心发展的速度不同；二是不同个体身心发展的质量也可能不同。

举例：世界上没有完全相同的两个人，在学校里，每个学生的性格不同、爱好不同、学习方法不同，学习结果也不相同，这就需要教师发现每个学生的亮点，善于激发不同学生身上的潜能。

(2) **对教育的制约**：人的身心发展的差异性要求教育必须从实际出发，充分考虑不同的受教育者的发展特征，做到因材施教、有的放矢。

4. 人的身心发展具有不平衡性。 （辨：18 山东师大）

(1) **含义**：在同一个体内，身心的发展不是同步进行的。这主要表现在两个方面：一方面，在不同的年龄阶段，其身心发展是不均衡的；另一方面，在同一时期，青少年身心不同方面的发展也是不均衡的，有的方面在较低的年龄阶段就达到了较高的水平，有的方面要在较高的年龄阶段才能达到成熟水平。

举例：

①同一时期身心各方面发展不同步。例如，婴儿期神经系统发展迅速，生殖系统发展缓慢。

②不同时期身心发展快慢不同。例如，未成年人有两大生长发育高峰期。如个体的身高、体重有两个发展高峰期：第一个高峰期出现在出生的第一年；第二个高峰期出现在青春发育期。此外，人的语言、思维、记忆等也都有不同的发展关键期。

(2) **对教育的制约**：依据人的身心发展的不平衡性，要求教育工作者必须重视研究不同时期个体的成熟状况及其特征，了解成熟期，抓住关键期，不失时机地采取有效的教育措施，积极促进青少年身心健康的发展。

(3) **关于关键期的含义**。 （论：18 陕西师大）

关键期是指对特定技能或行为模式的发展最敏感的时期或者做准备的时期，在这个时期个体发育过程中的某些行为在适当的环境刺激下才会出现。如果在这个时期缺少适当的环境刺激，这种行为便不会再得到良好的发展。

5. 人的发展具有整体性。 （名：15 江苏师大）

(1) **含义**：教育面对的是一个个活生生的、整体的人，他们既具有个体的独特性，又表现出生物性和社会性。不从整体上把握教育对象的特征，就无法教育人。

举例：事实上，人的生理、心理和社会性等方面的发展是密切地联系在一起的，并在人的发展过程中相互作用，使人的发展表现出明显的整体性。如心理发展受到阻碍，也一定会影响人的生理发展和社会性发展。

(2) **对教育的制约**：依据人的发展的整体性，要求教育要把学生看作复杂的整体，促进学生在德、智、体、美等方面全面和谐地发展，把学生培养成为完整和完善的人。

此外，人的发展还有互补性，这尤其表现在残疾人身上。也就是说当人失去了一种感官或者身体的一部分，其他感官或者身体其他部分会发展得格外好，以弥补缺失的那一部分。

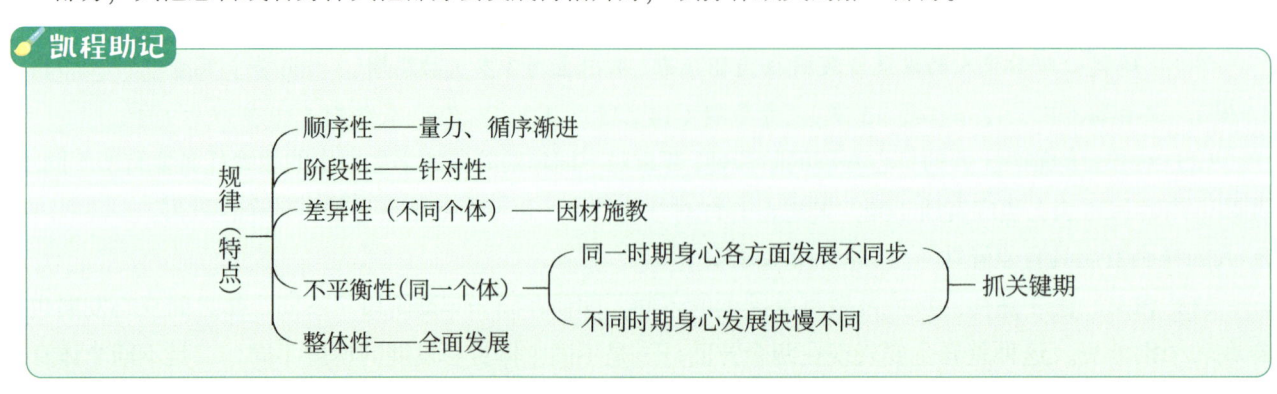

> **凯程助记**
>
> 规律（特点）
> - 顺序性——量力、循序渐进
> - 阶段性——针对性
> - 差异性（不同个体）——因材施教
> - 不平衡性（同一个体）——同一时期身心各方面发展不同步／不同时期身心发展快慢不同——抓关键期
> - 整体性——全面发展

经典真题

名词解释

1. 人的发展（10苏州、四川师大，12江西师大、华南师大，14沈阳师大，16天津，17集美，18温州、信阳师范学院、天津职业技术师大，19福建师大、华中师大，20西安外国语，21佳木斯、合肥师范学院、闽南师大、湖北师大，22西华师大）
2. 个体发展（14沈阳师大，17曲阜师大，19福建师大、华中师大）
3. 整体性（15江苏师大）
4. 不平衡性（18山东师大）
5. 广义的个人发展（22洛阳师范学院）
6. 社会性发展（22天津师大）

辨析题

1. 人的发展具有主观能动性。（21西南）
2. 人的发展的不平衡性决定教师的教育活动必须抓住身心发育的关键期。（22湖南）

简答题

1. 简述人的发展的含义。（12扬州）
2. 简述人的发展的规律性。（10、14、16南京师大，10、17天津师大，12云南师大，12、13福建师大，12、15、22哈师大，12、16沈阳师大，13中南，13、17、18、21扬州，14重庆师大、河南师大、闽南师大，14、16南京，15北师大，16青岛、海南师大、湖南科技，17安徽师大，18郑州、中国海洋，19湖北师大，20辽宁师大、浙江师大，21华东师大、齐齐哈尔、北京联合、宁波，22杭州师大、曲阜师大、宁波、延安）
3. 人的发展有何特点？（20沈阳师大）
4. 简述人的身心发展规律及其教育启示。（20扬州）
5. 简述人的发展的规律性及其教育学意义。（21四川师大，23深圳、海南师大、天水师范学院）

论述题

1. 论述人的发展的规律性。（10辽宁师大，10、11、12、13华中师大，11、18渤海，15、16鲁东，17湖南、北师大、浙江师大，17、21温州，18沈阳师大，19湖北、广西师大，19、20湖南师大，21三峡，23东北师大）
2. 论述人的发展特点的未完成性。（16曲阜师大）
3. 试论述人的发展的特点及其对教育的启示。（20湖南师大）
4. 评析教育与人的发展。（21福建师大）
5. 教育应怎样适应学生的个体发展规律和特点？（10南京，12哈师大，13聊城、扬州，17天津师大，17、21西华师大）
6. 论述人的发展的顺序性对教学的要求。（22沈阳师大、深圳）
7. 论述谋生功能和享用功能的内涵，以及这些功能是如何实现的。（23宁夏）

第二节　影响人身心发展的因素 （简：20+ 学校；论：15+ 学校）

考点1　遗传素质在人的身心发展中的作用　5min搞定　（辨：21 西华师大；简：5+ 学校）

1. 遗传的含义　（名：11 哈师大，15 福建师大，23 中央民族）

遗传是指人从上代继承下来的生命机体及其解剖上的特点，如机体的结构、形态、感官和神经系统的特点及本能、天赋倾向等。这些遗传的生理特点也叫作遗传素质。

2. 遗传素质在人的身心发展中的作用　（辨：23 陕西师大）

（1）**遗传素质是人的身心发展的物质基础与生理前提，为人的身心发展提供了可能性**。遗传素质是人的身心发展的自然的或生理的前提条件。如果没有这些条件，人的发展就无法实现。

举例：一个生下来就无大脑的畸形儿，他没有思维的器官，无法学习语言和科学文化知识，也就不可能获得人的发展。同时，遗传素质为人的发展提供了巨大的生理潜能。

（2）**遗传素质的成熟程度制约着人的身心发展过程及年龄特征**。遗传素质本身有一个发展和成熟的过程，主要表现为人的身体的各种器官的形态、结构及其机能的发展变化与完善的过程。

举例：周岁幼儿学走路，青少年身高的剧增等。遗传素质的成熟程度，为一定年龄阶段的身心特点的出现提供了可能，制约着人的发展的年龄特征。如人们常说："三翻、六坐、八爬叉，十个月会喊大大。"

（3）**遗传素质的差异性对人的身心发展有一定的影响**。人的遗传素质的差异性不仅体现在体态和感觉器官的功能上，也表现在神经活动的类型上。

举例：在医院的婴儿室里，出生几天的婴儿有不同的表现。有的安静，容易入睡；有的手脚乱动，大哭大喊。这都与神经活动的类型密切相关。

（4）**遗传素质具有可塑性**。遗传素质为人的身心发展提供了生理上的可能性，但人成长为什么样的人，并不取决于人的遗传素质，人的身心发展具有可塑性。

> **凯程提示**
> 遗传素质在个体发展的不同阶段，其作用大小是不一样的，随着个体的不断发展，遗传素质的作用日益减弱。

考点2　环境在人的身心发展中的作用　5min搞定　（简：5+ 学校；论：5+ 学校）

1. 环境的含义

环境泛指个体存在于其中的，在个体的活动交往中，与个体相互作用并影响个体发展的外部世界。环境包括自然环境和社会环境两个方面，社会环境对人的发展的影响比自然环境大。

2. 环境在人的身心发展中的作用

（1）**环境是人的发展的外部条件，为个体的发展提供了可能性和限制**。婴儿从呱呱坠地时起，就生活在特定的环境中。在环境的影响下，儿童发展着身心，获得一定的经验、知识和语言能力，形成各种思想意识和行为习惯。在不同历史时期、不同地域、不同民族、不同社会阶级和阶层中生活的人，他们的思想意识、道德品质、知识才能和行为习惯都会有明显的差别。一个人的身心能否得到发展和发展到什么程度，都与他所处的社会环境分不开。

(2) **环境对个体身心发展的影响既取决于环境的给定性，又取决于主体的选择性**。环境的给定性指的是由自然与社会、历史遗产与他人为儿童个体所创设的生存环境。它们对于儿童来说是客观的、先在的、给定的。主体的选择性是指人对环境变化的刺激做出积极的或消极的回应是可以由主体内在的意愿来选择和改变的。作为客观的、复杂多变的环境，在人的发展中究竟能起多大作用，起什么性质的作用，这在很大程度上取决于个人对待环境的态度及其与环境的互动情况。环境的给定性不但不会限制人的选择性，而且正因为有了环境的给定性，反而激发了人的能动性、创造性。（名：14云南师大）

(3) **我们不能过分地夸大环境的作用**。环境虽然重要，但不是决定人发展的根本因素。决定人发展的根本因素是个体的主观能动性。

考点 3　个体活动（个体的主观能动性）在人的身心发展中的作用

⭐⭐⭐⭐ 5min搞定　（简：5+ 学校；论：5+ 学校）

1. 个体的主观能动性的含义
个体的主观能动性主要指个体在后天生活中形成的人生态度、价值理想、道德品质、知识结构、身体素质、个性特征等，其核心是人生态度和价值理想。

2. 个体因素在人的身心发展中的作用

(1) **个体的主观能动性在个体发展中起着最终的决定作用**。个体的主观能动性是在人的发展的活动中产生和表现出来的。学校、环境和遗传素质只是为个体提供了发展条件，这些条件能否发挥作用以及能在多大程度上发挥作用，最终完全取决于个体自己。

(2) **个体的主观能动性制约着环境影响的内化与主体的自我建构**。人在同环境的相互作用中，改造着环境，也在改造环境的过程中提升了个人的能力与素质，这是主体的自我建构过程。在这个过程中，不同主体对同一个环境的内化是不同的，如同一个班级、同一个老师的学生，有的学生上课认真，学习成绩优异，有的学生学习困难，有的学生则完全对教学环境视而不见。可见，每个学生的发展特点和成就主要取决于他的态度和主观能动性的发挥状况。

(3) **个体通过能动的活动选择，建构着自我的发展**。人在发展中，自我意识和自我控制能力逐渐发展，个体能够逐渐有目的、自觉地影响自己的发展。它意味着人不仅能把握自己与外部世界的关系，而且能把自身的发展当作自己认识和自觉实践的对象，从而能够进行自我设计和自我奋斗。

考点 4　学校教育在人的身心发展中的作用

⭐⭐⭐⭐ 10min搞定　（简：13天津、23广西师大；论：10+ 学校）

1. 学校教育在人的身心发展中的主导作用[①]　（简：12湖南师大）

学校教育在人的身心发展中起主导作用。学校教育的主导作用不是万能的，因为，学校教育既不能超越它所依存的社会条件，也不能违背儿童身心发展的客观规律，任意决定人的发展。很多人都认为学校教育对人的发展起到了决定性的作用，这个看法是错误的，这是在夸大学校教育的作用。而且，学校教育必须与社会教育、家庭教育有力配合，才能发挥主导作用。

---

① 虽然在333大纲里没有"学校教育的主导作用"这一点知识，但是很多学校经常考查，考生需重点掌握。

2. 学校教育发挥主导作用的原因 (简: 10 聊城, 18 宁波)

(1) 学校教育主要通过文化知识的传递来培养人。 (简: 5+ 学校; 论: 13 江苏师大, 18 华中师大)

学校教育主要是通过文化知识的传递来培养人，文化知识是滋养人成长的最重要的社会因素与资源，学校也总是弥漫着文化知识的气息。文化知识之所以对人的发展至关重要，主要是因为文化知识蕴含着有利于人的发展的多方面价值。

①**促进人的认识的发展（知识的认识价值）**。学生如果能掌握和运用前人积累的知识，也就等于继承和掌握了前人认识的资源和工具，从而能较为便捷地认识世界，能看到别人无法看到的事实，发现别人无法发现的问题，解释别人无法解释的疑难，重组别人无法重组的经验。学生通过学习知识来达到、了解天下事的目的。

②**促进人的能力的发展（知识的能力价值）**。有效地发展学生认识问题和处理问题的能力，不仅要引导学生学习和理解知识，更重要的是引导学生运用知识于实际，去解决各种实际存在的问题，并懂得从挫折、失败中总结经验教训，修正错误，逐步掌握正确的方法与程序，提高自身能力。

③**促进人的精神的发展（知识的陶冶价值）**。知识中蕴含着科学精神和人文精神。科学精神引导人尊重事实，实事求是，追求真理；人文精神引导人追求人生的意义与尊严，坚持自由、权益和社会平等。学生经过科学精神和人文精神的陶冶，才能真正形成人生智慧，具有人生理想，担当起社会责任。

④**促进人的实践的发展（知识的实践价值）**。促进学生运用知识去指导、推动社会实践的发展。当学生通过学习获取了知识，认识了某种事物的特性，就能获得改造某种事物的可能性，也就推动了学生在这一领域的社会实践的发展。

(2) 学校教育对提高人的现代性有显著的作用。

与古代社会相比，现代社会对人的发展和教育提出了越来越高的要求，教育对人的发展的作用也越来越大，这在人的现代化发展方面表现得尤为明显。我国正在进行社会主义现代化建设，人的现代化是社会现代化的重要基础和前提条件。我们应当自觉地优先发展教育，高度重视并充分发挥教育对人的现代化的促进作用。

3. 学校教育发挥主导作用的表现：个体个性化与个体社会化（补充知识点） (简: 17 宁波, 20 陕西师大, 23 河北师大)

个体自身发展的两个不同方面是个性化和社会化。

(1) 教育的个体个性化功能。

所谓个性化，是指个体在社会活动中形成自主性和独特性的过程。教育作为促进个体个性发展的重要途径，其功能主要体现在对个体自主性和独特性的培养上。教育的个体个性化功能主要体现在三个方面：①教育能促进主体意识的发展，培养个体合理的自主性。②教育能促进个体特征的发展，培养个体的独特性。③教育能开发人的创造性，促进人的个体价值的实现。

(2) 教育的个体社会化功能。

所谓社会化，是指个体接受文化规范，学习其所处社会的行为模式，由一个自然的人转化为社会的人的过程。教育的个体社会化功能主要体现在三个方面：①教育促进人的观念社会化。②教育促进人的行为和能力社会化。③教育促进人的职业、身份和角色社会化。

4. 学校教育发挥主导作用的条件（补充知识点） (简: 21 陕西师大; 论: 19 华中师大)

学校教育不是任何时候都能发挥主导作用，学校教育自身的合理性与校外环境等都影响着学校教育的主导作用能否发挥和发挥的程度。

（1）从学校教育内部来讲：①学校教育要尊重受教育者的主观能动性与身心发展规律。②学校教育需要具有一定的办学条件。如教育的管理方式、物质条件和环境氛围。③学校教育要重视教师的素质。教师素质是制约教育作用的重要因素。④学校教育的课程设置的合理性、教学方法的有效性等都制约着学校教育主导作用的发挥。

（2）从学校教育外部来讲：①家庭教育与学校教育的积极配合程度。②社会发展的稳定性以及社会教育与学校教育的配合程度。③科技、信息对学校教育的改造程度等。

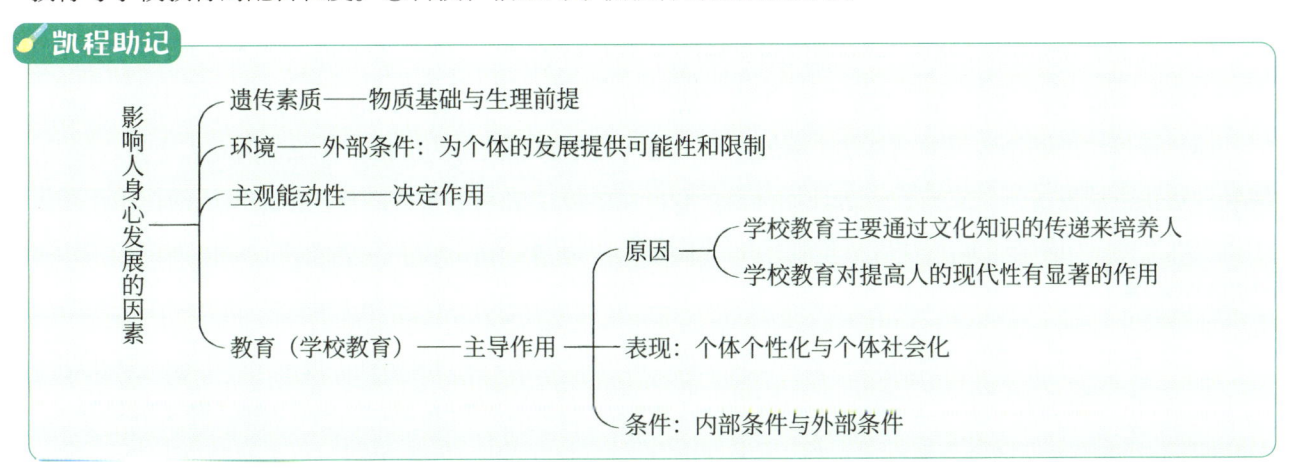

凯程助记

影响人身心发展的因素
- 遗传素质——物质基础与生理前提
- 环境——外部条件：为个体的发展提供可能性和限制
- 主观能动性——决定作用
- 教育（学校教育）——主导作用
  - 原因
    - 学校教育主要通过文化知识的传递来培养人
    - 学校教育对提高人的现代性有显著的作用
  - 表现：个体个性化与个体社会化
  - 条件：内部条件与外部条件

第三节 影响人身心发展因素的理论（补充知识点）[①]

考点1 单因素论与多因素论 ⭐10min搞定

这是根据影响人的身心发展因素的多寡而进行的分类，见下表。

分类	代表人物/学派/基本观点	评价
单因素论	英国的高尔顿、美国的霍尔：遗传决定论	单因素论认为在众多影响人的身心发展的因素中，只有一个因素是起决定作用的。它忽视了影响人的身心发展的其他因素以及各因素之间的关系
单因素论	行为主义学派：环境决定论	同上
单因素论	"教育万能说"学派（爱尔维修）：教育决定论	同上
多因素论 二因素论	一类是生物因素，包括人的遗传因素、个体先天特点以及生理结构等；另一类是社会因素，包括环境、教育等，着重突出环境因素的作用	多因素论认为影响人的身心发展的因素是多方面的，其中既有环境与遗传交互作用的观点，又有遗传、环境、教育、个体的主观能动性等因素相互作用的观点
多因素论 二因素论	格赛尔的爬梯实验，强调"成熟"与"学习"的相互作用	同上
多因素论 三因素论	遗传、环境与教育	同上
多因素论 四因素论	遗传、环境、教育与个体的主观能动性	同上

考点2 内发论与外铄论 ⭐⭐⭐⭐ 5min搞定

依据影响人身心发展的动因是源于内还是源于外，分为内发论和外铄论。

[①] 333大纲没有要求掌握该部分理论，但各校真题频繁考查过这些理论，建议考生必须掌握。

1. 内发论 (名：22苏州，23中央民族)

(1) **代表人物与思想**：以高尔顿为代表的遗传决定论、卢梭的自然主义思想、格赛尔的成熟论（著名的同卵双生子爬梯实验）、孟子的性善论等。

(2) **基本观点**：强调人的身心发展的力量主要源于人自身的内在需要，身心发展的顺序也是由身心成熟机制决定的。

(3) **评价**：内发论过分强调人的发展是由人的内在因素起决定作用的，而忽视了外部因素和人的能动性。

2. 外铄论 (名：5+学校)

(1) **代表人物**：中国的荀子、英国的洛克和美国的华生等。

(2) **基本观点**：人的发展主要依靠外在的力量，如环境的刺激和要求、他人的影响与学校的教育等。

(3) **评价**：外铄论者都强调外部力量的意义，故一般都看重教育的价值。外铄论的观点也是片面的，但是外铄论者研究了内发论者没有关注的问题，在一定程度上强调了外界因素对人的发展的作用，还为深入研究外部作用如何才能被作用对象接受并内化提供了认识材料。

凯程拓展

(1) 格赛尔的同卵双生子爬梯实验：格赛尔让一对同卵双生子练习爬楼梯，哥哥在出生后第46周开始练习，每天练习10分钟，弟弟在出生后第53周开始接受同样的练习。满54周时，两个孩子都达到了相同的爬楼梯水平。而哥哥练习了8周，弟弟仅练习了2周。这说明第46周时，孩子的相关机能还没有达到成熟程度，对孩子来说，提前练习是无效的。第53周时，这个时间较为恰当，孩子有了爬行机能的准备，虽然练习时间短，但可以达到事半功倍的效果。由此，格赛尔认为成熟是学习的先决条件。

(2) 主张内发论的教育家采取的教育措施往往给予受教育者更多的空间和余地；而主张外铄论的教育家则会强调外部教育措施的作用，而忽视受教育者内心的感受。

考点3 内因与外因交互作用论（多因素相互作用论） 2min搞定

辩证唯物主义认为，人的发展是个体的内在遗传与外部环境在个体活动中相互作用的结果。主要表现在遗传与环境对人的发展的作用是相互制约、相互依存的，二者的作用是相互渗透和相互转化的。遗传与环境的相互作用不是始终固定不变的，而是一个动态的相互作用的过程。主体与客体之间是一种作用和反作用的动力关系。

具体而言，我们将影响个体发展的因素归结为四个方面，即遗传、环境、教育、个体的主观能动性。从某种意义上说，个体的主观能动性是个体发展的决定性因素。

经典真题

一、关于遗传因素

›› 名词解释

1. 遗传素质（11哈师大，15福建师大）　　2. 遗传（16广西师大）

3. 遗传决定论（23中央民族）

>> **辨析题**

1. 一两遗传胜过一吨黄金。(18 陕西师大)　　2. 遗传在人的发展中起决定作用。(21 西华师大)
3. 遗传素质具有可塑性。(23 陕西师大)

>> **简答题**

1. 简述遗传在人的发展中的作用。(10 西北师大，11 陕西师大，16 江苏师大，18 上海师大、鲁东，20 闽南师大，22 福建师大)
2. 影响人身心发展的因素有哪些？(10 东北师大、青岛、浙江师大，11 曲阜师大，12 北京航空航天，17 华南师大，18 苏州，19 江西师大、湖北，20 闽南师大、湖南理工学院、鲁东、云南、浙江海洋，21 广东技术师大、海南师大、洛阳师范学院，22 重庆师大、湖南科技，23 西南、贵州师大)

>> **论述题**

1. 有人说："一两遗传胜过一吨黄金。"这种说法对吗？说明你的道理。(13 东北师大，23 湖北)
2. 论述遗传在人的身心发展中的作用。(23 辽宁师大)
3. 根据影响人的身心发展因素理论，分析"染而苍则苍，染而黄则黄"和"出淤泥而不染"的现象。(23 宁波)

二、关于环境因素

>> **名词解释**

1. 外铄论／环境决定论 (10 聊城，17 东北师大、内蒙古师大、东北，20 成都，22 中央民族)
2. 环境的给定性和主体的选择性 (14 云南师大，22 苏州)

>> **辨析题**　"近朱者赤，近墨者黑"，这说明环境在人的身心发展中起决定作用。(15 山东)

>> **简答题**

1. 简述环境在人的发展中的作用。(10 西北师大，10、19 山东师大，17 福建师大，18 内蒙古师大，19 曲阜师大，21 同济、湖南理工学院)
2. 简述环境在教学中的作用。(19 上海师大)
3. 简要评述"环境决定论"。(11 北师大)

>> **论述题**

1. 结合实际，谈谈学校教育和家庭环境对学生性格形成的影响。(11 河北师大)
2. 试论在我国中小学开展环境教育的意义。(13 云南师大)
3. 论述环境在人的发展中的作用。(10 哈师大、山东师大，16、17、19 聊城，18 陕西师大，21 北华)
4. 试评"环境决定论"。(11 天津)

三、关于个体活动因素

>> **简答题**

1. 简述个体的能动性在人的发展中的作用。(15 云南师大，16 内蒙古师大，17 郑州、天津，20 江苏、洛阳师范学院，21 曲阜师大、湖北师大)
2. 简要回答影响人身心发展的因素及各因素的地位、作用。(10、11 东北师大，14 中央民族，15 北师大，17 华南师大，18 苏州，19 湖北、江西师大，20 云南、浙江海洋，21 洛阳师范学院、广东技术师大，23 青海师大、西华师大)

>> 论述题

1. 论述个体的主观能动性在人的发展中的作用。（15闽南师大，17华中师大，19天津师大，20大理，22华中师大）
2. 试论影响人身心发展的主要因素及其作用。（13中央民族，15天津师大，17湖南师大，18、20、21湖北，19吉林师大，20鲁东，22东北师大、齐齐哈尔、湖北）

四、关于教育因素

>> 简答题

1. 简述知识对人的发展的价值。（10闽南师大，11云南师大，12渤海，14、19福建师大，15扬州，21内蒙古师大、集美）
2. 简述教育促进个体社会化和个性化功能的表现。（17宁波，20陕西师大，22河北师大）
3. 简述学校教育在人的发展中的重要作用（主要价值）。（10曲阜师大、闽南师大，11安徽师大，12湖南师大、渤海，13天津，14湖南科技、西北师大，14、19福建师大，15扬州，16湖南，17宁波，19贵州师大，21河南师大、内蒙古师大、集美，23广西师大）
4. 为什么说学校教育在个体发展中起主导作用？（10聊城）
5. 简述教育的个体发展功能。（18宁波）

>> 论述题

1. 论述文化知识的育人价值。（13江苏师大，18华中师大）
2. 论述教育对人的作用及其实现条件。（19华中师大）
3. 试述学校教育的特征及其在人的身心发展中的作用。（13湖南，14华南师大，16湖南师大，19华中师大，20辽宁师大、聊城，21河南师大，22曲阜师大、重庆师大、延安、西华师大）
4. 论述学校教育在人的身心发展中的特殊作用。根据教育改革，如何发挥学校教育的特殊作用？（16湖南师大）
5. 论述人的发展及其规律，并说明教育对人的发展的作用。（20辽宁师大、聊城）
6. 未来学校在教育理念、教学组织形式、学习方式、学习空间等方面有哪些特征？（21首师大）

五、关于影响人身心发展的因素

>> 论述题

1. 分析影响人的身心发展的基本因素。（10、11东北师大，15北师大、天津师大，17西南，18陕西师大，18、20苏州）
2. 结合你自己的教育教学实践，谈谈教育与人的身心发展的关系。（10南京师大）
3. 材料：结合人的身心发展规律理论，谈谈"双减"政策的科学性。（22温州）
4. 论述在实践中如何处理好教育价值取向和遵循教育规律之间的关系。（22湖南科技）
5. 家长把孩子考上名校的功劳全归于自己，专家则认为孩子取得成绩，学校、教师才是最主要的原因，请用相关理论分析此现象。（22江苏师大）

第四章 教育与社会发展

考情分析

	选	名	辨	简	论

第一节 教育的社会制约性 — 简3，论10
- 考点1 生产力对教育发展的影响与制约 — 简11，论5
- 考点2 政治经济制度对教育发展的影响与制约 — 简15，论7
- 考点3 文化对教育发展的影响与制约 — 辨1，简13，论6

第二节 教育的社会功能 — 名1，简5，论21
- 考点1 教育的社会变迁功能 — 名9，简104，论38
- 考点2 教育的社会流动功能 — 名12，简24，论8
- 考点3 教育的社会功能与教育的相对独立性 — 名7，辨1，简29，论11

第三节 教育与我国社会主义建设
- 考点1 教育在我国社会主义建设中的地位和作用 — 简7，论10
- 考点2 科教兴国与国兴科教 — 名2，论18

333 考频

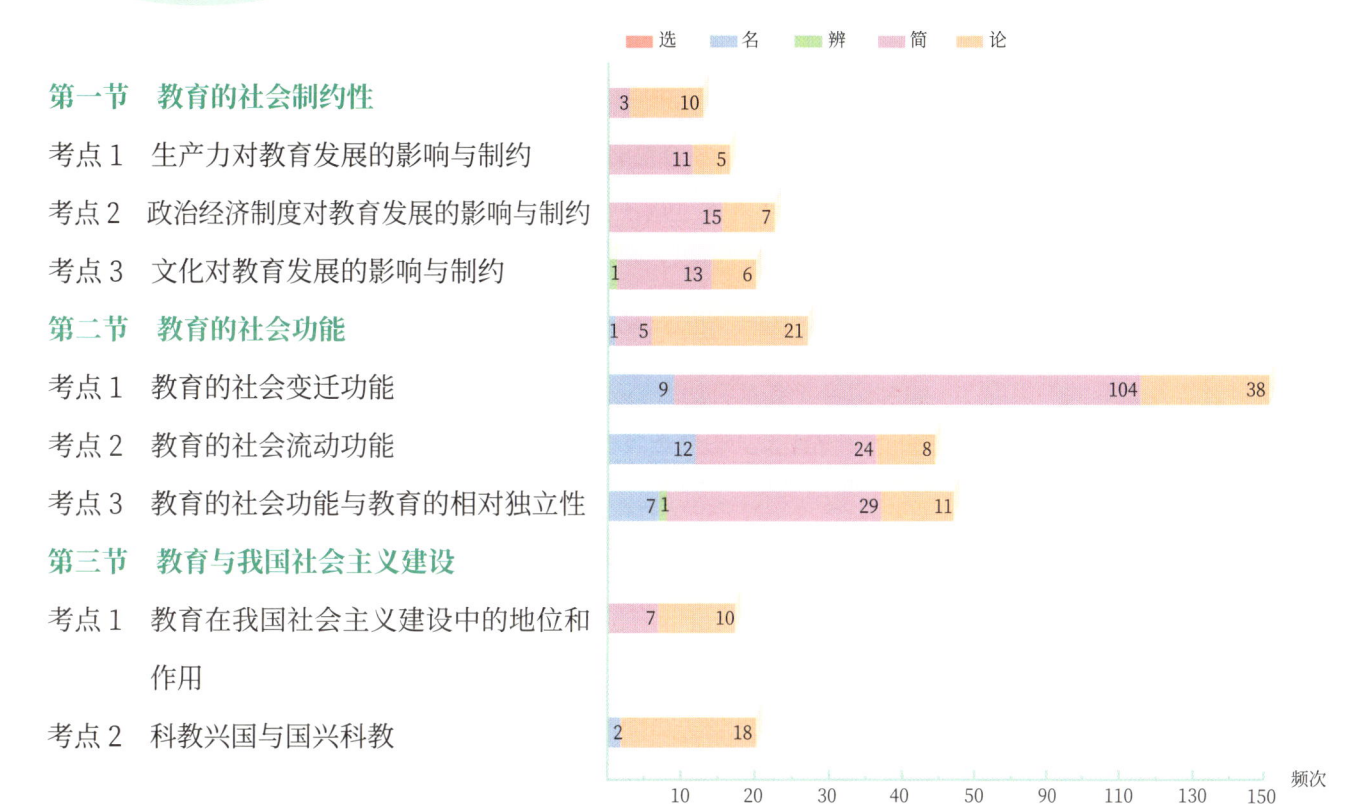

知识框架

教育与社会发展
- 教育的社会制约性
  - 生产力 ★★★
  - 政治经济制度 ★★★
  - 文化 ★★★
- 教育的社会功能
  - 社会变迁功能 ★★★★★
  - 社会流动功能 ★★★★★
  - 教育的社会功能与教育的相对独立性 ★★★★★
- 教育与我国社会主义建设
  - 地位和作用 ★★★★★
  - 科教兴国与国兴科教 ★★★

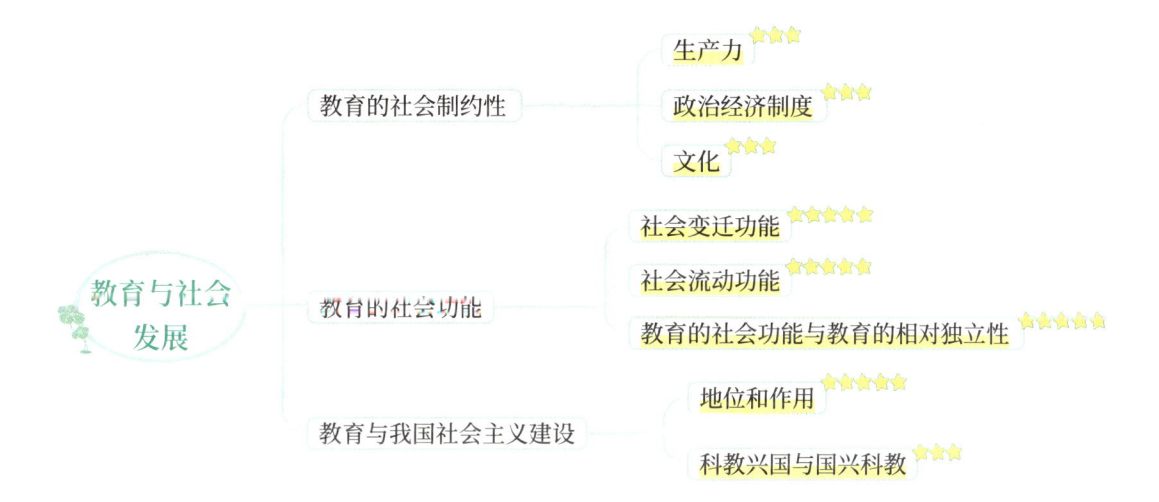

① 本章主要参考王道俊、郭文安的《教育学》（第七版）第三章，人力资本理论、教育功能主要参考《教育学基础》（第3版）第二章。

考点解析

第一节 教育的社会制约性

（简：12 华南师大，19 集美，21 云南民族，23 宁波；论：5+ 学校）

考点 1 生产力对教育发展的影响与制约 ⭐⭐⭐ 5min搞定 （简：5+ 学校；论：5+ 学校）

生产力发展水平制约着教育发展水平的高低，教育发展水平是生产力发展水平的反映。

（1）**生产力的发展水平制约着人才培养的规格**。教育的根本问题是培养什么样的人的问题。社会生产力的水平、方式决定着劳动力的规格，进而也制约着教育所培养的人的规格，尤其是人的知识、技能和态度的规格。

（2）**生产力的发展水平制约着教育事业发展的速度、规模和教育结构**。社会生产力的发展水平制约了社会对教育事业的需求程度，也制约着社会对劳动力的需求水平，进而制约着教育事业的速度与规模。并且，在现代社会里，义务教育的普及与延长、职业教育的大力发展、高等教育大众化等教育结构的变化都是由生产力决定的。

（3）**生产力的发展水平制约着课程的设置和教育内容的沿革**。生产力发展一方面促进科学技术的发展，另一方面又对学校教育的内容提出要求，要求学校培养的人必须掌握与生产力发展水平相适应的科学技术知识和生产技能。因此，学校教育的内容总是随着社会生产力的发展而不断充实和更新。

（4）**生产力的发展促进了教学组织形式、教育教学手段和方法的沿革**。学校的物资设备、教学实验仪器、组织管理所使用的某些工具和技术手段，都随着社会生产力发展水平的提高而逐步地获得改善和提高。

凯程助记

生产力：根本作用→制约教育目的
- 宏观：制约教育发展速度、规模、结构
- 中观：制约课程设置与教育内容
- 条件：制约教学组织形式、手段与方法

考点 2 政治经济制度对教育发展的影响与制约 ⭐⭐⭐ 5min搞定 （简：10+ 学校；论：5+ 学校）

（1）**政治经济制度的性质制约着教育的性质**。一定的教育具有什么样的性质是由社会的政治经济制度的性质决定的，而且教育的发展变革也受制于社会的政治经济制度的发展变革。

（2）**政治经济制度制约着教育目的**。教育目的是一个社会的政治经济制度对教育所提出的主观要求和集中体现，它直接反映着统治阶级的利益和需要。

（3）**政治经济制度制约着教育的领导权**。统治阶级利用国家政权的力量，通过审批、调拨教育经费等办法来掌握教育领导权；统治阶级还利用意识形态的优势，通过编写教材、审定教科书、发行各种读物等途径来决定教育工作的发展方向。

（4）**政治经济制度制约着受教育权**。受教育权是判断一个国家和社会教育性质的重要标志，它是由社会的政治经济制度决定的。谁有受教育的权利，谁没有受教育的权利，谁有受什么样的学校教育的权利，都是由社会的政治经济制度决定的。

（5）**政治经济制度制约着教育内容、教育结构和教育管理体制**。统治阶级会利用手中的特权来规定学校的课程和内容。特定社会的教育结构也是由该社会的社会结构、经济结构决定的。教育的管理体制更是直接受制于社会的政治经济制度。如在政治经济制度上实行中央集权制的国家，在教育管理体制上多强调集中统一；而实行分权制的国家，在教育管理体制上多强调地方自主。

总之，教育的性质、宗旨、领导权和受教育权，乃至教育内容、结构和管理体制都受到社会政治经济制度的制约。因此，在阶级社会里，"超阶级"或"超政治"的教育是根本不存在的。

凯程助记 性质目的与宗旨，领导受教育两权，内容结构和管理，靠点边的都制约。

考点3 文化对教育发展的影响与制约 ★★★ 5min搞定 （简：10+ 学校；论：5+ 学校）

文化对教育发展的制约和影响具有广泛性、基础性、深刻性和持久性的特点。

（1）**文化知识制约教育的内容和水平**。教育内容集中反映在课程上，课程本身就是文化的载体，文化知识始终是教育的主要资源，文化知识的发展特性与水平制约着教育的发展特性与水平。

（2）**文化模式制约教育背景和教育模式**。文化模式为教育提供了特定的背景，每个社会成员都无法逃避它的影响。在教育模式上，例如，受东西方两种不同文化模式影响的教育模式，在教育目的、内容与方式等各个方面也有明显的差异。

（3）**文化传统制约教育的传统和变革**。文化传统越悠久，对教育传统变革的制约性就越大。如美国的教育注意培养适应"民主社会"要求的理想公民，有浓厚的实用主义色彩。当今我国在教育改革上遇到的阻力，追根溯源，与文化传统中的消极因素有一定关系。正确认识文化传统对教育传统的制约关系，对今天的教育改革有重大作用。

凯程助记

制约教育内容和水平；制约教育背景和模式；制约教育传统和变革。

凯程提示

考试时有可能只考查政治或经济与教育的关系，也有可能综合多项一起考查，如政治、经济与教育的关系（有可能在论述题中考查）。

经典真题

>> 辨析题 文化本身就是一种力量。（22南京师大）

>> 简答题

1. 简述生产力对教育的制约。（11扬州，15吉林师大、集美，16河北，18安徽师大、华南师大，21东北师大、聊城，22淮北师大，23内蒙古师大）

2. 简述社会政治经济制度对教育的制约。（10聊城，14天津师大，15沈阳师大、四川师大，18宁波、郑州，20广东技术师大、重庆三峡学院，21太原师范学院、温州、西华，23辽宁、曲阜师大、浙江）

3. 简述文化对教育的制约与影响。（10、12曲阜师大，13天津师大、内蒙古师大，13、21鲁东，15湖南师大，16贵州师大，17山东师大、广西师大、郑州师范学院，20渤海，23东北师大）

4. 简述教育与社会政治经济制度的关系。（14天津，21西华师大、温州）

5. 简述教育政策的基本特点。（21西南）

6. 简述教育的社会制约性。（12华南师大，19集美，21云南民族，22宁波）

>> **论述题**

1. 结合实际，论述生产力对教育的制约作用。（13 河南师大，18 陕西师大，21 洛阳师范学院）
2. 试论述教育与社会生产力、社会经济发展的相互关系。（12 杭州师大）
3. 论述社会政治经济制度对教育的制约。（14 宁波，17 西北师大，18 陕西师大，21 湖州师范学院、济南、大理）
4. 论述文化对教育的制约与影响。（12 渤海，12、19 四川师大，15 青岛，16 闽南师大）
5. 论述教育的社会制约性。（10 湖北、苏州，10、13、16 四川师大，17 南宁师大，18 哈师大，20 吉林师大）
6. 材料：结合教育和社会的发展关系，谈谈对"双减"政策的看法。（22 广西师大）
7. 材料一：城乡教育差距大，农村孩子进城读书，某区却让进城的农村孩子回乡就读，在义务教育全免费后，该政府投入无差别教育，追求城乡教育的均衡发展，摒弃教育不公之问题。

材料二：2021 年 7 月，有关政府"双减"政策，有人认为让学生把握在校学习时间，提高学习效率，有人认为学习时间变少了，学到的内容就变少了。对于"双减"政策，社会上存在的各种不同声音……

试从教育与社会发展的关系方面对上述现象进行分析。（22 大理）

第二节 教育的社会功能

（名：12 广西师大；辨：23 南京师大；简：5+ 学校；论：20+ 学校）

教育一方面受社会发展制约，另一方面表现出对社会的反作用。教育的社会功能主要是通过育人功能实现、推动社会变迁与促进社会流动。

考点 1 教育的社会变迁功能 ★★★★★ 16min搞定

（名：5+ 学校；简：21、23 西南师大、23 福建师大；论：5+ 学校）

教育的社会变迁功能是指教育通过开发人的潜能，提高人的素质，引导人的社会化，影响人的社会实践。它不仅使人能适应社会的发展，而且能够推动社会的改革与发展。教育的社会变迁功能表现在社会生活的各个领域，如教育的经济功能、政治功能、文化功能、生态功能等。

1. 教育的经济功能 ★★★★★（简：20+ 学校；论：10+ 学校）

（1）**教育是使可能的劳动力转化为现实的劳动力的基本途径（转化）**。普通教育传授一般的文化知识，提高人的文化素质，为经济发展提供良好的人力资源；职业教育传授专门的知识和技能，提高人的劳动能力，使其能够在生产中直接运用高科技，并且进行技术创新。

（2）**现代教育是生产科学技术、促进经济增长的重要途径（增长）**。[①] 教育传播科学文化知识和技术，实现科学文化知识和技术的再生产；教育也会生产新的科学文化知识；教育还培养创新人才和科技人才，促进科技的发展。

（3）**教育是提高劳动者素质和生产率的重要因素（素质、效率）**。教育能提高生产者对生产过程的理解程度和对劳动技能的熟练程度，从而提高工作效率；教育也能帮助人合理操作、使用工具和机器，使其注意对工具的保养和维护，减少工具的损坏率；教育还能提高人的创新意识和创造力。

[①] "现代教育是生产科学技术、促进经济发展的重要途径"在一些教材中也写成"现代教育是把知识形态的生产力转化为直接的生产力的一种重要途径"。这句话的意思就是"现代教育是创新科技，生产新的科学技术的一种重要途径"。实际上，这是同一含义的两种不同表述，由于第二种较为拗口，很多考生不能理解，所以凯程选择用容易理解的方式表述。

（4）教育能够产生经济效益，是经济发展的新的增长点（增长）。 人力资本理论和其他多项研究表明，教育对经济增长的贡献率在30%以上，现代教育与经济增长之间呈显著正相关。这说明教育发展对经济增长具有明显的促进作用，教育投资越来越成为经济发展的新的增长点。

> **凯程助记**
> 两增长一转化，素质效率全提高。

> **凯程拓展**　　　　　　　　　　**人力资本理论**　（名：10宁夏，14云南师大）
> 最能体现教育的经济功能的理论是人力资本论。
> （1）**代表人物：** 美国经济学家舒尔茨。
> （2）**含义：** 人力资本是指凝聚在劳动者身上的知识、技能及其表现出来的能力。这种能力是生产增长的主要因素，是具有经济价值的一种资本，但不能被继承及转让。
> （3）**主要观点。**
> ①**人力资本对个体的作用。** 人力资本投资能提高生产率，是人未来薪金、收益的源泉，也是劳动收入增加的根本原因。
> ②**人力资本对社会的作用。** 人力资本是一种生产要素资本，对生产起促进作用，是经济增长的源泉。人力资本的增长速度快于物质资本增长的速度，这是现代经济最基本的特征。
> ③**重视教育投资对人力资本的作用。** 劳动者通过教育和训练所获得的技能和知识，是资本的一种形式，它同物质资本一样，是可以通过投资生产出来的。教育投资是人力资本的核心，是一种可以带来丰厚利润的生产性投资。除此之外，人力资本投资还包含医疗改善、卫生保健等多种形式。
> （4）**评价。**
> ①**理论上，揭示了教育对经济的促进作用，为研究二者的关系提供了全新的视角。** 人力资本理论认为教育能够提升劳动者的知识和技能，知识和技能随即转化为劳动者的人力资本，对社会经济的发展起到促进作用。
> ②**实践上，促使各国加大教育投资，重视了教育的经济功能。** 该理论认为要重视教育投资对人力资本的作用，教育投资能够转化为人力资本，促进经济社会的发展。

2. 教育的政治功能 ★★★★★　（简：20+学校；论：5+学校）

（1）**教育通过传播一定社会的政治意识形态，完成年轻一代的政治社会化。** 人的社会化是人的发展的重要方面，而政治化又是人的社会化的重要方面。政治社会化指引导人们接受一定社会的政治意识形态，形成适用于一定社会政治制度的思想态度和认同感，以及积极参与政治、监督政治的能力与习性的过程。这一过程对年轻一代尤为重要，因为这是确保把他们培养成国家公民的过程。

（2）**教育通过造就政治管理人才，促进政治体制的变革与完善。** 现代社会强调法治，使得教育更重视培养政治管理人才。社会越发展，对政治管理人才的素质要求越高，通过教育选拔、培养政治管理人才就越重要。

（3）**教育通过提高全民文化素质，推动国家的民主政治建设。** 一个国家的政治是否民主与国民的文化素质密切相关。一个国家普及教育的程度越高，国民就越能认识到民主的价值，就越能在政治生活和社会生活中履行民主的权利。

（4）**教育是形成社会舆论、影响政治时局的重要力量。** 学校是知识分子和青少年的聚集地，向教育者和受教育者宣传一定的思想，造就一定的舆论，借以影响群众，从而为一定的政治、经济服务。

> **凯程助记**
> 通过传播政治意识形态培养人才 ── 造就政治管理人才
> 　　　　　　　　　　　　　　　└ 提高全民素质→形成舆论、影响时局

3. 教育的文化功能 ★★★★★　（辨：18 南京师大；简：30+ 学校；论：5+ 学校）

（1）**教育的文化传承功能（传递、保存）**。教育传递着文化，它使年轻一代能迅捷、经济、高效地占有人类创造的精神文化财富的精华，迅速成长为具有摄取、鉴赏、创造文化能力的"文化人"。与此同时，教育将人类的精神文化财富内化为个体的精神财富，教育也就有了保存文化的功能。

（2）**教育的文化融合功能（传播、交流与丰富）**。文化的传播与交流是向自身灌注生命力和新鲜血液的过程。教育作为传播、交流文化的重要手段和途径，是最积极、最有效的，因此，教育也就有了丰富文化的功能。

（3）**教育的文化选择功能（选择、提升）**。教育对文化的选择意味着价值的取舍与认知意向的转变，并且它是以促进文化自身的发展与进步为目的的。而学校教育在本质上就是一种文化价值的引导工作。

（4）**教育的文化创新功能（创造、更新）**。教育通过创造新的思想与观念，发展社会科学技术并培养有创新精神的人，对社会文化进行创造与更新。

> **凯程助记**　传递、保存→传播、交流与丰富→选择、提升→创造、更新。

4. 教育的生态功能 ★★★　（简：10+ 学校；论：12 河南师大，19 江苏师大，21 东华理工）

（1）**树立建设生态文明的理念**。学校和社会要加强生态文明的教育与宣传，让学生从小具有爱护自然、爱护生命、节约资源、保护生态环境的思想情感，从而逐步在全社会牢固树立建设生态文明的理念。

（2）**普及生态文明知识，提高民族素质**。造成生态灾害与失衡的原因很多，但大多与人的素质不高有关，如开发自然的无序与过度，运用科技的不当或失误，不懂得珍爱生命和节约资源等。因此，我们应当有计划地普及生态文明知识，引导学生保护生态环境。

（3）**引导建设生态文明的社会活动**。学校的生态文明教育不应局限于校内，还要组织学生参加社区的生态文明建设，如组织学生到社会上进行环境保护的宣传，参与社区清除环境污染的活动等，让学生在社会实践中加深、提高认识，经受熏陶与锻炼，培养生态文明建设的兴趣与信念。

> **凯程助记**
> 树立生态文明理念 →普及生态文明的知识→引导生态文明的活动。

> **凯程提示**
> 教育的作用具有滞后性，即教育对经济、政治、文化、科技、生态等的作用不是立竿见影的，而是要经过较长时间才能体现出功效。这就是蔡元培所说的"教育是求远功的"。教育的这种长效性作用巨大，所以各国重视教育，要求优先发展教育。

考点 2　教育的社会流动功能 ★★★★★ 5min搞定　（简：10+ 学校；论：10+ 学校）

1. 教育的社会流动功能的含义　（名：10+ 学校）

教育的社会流动功能是指社会成员通过教育的培养、筛选与提高，能够在不同的社会区域、社会层次、职业岗位、科层组织之间转换、调整与变动，以充分发挥其个性特长，展现其智慧才能，实现其人生价值。

当代社会，教育是促进社会流动功能的关键因素。

2. 教育的社会流动功能在当代的重要意义

（1）**教育已成为现代社会中个人社会流动的基础。**今天一个人无论是参军，还是经商、打工，要想在社会上生存和流动，就要有一定的文化知识和能力，必须接受一定的教育。我们必须认识到"基础教育"是个人"走向生活的通行证"，它使享受教育的人能够选择自己将要从事的职业，参与建设集体的未来并继续学习。

（2）**教育是现代社会流动的主要通道。**在智力资源作为发展因素和物质资源相比将越来越占优势的未来社会，高等教育的重要性只会与日俱增。今天我国农村的年轻一代要成功地进行社会流动，尤其是向上流动必须经过教育，甚至只有经过优质的高等教育才能实现。要看到教育已成为当代社会流动的主要通道。在中国工业化、信息化、城市化建设的进程中，高等教育大众化和普及化的加速，正充分展现出教育主要的社会流动功能，保证了人口与人才的调整、转换与供应。

（3）**教育深刻影响着社会公平。**教育的社会流动实质上涉及教育机会均等和社会公平问题。时至今日，入学机会均等也远未能实现，因为家庭、财富、权力乃至居住地，对个人的受教育机会都起着或大或小的作用，弱势群体和强势群体在教育机会上的差距仍在扩大。但是，世界各国因此纷纷实行普及义务教育制度，注重教育公平，这就是教育未来的发展趋势。

此外，教育的社会流动功能关乎人的发展权利的教育资源分配问题。这是一种关乎自我实现的教育资源获得与利用的问题。由此，也就产生了教育公平的问题。在当今世界，一个人如果连优质的普及义务教育也未能得到，人便难以生存，更不要说参与平等竞争和实现人生价值了。

考点3 教育的社会功能与教育的相对独立性 ★★★★★ 10min搞定

1. 教育的社会功能：社会变迁功能与社会流动功能的关系 ★★★ （论：23苏州）

（1）**教育的社会变迁功能与社会流动功能是性质不同的两种功能，二者有严格的区别。**

①**教育的社会变迁功能在推动社会发展。**社会变迁功能是就教育所培养的社会实践主体在生产、科技、经济、政治与文化等社会生活各个领域发挥的作用而言的。它主要指向的是社会的存在、演变与发展，以期切实地为社会的变迁服务，为民族或群体的生存与发展条件的改善服务。

②**教育的社会流动功能在改善个体发展，维护社会稳定。**社会流动功能是就教育所培养的社会实践主体，通过教育的培养与提高以及在此基础上的个人能动性、创造性的努力，以实现其在职业岗位和社会层次之间的流动和转换而言的。它主要指向的是个体的生存与发展境遇的改善。

（2）**二者又有内在的联系，相互促进，相辅相成。**

①**教育的社会变迁功能为社会流动功能的产生、发展开拓了可能的空间。**只有社会各方面发展得越来越好，物质基础雄厚，交通便捷，信息通畅，人们的流动才能够实现。

②**教育的社会流动功能也通过培养和提高社会实践主体，为社会变迁功能的实现提供了人才及动力。**当人才可以随意流动，通过努力获得升迁，人才才有可能充分发挥自己的价值，在属于自己的岗位上做出贡献，同时，也就促进了社会变迁，为社会发展谋利。

综上所述，教育的社会变迁功能随着社会的发展而变化，到了现代社会，单纯的经济发展并不能为人类带来幸福感。人们要求高科技与高人文并行，人与自然和谐发展，社会全面进步，其核心在于人的合理生存与人的全面发展。因此，社会的进步越来越要求我们充分认识和全面发挥教育的社会变迁功能和社会流动功能。

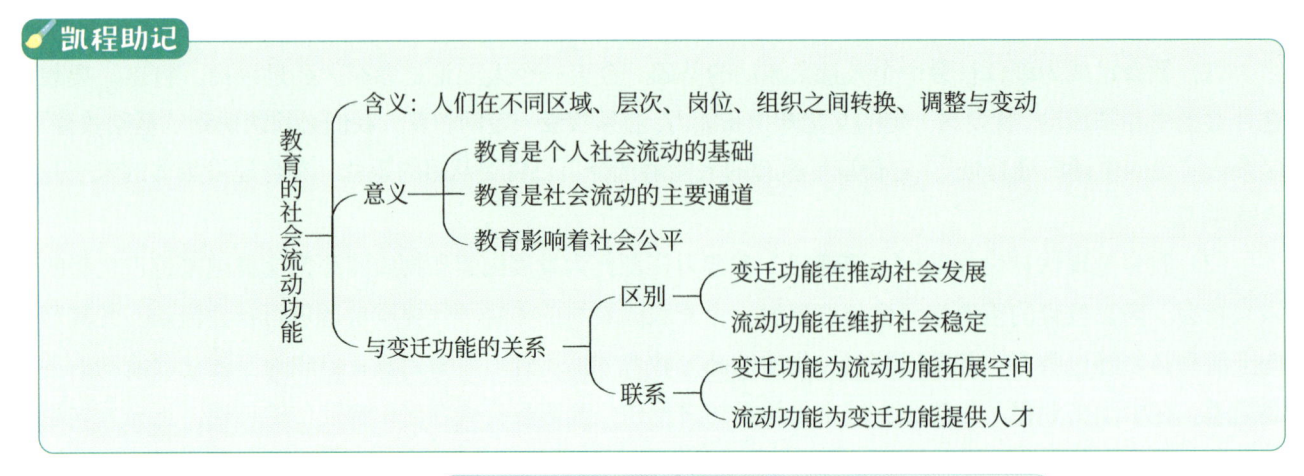

凯程助记

教育的社会流动功能
- 含义：人们在不同区域、层次、岗位、组织之间转换、调整与变动
- 意义
  - 教育是个人社会流动的基础
  - 教育是社会流动的主要通道
  - 教育影响着社会公平
- 与变迁功能的关系
  - 区别
    - 变迁功能在推动社会发展
    - 流动功能在维护社会稳定
  - 联系
    - 变迁功能为流动功能拓展空间
    - 流动功能为变迁功能提供人才

2. 教育的相对独立性 ★★★★★ （名：5+ 学校；辨：23 南京师大；简：20+ 学校；论：5+ 学校）

（1）**含义**：所谓教育的相对独立性，是指教育作为社会的一个子系统，可以对社会其他系统做出能动的反作用，如教育具有政治功能、经济功能和文化功能等，它对社会的能动作用具有自身的特点与规律性，它的发展也有其连续性与继承性。

（2）**主要表现**。

①**教育是有目的地培养人的活动，主要通过所培养的人作用于社会**。教育，尤其是学校教育，是一种有意识地影响人、培育人、塑造人的社会活动。通过培养人来适应并推进社会向前发展是教育特有的重要的社会功能。

②**教育具有自身的活动特点、规律与原理**。教育是培养人的活动，而人具有天赋的能动性、可塑性和创造潜能等特点，并具有特殊的身心发展和成熟的规律。教育、教学及其相关活动，必须认识、遵循和创造性地运用这些基本特点与规律，才能有效地培养人才。

③**教育与政治、经济、文化发展不同步，教育往往具有滞后性和长效性**。教育发展的滞后性和长效性说明过分强调办教育要立即带来功效，要立竿见影，这是不符合教育社会功能的特点的。各级领导如果对教育采取这样一种态度，希望自己在任时看到政绩，那么势必会采取为官时的短期行为，忽视甚至放弃抓教育，尤其是基础教育。

④**教育具有自身发展的传统与连续性**。我们无论是办学校、发展教育事业，还是进行教育改革，都要重视与借鉴教育的历史经验，都应在原有的基础上积极改进、稳步向前，切不可轻率地否定教育的连续性而企图另搞一套。但是，我们不能把教育的相对独立性理解为绝对独立性，因为教育归根到底是由生产力的发展水平决定的，是受到政治、经济、文化等各方面制约的，也就是说教育的社会制约性是其根本的特性。

（3）**对教育独立的"相对性"的说明**。我们说教育具有相对独立性，但不能说教育具有绝对独立性，"超经济""超文化""超政治"的教育是不存在的。如果错误地认为教育具有绝对独立性，那么将会丧失教育发展的社会基础和动力。

3. 教育的社会制约性与教育的相对独立性的关系（补充知识点）

（1）**教育的相对独立性离不开社会各方面对教育的制约**。教育为适应社会的生存与发展而产生、发展，受社会发展的制约，对社会具有依存性。"超经济""超政治""超文化"的教育是不存在的。

（2）**教育的社会功能是教育相对独立性的依据和主要体现，教育可以能动地反作用于社会发展**。教育是一种主体性的实践活动，在能动地反作用于社会发展的过程中，具有主体自身的价值取向与行为选择，由此实现教育的社会功能，并表现出自身的相对独立性。如果教育没有自己特有的社会功能，便不可能发展成为社会的一个重要的子系统，形成教育的相对独立性。

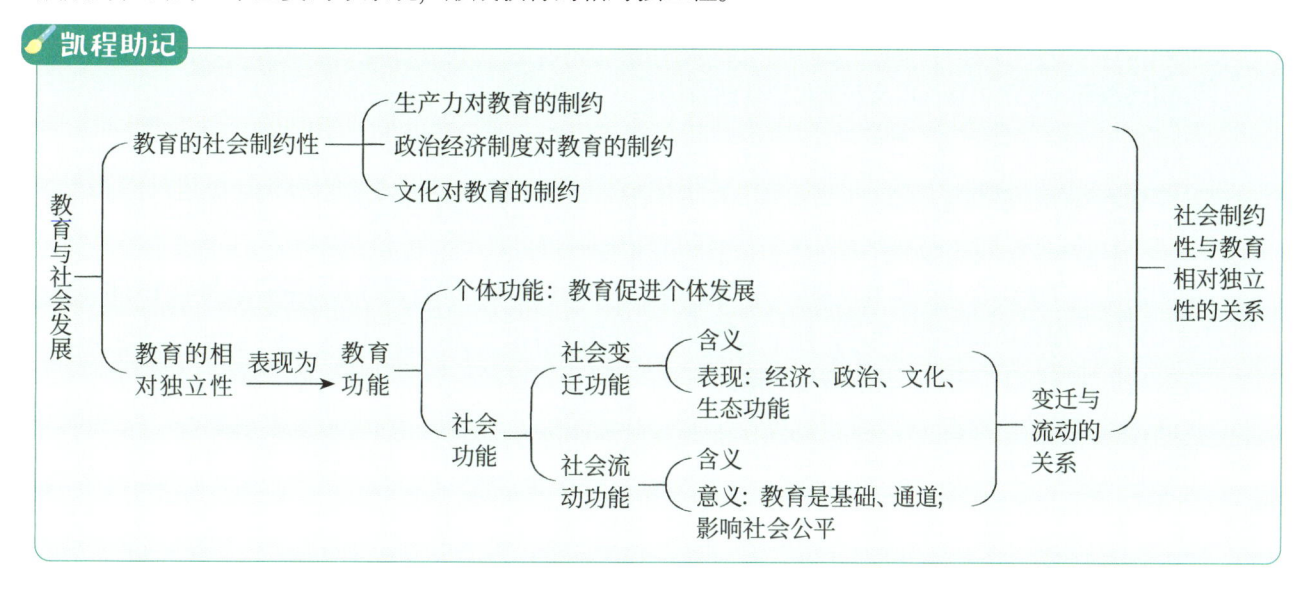

凯程助记

教育与社会发展
- 教育的社会制约性
  - 生产力对教育的制约
  - 政治经济制度对教育的制约
  - 文化对教育的制约
- 教育的相对独立性 → 表现为 → 教育功能
  - 个体功能：教育促进个体发展
  - 社会功能
    - 社会变迁功能
      - 含义
      - 表现：经济、政治、文化、生态功能
    - 社会流动功能
      - 含义
      - 意义：教育是基础、通道；影响社会公平

→ 社会制约性与教育相对独立性的关系
→ 变迁与流动的关系

经典真题

一、关于教育的变迁功能

›› 名词解释

教育的社会变迁功能（11 山东师大，16 西南、沈阳师大，17 天津，21 河南师大、华中师大、集美、湖南理工学院，22 洛阳师范学院）

›› 辨析题 教育对社会发展的促进作用是有限的。（23 南京师大）

›› 简答题

1. 简述教育的经济功能。（10、16、23 河南师大，11 山东师大，14 渤海、吉林师大，15 鲁东、温州，16 海南师大，17 华中师大，19 华东师大、河北，21 天津师大、辽宁师大、信阳师范学院，22 长江、南京，23 江西师大、湖北、广东技术师大）

2. 简述教育的政治功能。（11 鲁东，12 天津、北师大、青岛，12、16 山东师大，14 天津师大，16 云南师大、吉林师大，17 福建师大、江苏师大、延安，18 华中师大、辽宁师大、闽南师大，19 扬州，20 贵州师大、淮北师大，20、21 四川师大，21 天津师大、温州、云南民族、华东师大、山西师大、浙江海洋、佳木斯，22 华南师大、内蒙古师大）

3. 简述教育的文化功能。/ 简述教育的文化功能及其表现。（10 青岛，11、19 河南师大，12 浙江师大、西北师大、闽南师大，13 华中师大、河北师大、广西师大、宁波，14 山西，15 上海师大、淮北师大，16 宁波、北师大，16、17 天津，18 集美，18、19 广州，18、23 吉林师大，19、21 鲁东，20 内蒙古师大，21 浙江海洋、赣南师大、江汉，22 西华师大，23 华东师大、南京师大、天津师大、山西师大）

4. 简述教育的生态功能。（14 华中师大、安徽师大，15 广西师大，16、17 上海师大，18 河南师大、天津师大，20 华东师大，23 东北师大、湖南科技、延安）

5. 简述教育的经济功能和政治功能。（21 天津师大）
6. 简述文化知识蕴含的有利于人的发展的价值。（21 集美）
7. 简述教育的文化创造功能。（22 宁夏）
8. 简述教育与生产力的关系。（23 青岛）
9. 简述教育与文化关系（以及对文化自信的看法）。（23 西华师大、四川师大）

论述题

1. 论述教育的经济功能。（11 西华师大，12 杭州师大，13、18 陕西师大，16 西南，17 西北师大，18 南京师大，21 东北师大、合肥师范学院、济南，22 中央民族）
2. 引用了《学会生存——教育世界的今天和明天》中的一段话，然后讲有人说教育与物质生产的关系发生了转变，即教育决定物质生产，而不是物质生产决定教育。
你对这个问题有什么看法？用教育学的理论分析。（18 安徽师大）
3. 论述教育的政治功能。（14 宁波，18 陕西师大、南京师大，20 河南师大，21 东北师大）
4. 论述教育的文化功能。（11 四川师大，12 曲阜师大、渤海，15 青岛，16 闽南师大，17 广西师大，18 石河子，20 湖州师范学院、浙江）
5. 论述新时期教育的生态功能。（12 河南师大，19 江苏师大，21 东华理工）
6. 论述教育的社会变迁功能及其启示。（13 沈阳师大，14 北师大，16 天津师大，19 哈师大，23 淮北师大）
7. 结合当前我国社会政治改革和发展的特点，谈谈政治对教育的影响和教育应该担负的政治功能。（14 宁波）
8. 结合案例论述教育的政治功能和经济功能。（21 东北师大）
9. 论述教育的个体功能和社会功能。（21 广东技术师大）
10. 论述教育与文化的关系，结合实际并举例。（22 鲁东，23 中央民族）
11. 谈谈数据信息与知识的关系。（23 南京信息工程）
12. 论述教育与经济的关系。（23 济南）

二、关于教育的流动功能

名词解释

教育的社会流动功能（10、11 苏州，13 渤海、河南师大，15 辽宁师大，16 广西师大、中央民族、西南，19 扬州，20 江苏师大、上海师大，21 吉林师大，23 湖州师范学院）

简答题

简述教育的社会流动功能。/ 教育怎样体现其社会流动功能？（10 扬州、福建师大，11 中南，13 华东师大、杭州师大、山西师大，14 中山、上海师大，16 湖南，18 四川师大、内蒙古师大，18、22 辽宁师大，19 中央民族，19、22 华南师大，21 同济、江苏师大，23 西北师大）

论述题

1. 论述教育的社会流动功能及其意义。（11 广西师大，11、19 华南师大，12 安徽师大，13 闽南师大，18 辽宁师大，19 太原师范学院，20 福建师大、北华、大理，22 湖州师范学院）
2. 结合教育的社会流动功能，试分析现阶段我国的教育公平问题。（15 苏州）
3. 论述教育的社会流动功能及其对人的影响。（17 辽宁师大）

三、关于教育功能与教育的相对独立性

›› 名词解释

教育的相对独立性（16、19 湖南科技，17 渤海，19 湖北师大，20 安徽师大，22 江苏师大、天津师大）

›› 简答题

1. 简述教育的相对独立性。（10、15、20 华中师大，11 杭州师大，13 云南师大、山西师大，14、15、20 湖南科技，16 湖北师大、曲阜师大，17 贵州师大、江西师大，18 中央民族、江汉，19 广东技术师大，21 湖州师范学院、云南民族，23 安徽师大）

2. 简述教育的相对独立性的主要表现。（10 苏州，14 湖北，17 四川师大，18 河北，19 西北师大，23 沈阳、洛阳师范学院）

3. 如何理解教育的相对独立性？认识教育的相对独立性有何意义？（15 杭州师大，22 南京师大、西南）

4. 简述教育的社会功能。/ 简述教育的价值。（22 宁夏、云南师大）

5. 简述教育价值观的特点。（23 河南）

›› 论述题

1. 论述教育的相对独立性。（11 陕西师大，14 华南师大、淮北师大，15 内蒙古师大，21 湖南科技，22 福建师大）

2. 论述教育的社会功能与教育的相对独立性。（12 山东师大，23 苏州）

3. 联系实际，论述教育的社会功能。（10 湖北，11、12 北京航空航天，12 西南、南京师大，14 陕西师大，15 东北师大，15、19 浙江师大，16 安徽师大，17 苏州、集美，19 长春师大，20 广西师大、延安、四川轻化工，20、21 江苏，22 哈师大）

4. 论述教育的社会功能及其有效发挥的条件。（20 安徽师大）

5. 什么是教育的相对独立性与社会制约性？如何协调两者之间的关系？（22 宝鸡文理学院）

第三节　教育与我国社会主义建设

考点 1　教育在我国社会主义建设中的地位和作用　（论：23 湖南师大）

科学发展观是指导我国各项事业发展的世界观和方法论的集中体现，其内涵极为丰富，对以专门培养人为目的的教育来说，具有特殊的重要意义。

1. 树立以人为本的教育观　（简：11 北师大、天津）

（1）树立以人为本的教育观，意味着肯定教育的根本主旨在于促进人的全面发展。在生产力发展的基础上，要尽可能地满足大多数人的文化需要，尽可能地让每个人有公平的受教育机会，尽可能地开发每个人的发展潜能，促进每个人的全面发展，因为人是目的，人是主体，人的发展与社会发展是互动的。

（2）树立以人为本的教育观，意味着肯定人是自我教育、自我发展的主体。教育必须尊重人在自我教育、自我发展中的主体地位。教育的艺术和教育的实效，在很大程度上取决于启发、培养、引导、激励和发挥人的自我教育、自我发展的能动性。

🖊 凯程助记　目的→肯定全面发展；过程→肯定主体性。

2. 把教育摆在优先发展的战略地位 ★★★★★

(简：15 华南师大、安徽师大，20 湖南科技，21 贵州师大；论：5+ 学校)

"百年大计，教育为本。"教育在我国社会主义现代化建设中具有基础性、先导性、全局性的意义。落实科学发展观，实现科教兴国战略和人才强国战略，就必然要求把教育摆在优先发展的战略地位。

（1）教育优先发展的含义。

我们把教育优先发展的战略叫作教育先行模式，即教育在本国经济能力可承载的情况下，适度地先于其他行业或经济发展的现有状态而超前、提前发展。在政府行为上，教育先行模式表现为国家对教育的高度重视。在20世纪，世界上有三个发展最快的国家：德国、美国、日本。导致三国经济腾飞的根本原因之一是：三国在20世纪以前就极富远见地把发展教育、重视人力资本投资作为其迈向现代化的重要因素。

（2）教育优先发展的原因。

①**所谓教育的基础性，实质上是人的素质在社会主义现代化建设中的基础性**。教育的育人功能，教育对人的个体素质全面发展的促进，既是个人为人处世的基础，也是社会稳定和发展的基础。为了开发我国的人口资源，使我国由人口大国转化为人才强国，优先发展教育是一个必然的战略性举措。

②**所谓教育的先导性，是指教育的发展对社会主义现代化建设具有引领作用**。我国要调整产业结构，改变经济增长方式，提高经济增长的质量和效益，使经济社会可持续发展，关键在于知识创新、掌握核心技术，这在相当大的程度上要依靠教育来传播最新知识技术，以培养创新型人才。

③**所谓教育的全局性，是指教育的发展关乎社会主义现代化建设的方方面面，具有全局性的影响**。人们看教育的社会功能，有时只留意它的经济功能，只谈论"人力资本理论"，这就把教育的社会功能狭窄化了。其实，教育的功能对社会的发展来说无处不在，除了经济功能，还有政治功能、生态功能、文化功能和社会流动功能。我们应当全面发挥教育的各个功能，促进人的全面发展和社会的全面进步。

但必须注意的是，教育优先发展并不代表教育的盲目发展，优先发展必须适度。如果教育发展超过本国经济可承载的能力，就会造成人才过剩、人才外流等新问题。

> **凯程助记** 关键词——基础性、先导性和全局性。

考点 2 科教兴国与国兴科教 ★★★ 10min搞定

(名：20 华南师大，23 天津外国语；论：15 西华师大，21 北京联合)

科教兴国战略是1997年在党的十五大报告中，根据我国现代化建设的迫切要求，结合世界科技教育发展的经验和趋势，在科学分析中国国情的基础上提出的一个重要战略方针。实现科教兴国，前提在于国兴科技，关键在于国兴教育，教育为本。

1. 国兴教育的重大举措和巨大成绩

（1）**恢复高考和高校扩招**。1977年，我国恢复高考制度，选拔优秀人才；1998年，我国进入高等教育大众化阶段，在高考录取中不断努力地抓好教育质量与教育公平。

（2）**普及义务教育的立法**。2006年，我国修订了《中华人民共和国义务教育法》，对义务教育的性质、经济保障、政府责任、管理体制、法律责任追究等均做了进一步的规定。

（3）**贫困学生的国家资助体系的建立**。这是保障教育公平的一块基石。我国把农村义务教育纳入国家财政保障范围，不仅划拨教育事业经费，而且对家庭经济困难的学生给予补助，由政府承担农村义务教育的全部责任。这一根本转变，是中国教育史上一个重要的里程碑。

（4）教育事业的巨大发展。 目前，我国学校教育在加速普及和提高，高等教育也在普及化道路上快速发展，正朝着人力资源强国的方向前进。

> **凯程助记** 义务教育要普及，高等教育要扩招，上不起学就资助，教育事业大发展。

2. 国兴教育面临的问题 （论：5+ 学校）

（1）教育经费投入严重不足。

我国教育经费的投入严重偏低，农村尤其。虽然国家在逐渐加大投入，但还是不能满足实际需要。长期以来，教育经费投入不足导致我国人才培养滞后，影响到我国现代化建设的进程。其实早在 1993 年，国家就将财政性教育经费占国内生产总值 4% 的比例的目标写入了《中国教育改革和发展纲要》，但这一目标的实现却经历了 20 年之久。

（2）教育公平面临严峻挑战。

①**城乡之间、地区之间存在明显差距的问题**。由于我国城乡二元经济结构一直没有变革，地区之间的经济与社会发展长期不平衡，必然导致城乡之间教育发展的不平衡。首先，教育经费和设备配置的差异导致教育条件的不公平；其次，师资力量与教学水平的差异导致教育过程的不公平；再次，城乡学校的教育条件与教学水平的差距导致教育结果的不公平；最后，教育投入的差距深刻影响教育的公平。缩小城乡和地区差距已经成为实现中国教育公平的基础和保障。

②**农民工子女受教育需要妥善解决的问题**。如今农民工子女的教育问题该如何妥善解决，已成为社会最为关注的问题之一。它包括两个方面的问题：一是留守儿童的教育问题，是指农民工将孩子留在农村老家，委托爷爷、奶奶或邻居代管出现的问题；二是农民工子女上学难的问题，由于没有城市户口，随父母进入城市的适龄流动儿童在受教育的问题上往往受到不公平的对待，甚至失去上学机会。农民工子女教育问题不妥善解决，不仅影响社会主义现代化建设，而且影响社会的和谐与稳定。

③**优质教育资源短缺引发的教育机会不公平问题**。大量实证研究表明，优质教育资源的分配与学生家庭的经济背景和父母的社会阶层存在显著的关联。高学历、高收入和从事优势职业者的子女多集中在优质小学和中学学习，也占有较多的优质高等教育机会，而低学历、低收入家庭的子女则更多集中在一般的或较弱的小学和中学学习，较少获得优质高等教育的机会。是否享受优质的基础教育和高等教育，不仅决定着每个孩子的未来发展和前程，而且事关每个家庭的生活变迁与幸福。

3. 努力办好让人民满意的教育 （论：10+ 学校）

（1）普及和巩固义务教育。 义务教育是一切教育的基石，也是社会主义现代化建设的奠基工程，关系到广大人民群众根本利益的保障和创造潜能的发挥，始终居于教育事业"重中之重"的地位。而义务教育的重点难点又在农村。

（2）大力发展中等职业教育。 大力发展中等职业教育，有利于为社会发展培养大批高素质的劳动者和技能型人才，有利于拓宽就业渠道，有利于推进我国产业结构的调整和经济增长方式的转变。因此，必须把加快中等职业教育的发展作为我国教育事业发展的战略重点之一。

（3）大力提升高等教育质量。 高等教育处于整个教育发展的龙头地位，高等学校既是数以千万计的专门人才的"培养所"，又是知识创新、技术创新与观念创新的"发源地"，在支撑经济社会发展、提高自主创新能力、增强综合国力中具有不可替代的重要作用。

经典真题

名词解释 科教兴国（20 华南师大，23 天津外国语）

简答题

1. 教育为什么要以人为本？（11 北师大、天津）
2. 为什么要把教育摆在优先发展的战略地位？（15 华南师大、安徽师大，20 湖南科技）
3. 简述教育摆在优先发展战略位置的理论基础和实践。（21 贵州师大）
4. 简述如何在教育优先发展的背景下办好让人民满意的教育。（23 天津外国语）

论述题

1. 试析"百年大计，教育为本"。（10 渤海、江苏师大、曲阜师大，18 山西师大、海南师大，23 湖南）
2. 为什么要树立以人为本的教育观？（12 湖南师大）
3. 论述在基础教育改革中如何体现以人为本这一理念。（13 安徽师大）
4. 论述教育的独立性与教育先行。（14 华南师大）
5. 《国家中长期教育改革与发展规划纲要（2010—2020 年）》提出"科教兴国，人才强国"。中国未来的发展，中华民族伟大复兴，关键靠人才，基础在教育。试论述教育如何实现其社会发展功能。（14 陕西师大）
6. 如何办好让人民满意的教育？（17 河北，18 宝鸡文理学院，22 集美、洛阳师范学院）
7. 论述科教兴国与国兴科教。（15 西华师大，21 北京联合）
8. 论述国兴教育面临的问题。（10、12 山东师大，15 苏州，18 宝鸡文理学院，22 集美）
9. 为什么要把教育放在优先发展的战略地位？（21 扬州）
10. 中国当前的教育不公平主要表现在哪几个方面？请你选择某一方面分析其产生的原因，并尝试提出解决的对策。（10 哈师大）
11. 材料：《关于深化教育教学改革，全面提高义务教育质量的意见》提出"民办义务教育学校招生纳入审批，统一管理，与公办学校同步招生，对报名人数超出招生计划的，实行电脑随机录取"。
    (1) "摇号入学"可能解决了哪些问题？
    (2) "摇号入学"可能带来哪些新问题？
    (3) 针对这些新的问题中的一个，提出你的解决思路。（21 陕西师大）
12. 论述教育对社会主义现代化建设的作用。（23 湖南师大）
13. 结合二十大，请说明如何培养创新型人才。（23 三峡、北师大）
14. 二十大报告中说，"百年大计，教育为本""办好人民满意的教育"……（此为材料大意）
    (1) 结合现实，谈谈教育发展的优先战略地位。
    (2) 结合教育的社会流动功能，谈谈教育的公平。
    (3) 结合教育方针，谈谈如何"办好人民满意的教育"。（23 广西师大）
15. 党的二十大报告关于教育工作的提出有什么新的变化？如何看待这种新变化？（23 贵州）
16. 引用习近平"办好人民满意的教育""优先发展教育"的一段话。（此为材料大意）
我国居民对教育不满意的地方有哪些？做让人民满意的教育应该从哪些方面努力？（23 聊城）
17. 结合二十大，论述教育全面建设社会主义国家的地位与作用。（23 西华师大）

第五章 教育目的 (简：30+ 学校)

考情分析

第一节 教育目的概述
- 考点1 教育目的的概念 —— 150 1 13 3
- 考点2 教育目的的意义
- 考点3 教育方针 —— 2 6

第二节 教育目的相关理论 —— 1
- 考点1 教育目的的价值取向 —— 29 32 13
- 考点2 马克思主义关于人的全面发展学说 —— 10 9 16
- 考点3 内在目的论与外在目的论 —— 32
- 考点4 教育准备生活说与教育适应生活说 —— 5 3 1

第三节 我国的教育目的
- 考点1 教育目的的建构 —— 1
- 考点2 我国教育目的的基本精神 —— 48 5
- 考点3 普通中小学的性质与任务 —— 2 3
- 考点4 普通中小学教育的组成部分 —— 51 3 22 25

图例：选 名 辨 简 论

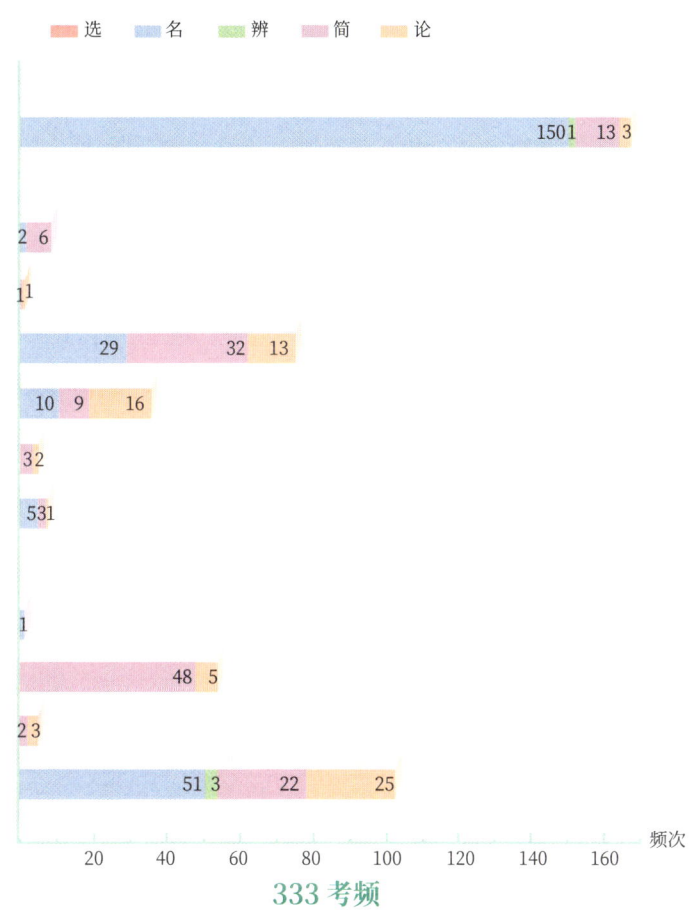

333 考频

知识框架

教育目的
- 教育目的概述
  - 教育目的的概念 ★★★★★
  - 教育目的的意义 ★
  - 教育方针
    - 教育方针的概念
    - 教育目的与教育方针的关系 ★★
- 教育目的相关理论
  - 教育目的的价值取向 ★★★★★
  - 马克思主义关于人的全面发展学说 ★★★★★
  - 内在目的论与外在目的论 ★★★
  - 教育准备生活说与教育适应生活说 ★★★★
- 我国的教育目的
  - 教育目的的建构 ★
  - 我国教育目的的基本精神 ★★★★★
  - 普通中小学的性质与任务 ★
  - 普通中小学教育的组成部分 ★★★★

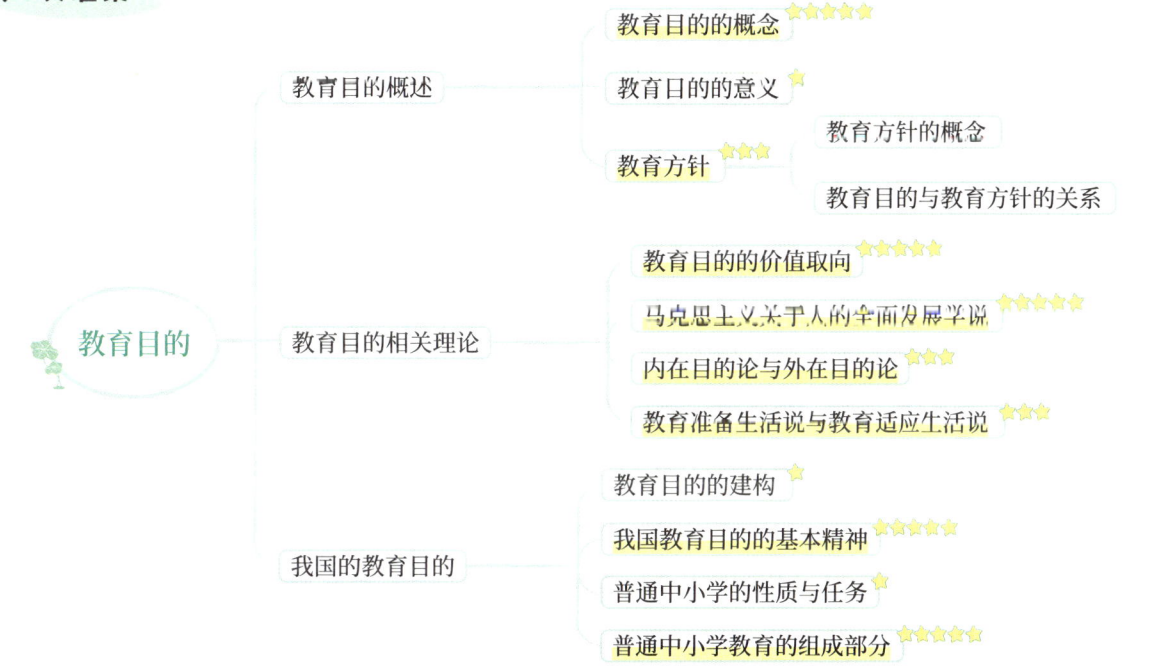

① 本章内容主要参考《教育学基础》（第3版）和王道俊、郭文安的《教育学》（第七版）两本书的观点，并加以总结。

第一节　教育目的概述

考点1　教育目的的概念

(1) **广义的教育目的**：指教育培养人的质量规格，亦指教育要达到的预期结果，反映教育在人的培养规格标准、努力方向和社会倾向性等方面的要求。

(2) **狭义的教育目的**：一般指国家对培养的人才要达到什么样的质量和规格的总要求，是各级各类学校都必须遵守的总要求。教育目的是教育活动的方向和目标，也是教育活动的出发点和归宿。

(3) **教育目的的内容结构**："培养什么样的人"和"为谁培养人"。

① "培养什么样的人"：就是提出受教育者在知识、智力、品德、审美、体质诸方面的发展要求，以期受教育者形成某种个性结构。这是教育目的内容结构的核心部分。

② "为谁培养人"：就是指明这种人符合什么社会的需要或为什么阶级的利益服务。

(4) **教育目的的层次结构**：教育目的作为教育功能的确定性指向，含有不同层次的目标系列，其结构层次从宏观到微观如下：教育目的→培养目标→课程目标→教学目标。

①**教育目的**：国家关于培养的人才要达到什么样的质量和规格的总要求。

②**培养目标**：各级各类学校对受教育者身心发展所提出的具体标准和要求。

③**课程目标**：各个教学科目所规定的在一个较长时间内（一般指1～2学年）应达到的教学要求或标准。

④**教学目标**：教师每一堂课需要完成的具体目标和任务。一般指一课时或几课时的教学目标。

(5) **我国的教育目的**：我国要培养德、智、体、美、劳全面发展的社会主义建设者和接班人。

> **凯程提示**
>
> 教育目的的概念应该由五部分内容构成，分别是广义的教育目的、狭义的教育目的、教育目的的内容结构、教育目的的层次结构和我国的教育目的。

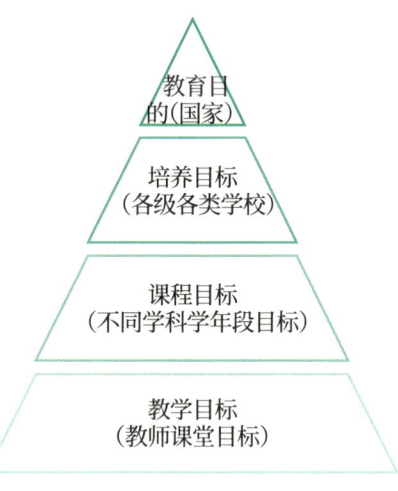

考点 2　教育目的的意义　⭐3min搞定

（1）**定向作用**。教育目的规定了学校教育和学生发展的根本方向，是学校办学的根本指导思想，也是学生发展的总方向，是学校教育工作的起点和归宿，并制约其全过程。学校只能根据教育目的办学，否则，就会偏离正确的办学方向。

（2）**调控作用**。教育目的规定了学校教育培养人才的基本质量规格，对学校教育的内容和活动方式起选择、协作、调节和控制作用。

（3）**评价作用**。学校的办学质量以及学生的发展质量如何，可以有很多的标准来衡量，但根本标准仍是教育目的。一般来说，凡是遵循并实现了学校教育目的的学校，其教育质量就高。相反，偏离了教育目的，其教育质量就不可能高。

考点 3　教育方针（补充知识点）[①]⭐⭐⭐8min搞定

1. 教育方针的概念　（名：12河南，20杭州师大；简：12陕西师大，14东北师大，23华南师大）

（1）**含义**：教育方针是国家或政党根据一定时期政治、经济发展的总路线、总任务规定的教育工作的发展思路和发展方向。教育方针是教育工作的总方向和根本指针，是教育政策的总概括。

（2）**构成**：教育方针的组成部分——①教育的性质和方向；②教育的目的；③实现教育目的的根本途径和方法。

（3）**我国的教育方针**。

2021年新修订的《中华人民共和国教育法》规定，教育必须为社会主义现代化建设服务、为人民服务，必须与生产劳动和社会实践相结合，培养德智体美劳全面发展的社会主义建设者和接班人。该方针将劳动教育提到与德智体美并重的地位，使其成为培养全面发展的人的重要途径之一，突出了劳动教育的价值，落实了"五育"并举。

在此基础上，推进"五育"融合，培养堪当民族复兴大任的时代新人。从"五育"并举到"五育"融合，已经成为新时代中国教育变革与发展的基本趋势。

2. 教育目的与教育方针的关系　（填：10陕西师大；简：12苏州）

（1）**教育目的与教育方针的联系**。教育目的和教育方针都含有"为谁培养人"的规定，都体现了国家对教育的基本要求，可以说二者在性质上具有内在的一致性。

（2）**教育目的与教育方针的区别**。

①**教育方针包含了教育目的，教育目的是教育方针的核心和基本内容**。教育目的一般包括"为谁培养人"和"培养什么样的人"的问题。而除此之外，教育方针还含有"怎样培养人"的问题和教育事业发展的基本原则。

②**教育方针与教育目的的是手段和目的的关系**。教育目的是国家或政党制定教育方针的前提，一定的教育方针是为了实现一定的教育目的而制定的。教育目的在对人的培养的质量规格方面要求较为明确，而教育方针则在"办什么样的教育""怎样办教育"方面显得更为突出。教育方针是为实现一定时期的教育目的而规定的教育工作的总方向。

[①] 虽然333大纲中没有这部分内容，但是有些学校考过，因此考生应该掌握。

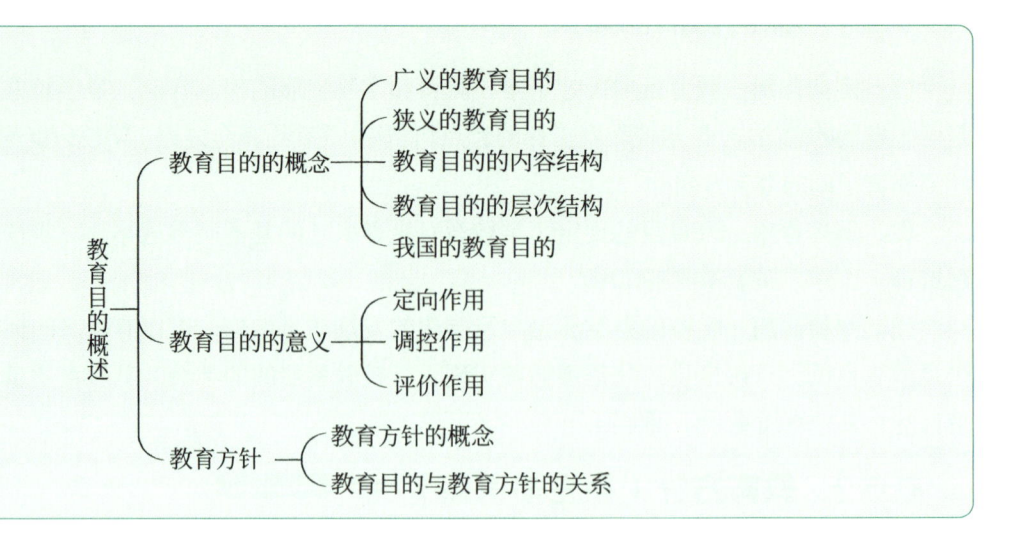

凯程助记

```
                    ┌─ 广义的教育目的
                    ├─ 狭义的教育目的
         ┌─ 教育目的的概念 ─┼─ 教育目的的内容结构
         │          ├─ 教育目的的层次结构
         │          └─ 我国的教育目的
教育      │          ┌─ 定向作用
目的  ────┼─ 教育目的的意义 ─┼─ 调控作用
的概      │          └─ 评价作用
述       │          ┌─ 教育方针的概念
         └─ 教育方针 ───┴─ 教育目的与教育方针的关系
```

经典真题

名词解释

1. 教育目的（10 沈阳师大、合肥师大、重庆师大，10、11 山东师大，10、11、12、14、17、18、23 西华师大，10、12、15、22 安徽师大，10、12、16、18 哈师大，10、12、16、20 华中师大，10、13、17、18 湖北，10、13、19 华东师大，10、14、17 杭州师大，10、16、17 宁波，10、19、21 天津师大，11、12 北京航空航天，11、12、13、21 山西师大，11、12、15、16 江西师大，11、15、16 曲阜师大，11、16、18 闽南师大，11、18 扬州，12 鲁东、中南、江苏师大，12、14、16、20 内蒙古师大，12、14、23 上海师大，12、17 西北师大，13、20 陕西师大，14 河北、苏州、西南，14、16 湖南科技，14、16、18 山西，14、19 聊城，14、20 延安，15 江苏、北师大，15、16、17 华南师大，15、19 广东技术师大，15、23 温州，16 重庆三峡学院、集美，16、17、19、23 贵州师大，16、19 河南师大，17 东北师大、中国海洋、首师大，17、19、23 吉林师大，18 湖北师大、中南民族、江汉、齐齐哈尔、天津，18、19 海南师大，18、19、20 浙江，18、22 四川师大，19 汕头，19、20 北华，19、23 辽宁师大，20 洛阳师范学院、宁夏、济南、宝鸡文理学院、陕西理工、西藏、佛山科学技术学院，20、21 江西科技师大，21 湖北、湖南理工学院，21、23 苏州科技，22 南京、扬州、湖南科技，23 广西师大、新疆师大、淮北师大、天津外国语、阜阳师大、沈阳、河南科技学院）

2. 狭义的教育目的（22 湖北、宝鸡文理学院）

3. 教育目的的层次结构（17 江苏师大）

4. 培养目标（12 广西师大，16 东北师大，21 太原师范学院，22 陕西师大）

5. 教学目标（12 南京师大，13 广西师大，21 吉林外国语）

6. 教育方针（18 河南，20 杭州师大）

7. 教育目的与教育方针（10 陕西师大填，20 杭州师大）

8. 价值性教育目的。（23 山西）

辨析题　社会生产力发展水平决定教育目的的性质。（22 陕西师大）

简答题

1. 简述教育目的的层次结构和内容结构。（10 湖南师大，16 云南师大，17 江苏师大，18 辽宁师大、南宁师大，19 中国海洋，21 华南师大、北京理工，22 闽南师大）

2. 简述我国的教育方针。(12 陕西师大)

3. 简述我国当前教育方针的最新表述及其精神实质,并就我国当前教育实践在教育方针贯彻执行上所存在的问题谈谈你的看法。(14 东北师大,23 华南师大)

4. 简述教育目的与教育方针的关系。(12 苏州)

5. 简述教育目的和培养目标的区别。(14 新疆师大,21 苏州)

6. 针对材料谈谈对当下教育目的的反思。(材料缺失)(23 青海师大)

>> 论述题

1. 教育方针体现了我国教育目的的什么特点?如何落实和促进新的教育方针?(材料缺失)(22 贵州师大)

2. 论述我国现阶段的教育目的。(22 温州)

第二节 教育目的相关理论 (简:19 浙江师大;论:22 青海师大)

考点 1 教育目的的价值取向——社会本位论与个人本位论

⭐⭐⭐⭐ 15min搞定 (名:5+ 学校;简:5+ 学校;论:10+ 学校)

1. 社会本位论(国家本位论) (名:10+ 学校;简:5+ 学校)

(1) **代表人物**:柏拉图、凯兴斯泰纳、涂尔干、赫尔巴特、孔德等。

(2) **主要观点**:①教育目的的制定应该由社会的需要决定,与人的潜能和个性的需要无关。②个人的一切发展有赖于社会,社会价值高于个人价值。③教育的最高目的在于使个人成为国家的合格公民,具有基本的政治品格、生产能力和社会生活素质。④教育的效果以社会功能的发挥程度来衡量。

(3) **评价**。

①**优点**:将对教育目的的考察角度从宗教神学转移到国家和社会事业上来,这是一个很大的进步。这种视角的转换在近代有助于教育与教会的分离,在当代有助于动员国家和社会资源来发展教育事业。

②**局限**:忽视了个体的价值,否认了个体在社会和国家生活中的积极能动作用,完全将受教育者当成等待被加工的"原料",违背了教育的人道主义原则。

2. 个人本位论 (名:15+ 学校;简:10+ 学校;论:14 江苏师大,15 湖北,16 广西师大)

(1) **代表人物**:卢梭、裴斯泰洛齐、洛克、福禄培尔、康德、萨特等。

(2) **主要观点**:①教育目的的制定应当由受教育者的需要、潜能和个性决定,至于社会的要求是无关紧要的。②充分重视人的价值、个性发展和需要,个人价值高于社会价值。③教育的目的在于帮助人们充分地发挥他们的自然潜能。④教育的效果以人的个性自由的发展程度来衡量。

(3) **评价**。

①**优点**:个人本位论在教育和社会上都有一种革命的作用,有助于新兴的资产阶级伸张自己在教育和社会政治层面的权利,倡导人的自由与个性,提升人的价值与地位,这也是对人性的一种解放作用。

②**局限**:将"自然性"与"社会性"及"个性"与"共性"对立起来;将个人的利益凌驾于社会利益和国家利益之上,最终毁坏了教育的社会基础或前提。

3. 对待两种理论的正确态度

在一定意义上，个人本位论一般是针对社会现实损害了个人发展而强调人自身发展需要的；社会本位论是针对个人发展脱离或违背了社会规范而强调社会发展需要的。要认识到社会需要与个人发展的辩证关系，从而把两种理论辩证地统一起来，二者的统一在价值取向上最终要落在人的发展上。

凯程助记

社会本位论与个人本位论

	社会本位论	个人本位论	总结
代表人物	柏拉图、凯兴斯泰纳、涂尔干、赫尔巴特、孔德	卢梭、裴斯泰洛齐、洛克、福禄培尔、康德、萨特	辩证统一；落在人的发展上
观点	(1) 教育目的由社会的需要决定。 (2) 社会价值高于个人价值。 (3) 教育的目的：使个人成为合格公民。 (4) 教育的效果以社会功能的发挥程度来衡量	(1) 教育目的由受教育者的需要、潜能和个性决定。 (2) 个人价值高于社会价值。 (3) 教育的目的：帮助人们发挥自然潜能。 (4) 教育的效果以人的个性自由的发展程度来衡量	
优点	(1) 教育权从宗教神学转移到国家，推动国家办学。 (2) 重视教育的社会价值	倡导人的自由、个性，提升人的价值与地位，实现人性解放	
局限	忽视了个体的价值，违背了人道主义原则	将"自然性"与"社会性"及"个性"与"共性"对立起来；将个人利益凌驾于社会和国家利益之上	

考点 2 马克思主义关于人的全面发展学说 ★★★★★ 10min搞定 （名：10+学校；简：5+学校；论：15+学校）

马克思从分析现实的生产关系入手，指出人的全面发展的条件、途径、手段等，预言在生产高度发展的基础上，消灭了阶级对立与压迫的社会制度后，人的全面发展具有现实性和必要性。

1. 马克思主义关于人的全面发展学说的科学含义

(1) **人的全面发展是指人的劳动能力的全面发展**。在马克思看来，人的全面发展，就其最基本的意义而言，指人能够适应不同的劳动需求。没有劳动，社会和个人都不可能存在，更谈不上发展。

(2) **人的全面发展是指个人智力和体力的全面发展**。马克思分析了资本主义劳动分工后，指出劳动者智力与体力相分离的片面发展的问题。全面发展的人将是体力劳动与脑力劳动相结合、在体力与智力上得到协调发展的人。

(3) **人的全面发展是人的先天和后天的各种才能、志趣、道德和审美能力的充分发展，即人的个性的自由发展**。马克思认为人的个性领域的发展是"真正自由的王国"，个人从事自由活动的时间不断增加，人的个性因此得到自由发展。

2. 马克思主义关于人的全面发展所必须具备的社会条件

(1) **人的片面发展的根源**。人的发展是与社会的发展相一致的，工场手工业的分工加剧了工人的片面发展。人的发展不是由人的意志和愿望决定的，也不是由人性的自我发展决定的，人的发展是由整个社会的发展所决定的。

(2) **生产力高速发展的大工业社会为人的全面发展提供了物质基础**。大工业生产依靠的是先进的科学技术，这使劳动者通过学习掌握生产过程的基本原理、技能，了解整个生产系统成为可能；大工业的发展，促进了劳动生产率的提高，从而缩短了劳动时间，减轻了劳动强度，使劳动者有更多的自由时间来学习技术和文化，发展自己的兴趣和特长；市场的扩大和普遍的交往为人的全面发展提供了可能性；大工业的发展使新兴产业不断兴起，使社会内部的分工不断变化，劳动变换加速，这要求人必须全面发展。

（3）实现人的全面发展的根本途径是教育与生产劳动相结合。一个全面发展的人的基本特征是体力和智力都得到充分的、自由的发展。教育与生产劳动相结合，不是机械地将教育与生产劳动相加，它内涵丰富，包括理论与实践的结合、学与用的结合、知识分子与劳动人民的结合等。

3. 马克思主义关于人的全面发展学说在教育学上的重要意义

（1）确立了科学的人的发展观。全面发展学说把人的发展历史归结为生产方式发展的历史，确定了"人怎样表现自己的生活，他们自己也就怎样"的科学发展观，从而为人的发展问题提供了一种全新的方法论的指导。

（2）指明了人的全面发展的历史必然。全面发展学说所揭示的人的发展方向，是一种建立在生产发展普遍规律基础之上的自然历史过程。

（3）为我国教育目的的制定奠定了理论基础。马克思主义强调人的全面发展，我国的教育目的正是依据马克思主义的全面发展学说而建立的，提出了培养德、智、体、美、劳全面发展的社会主义建设者与接班人。

4. 我国该如何实现马克思主义的全面发展学说

（1）社会主义制度的建立为人的全面发展拓宽了道路。我国既要着眼于人民现实的物质文化生活的需要，又要着眼于促进人民素质的提高，也就是要努力促进人的自由而全面的发展。

（2）要依据我国的特点尽可能地促进人的全面发展。我国正处于社会主义初级阶段，正从农业社会向工业社会、信息化社会转型，全国各地的发展很不平衡；我国的教育也面临着起点低、发展迅猛而不平衡这一现实。因此，我国要真正实现人的全面发展还需继续努力。

（3）人的全面发展是构建社会主义和谐社会的基本内涵。人的自由而全面的发展与坚持科学发展观、建设社会主义和谐社会是相互依存、相互促进、相得益彰的。教育作为专门培养人的社会实践活动，在构建社会主义和谐社会的过程中，就是要通过培养自由而全面发展的人来实现我们的社会发展理想和人的发展的理想。

（4）追求人的全面发展与实现人的自由发展必须和谐统一。我国当前的教育改革高度重视马克思对人的自由发展的憧憬，在引导学生全面发展的同时，应关注学生个性的自由发展，着重培养学生的创新精神、批判意识与独立个性。

凯程助记

马克思主义关于人的全面发展学说

科学含义	(1) 劳动能力；(2) 智力与体力；(3) 先天与后天的各种能力（个性发展）
社会条件	(1) 人的片面发展的根源；(2) 生产力高速发展；(3) 教育与生产劳动相结合
重要意义	(1) 确立科学的人的发展观；(2) 指明人的全面发展的历史必然；(3) 为我国教育目的的制定奠定理论基础
如何实现	(1) 社会主义制度的建立为人的全面发展拓宽了道路； (2) 要依据我国的特点尽可能地促进人的全面发展； (3) 人的全面发展是构建社会主义和谐社会的基本内涵； (4) 追求人的全面发展与实现人的自由发展必须和谐统一

> **凯程拓展**
>
> **追求人的全面发展和追求人的个性自由并不矛盾**
>
> 理论上，马克思主张在全面发展中体现个性自由，在个性自由的基础上进行全面发展。实践中，我国当前的教育改革在引导学生全面发展的同时，应关注学生个性的自由发展，培养学生的创新精神、批判意识和独立个性。不仅要实现学生在知识、能力等方面的全面发展，而且要使学生在精神上不断追求个性自由，并通过精神上个性自由的发展带动和促进更高层次的全面发展。因此，追求人的全面发展和追求人的个性自由并不矛盾。

考点 3　内在目的论与外在目的论[①]（补充知识点）★★★ 15min搞定

杜威把教育目的分为教育过程的外在目的和教育过程本身的目的。

1. 教育的内在目的论 （简：18江苏师大，19安徽师大，21华东师大；论：19江苏师大）

（1）观点。

①杜威反对传统的远离儿童需要和理解能力的、抽象的、遥远的目的，也就是说杜威反对终极的教育目的。

②杜威认为教育即生长。教育应该依据儿童的兴趣、需要与身心发展规律，去完成教育活动过程的具体目的（教育的内在目的），即促进学生内在的生长与发展。

③杜威认为："教育的过程，在它自身之外没有目的，教育的过程就是它自己的目的。"所以教育内在目的论也叫作教育无目的论，不是教育没有目的，而是没有外在的目的。

④教育应满足儿童内在的生长与发展的各种需要。

（2）评价。

①优点：杜威的这个观点以全新的角度诠释了教育目的理论，也试图调和社会本位论和个人本位论的分歧，包含着其强烈的以民主主义改造社会的社会思想。

②局限：这一目的理论没有很强的可行性，也没有说明教育的价值取向和本质属性。

2. 教育的外在目的论

教育的外在目的是指政治、社会的要求或教师等人强加给儿童的目的，它是压抑、阻碍儿童自由发展的事物，这些目的都不是儿童真正想要的。因为教育既然是一种社会行为，就必然地会受到社会的影响和约束。

3. 对待两种理论的正确态度

杜威认为教育的外在目的是社会和成人强加给儿童的，是固定的、呆板的，是妨碍学生个性发展的。杜威的这一看法是有道理的，但是他否定教育的外在目的，否定外在目的和内在目的的联系的必然性和必要性，这是片面的。因为外在目的体现了国家、社会对人才规格的要求，而内在目的又局限于具体的目标，陷入琐碎的活动中,缺少终极方向的引导。所以，一个国家教育目的的确定既要重视教育的内在目的，还要依据教育的外在目的。

[①] 虽然333大纲中没有这部分内容，但是很多学校会考，考生应该掌握。考生可结合吴式颖、李明德的《外国教育史教程》（第三版）了解和综述杜威的教育目的理论。

凯程助记

教育的内在目的论与外在目的论

	内在目的论	外在目的论
人物	杜威	社会本位论者
观点	①反对传统的外在目的； ②教育即生长，把促进学生内在的生长与发展作为教育宗旨； ③教育的过程，在它自身之外没有目的→教育无目的论； ④教育应满足儿童内在的生长与发展的各种需要	政治、社会的要求或教师等人强加给儿童的目的
优点	①以全新的角度诠释，试图调和社会本位论和个人本位论的分歧； ②突出民主性	尊重社会与教育的关系
局限	①可行性弱；②没有说明教育的价值取向和本质属性	压抑、阻碍儿童自由发展
总结	辩证统一地看待	

凯程拓展
杜威的教育目的

（1）**教育即生长**（也叫教育内在目的论、教育无目的论）。杜威反对外在的、固定的、终极的教育目的；他所说的"教育的过程，在它自身之外没有目的"，实质上是对脱离儿童而由成人决定的、外在的、终极的教育目的的纠正。

（2）**教育即生活**（也叫教育适应生活说）。杜威认为教育的目的不是压制儿童发展，而是应尊重儿童的需要和兴趣，所以教育要为学生的当下生活服务。

（3）**教育具有社会性目的**。教育要引导新生一代适应民主社会的生活方式和掌握科学思维的方法，即教育为民主社会服务。

凯程提示

考生一定要注意，杜威特别强调他的内在目的论既不是个人本位论，也不是社会本位论。他认为，在一个真正的民主主义社会，个人本位论和社会本位论都会消失。民主的社会是个人能够在社会生活中得到充分的发展和生长，人的机体与外在环境能够相互作用的社会。它尊重而不放纵儿童，反对卢梭忽视外部环境的自然生长。

考点4 教育准备生活说与教育适应生活说[①]（补充知识点）

1. 斯宾塞的教育准备生活说

在《什么知识最有价值》中，斯宾塞论述教育的目的就是"为人未来的完满生活做准备"。教育准备生活说反映了人们期望通过教育获取能够使个人幸福的知识和能力。他依据当时英国资产阶级个人的生活内容论述了什么是"完满的生活"，并据此而确定课程：

（1）直接保全自己的活动——生理学、解剖学。

（2）获得生活必需品而间接保全自己的活动——逻辑学、力学、数学等。

（3）目的在于抚养、教育子女的活动——教育学、心理学、生理学。

（4）与维持正常的社会、政治关系有关的活动——历史学。

[①] 虽然333大纲中没有这部分内容，但是很多学校会考，考生应该掌握。

（5）在生活中的闲暇时间满足爱好和感情的各种活动——艺术、文学等。

为满足上述每种生活需要而做准备就是教育的真正目的与任务，它包括进行直接与间接的保全自己的教育、当好父母的教育、做一个好公民的教育和善于进行各项文化活动的教育。

2. 杜威的教育适应生活说（名：12 陕西师大，17 山东师大）

杜威对教育准备生活说进行了批判，提出了"教育即生活"，主张教育应当是生活本身的一个过程，而不是未来生活的准备，要求学校把教育和儿童眼前的生活联系在一起，教会儿童适应眼前的生活环境。

杜威提出这个理论的目的是改变传统教育过分重视前人知识的传授，忽视让儿童参加社会实践的弊端。杜威认为，现代社会发展的特点就是变动，未来是难以预测的。学校作为专门培养人才的场所，仅仅强调知识是远远不够的，必须着重培养适应现实生活的能力。杜威强调了社会现实生活和教育的联系，要求注重培养儿童的实际技能和能力，使儿童能完全适应眼前的社会生活。

3. 对待两种理论的正确态度

教育既要尊重儿童当下的生活，又要有长远的方向和展望，应将两种理论结合在一起，统一于教育实践活动中。

凯程助记

教育准备生活说与教育适应生活说

	教育准备生活说	教育适应生活说
人物	斯宾塞	杜威
观点	教育为未来生活做准备	教育为当下生活做准备
优点	未来性	实时性
局限	缺失满足当下生活的内容	缺乏方向性
总结	辩证统一；统一于教育实践活动中	

经典真题

>> **名词解释**

1. 教育目的的价值取向（10 广西师大，14 沈阳师大，17 山西师大、四川师大，18 重庆师大辨，20 齐齐哈尔，21 宁波）
2. 个人本位论（10 浙江师大，12、18 河北师大，15 沈阳师大、广东技术师大、山东师大、杭州师大，18 合肥师范学院，19 重庆师大，20 临沂、湖州师范学院，22 中央民族、海南师大、浙江海洋，23 南京信息工程）
3. 社会本位论（11 杭州师大、华东师大，12 云南师大，14 江西师大、南京师大，16 扬州，18 山东师大、南宁师大，21 广东技术师大、济南，22 陕西师大、宁波，23 海南师大）
4. 教育无目的论（19 安徽师大、苏州填）
5. 人的全面发展（12 沈阳师大，14 华南师大，16 广东技术师大，17 天津职业技术师大，18 郑州，19 新疆师大、湖北、杭州师大、洛阳师范学院，20 山西师大）

6. 教育适应生活说（12 陕西师大，17 山东师大，22 中央民族）

7. 教育准备生活说（12 沈阳师大，16 安徽师大，17 山东师大，21 长江）

›› 简答题

1. 简述斯宾塞的教育准备生活说。（14 河南师大，18 北师大，19 湖南师大）

2. 简述杜威的教育无目的论。（18 江苏师大，19 安徽师大，21 华东师大）

3. 简述教育目的的价值取向。（12 延安、内蒙古师大，15 广东技术师大，15、17、21 青岛，17 南宁师大，20 四川轻化工，22 广西师大、首师大、河南）

4. 简述教育目的的个人本位论观点。（11 安徽师大，13 北师大、南京师大，14 扬州，19 华中师大、曲阜师大、重庆师大，20 福建师大，21 上海师大）

5. 简述教育价值观中个人本位论的观点并评价。（13 天津，19 华中师大，21 天水师范学院，22 内蒙古师大）

6. 试比较社会本位论和个人本位论两种不同的教育价值取向。（12 江西师大，23 济南）

7. 简述教育目的的社会本位论观点。（13 河南师大，14 中山，15 中国海洋，18 苏州，20 山东师大，22 上海师大，23 洛阳师范学院）

8. 简述马克思主义关于人的全面发展学说。（13、20、21 曲阜师大，14 苏州，15 闽南师大，18 贵州师大、齐齐哈尔，19 浙江师大，21 同济）

9. 简述我国教育目的的理论基础。（19 浙江师大）

10. 简述教育目的的社会基础。（22 渤海，23 闽南师大）

›› 论述题

1. 论述教育目的的价值取向。（10 安徽师大，11 首师大，13 山东师大，14 聊城，15、19 湖北，17 鲁东，20 宁波、海南师大）

2. 论述个人本位论。（14 江苏师大）

3. 个人本位论、社会本位论两种观点激烈对立，分析它们对人的成长有何重大意义。（15 湖北）

4. 试述当代中国学校教育价值取向更新的基本走向。（10 安徽师大）

5. 论述我国教育目的的价值取向和改革启示。（20 宁波）

6. 论述马克思主义关于人的全面发展学说的主要内容及现实意义。（18 西华师大，19 安徽师大、广州，20 太原师范学院、四川轻化工，21 东北师大、哈师大、南京信息工程、云南民族、广州，22 信阳师范学院，23 宝鸡文理学院）

7. 论述马克思主义关于人的全面发展学说的教育思想。（18 江西师大、东北师大，19 沈阳师大）

8. 论述马克思、恩格斯关于人的全面发展学说以及劳动与教育相结合的意义。（16 杭州师大）

9. 杜威的"教育即生长"与斯宾塞的"教育是为未来生活做准备"存在不同，你认为哪个正确？你认为教育与生活的关系是怎样的？（20 西北师大）

10. 马克思主义的"教育与生产劳动相结合"和"生产和劳动和教育相结合"各自的目的和内涵。（22 湖南师大）

11. 运用马克思主义关于人的全面发展理论分析教育评价改革。（22 安徽师大）

12. 联系实际论述马克思关于人的全面发展思想与审美教育的关系。（23 云南师大）

第三节　我国的教育目的

考点 1　教育目的的建构 5min搞定 （名：16 宁波）

教育目的的建构就是指教育目的的社会制约性，也是指教育目的确立的依据。从教育的基本规律来讲，一个国家教育目的的制定，既要符合社会发展的需要，又要符合个体身心发展的特点和水平。

1. 时代与社会发展需要

（1）**社会生产力的发展是确立教育目的的最终决定性因素**。生产力的发展水平体现人类的发展程度，这对人的进一步发展提出了要求，提供了可能性。在推动社会发展的各因素中，社会生产力的发展起到最终的决定作用，因而也是确立教育目的的最终决定性因素。

（2）**教育目的要反映生产关系和科技发展对人才的需要**。现代科学技术的迅猛发展，要求社会在培养人才时注重能力与智力的开发。注重个性、开拓性和创造性成了当代社会对人才培养的普遍要求。

（3）**教育目的要符合社会政治、经济、文化的需要**。教育目的的性质和方向是由政治、经济、文化决定的。在阶级社会里，教育目的反映统治阶级的利益，集中体现统治阶级对人才培养的根本要求。

2. 个体身心发展的特点与需要

教育目的的确立要根据教育对象身心发展的规律和特点，使教育对象得到更完全的发展，也要符合教育对象不同阶段的身心发展规律、兴趣、需要、生活、个性与自由。

3. 马克思主义关于人的全面发展学说是理论依据

我国的教育目的不论是在之前，还是在当下，甚至是在未来，其制定的理论依据都是马克思主义关于人的全面发展学说。

> **凯程助记**
> 确立教育目的的依据：
> 社会的需要——生产力、政治、经济、文化、科技。（总结社会五点）
> 个人的需要——学生的兴趣、需要、生活、个性与自由、身心发展规律与年龄特点。（总结学生五点）
> 教育内部的需要——理论基础。

考点 2　我国教育目的的基本精神 ★★★★ 8min搞定 （简：50+ 学校；论：5+ 学校）

中华人民共和国成立以来，对于教育目的的表述虽然在字面上有所不同，具体内容也不完全一样，但它们却有着共同的精神实质。

1. 培养"劳动者"或"社会主义建设人才"是社会主义教育目的的总要求

教育目的中最根本的问题是"培养什么人"。社会主义社会只存在分工的不同，但人人都应该是劳动者，劳动是每一个有劳动能力的公民的光荣职责。社会主义社会的教育把每一个社会成员都培养成为劳动者，这是社会主义教育同一切剥削阶级教育的本质区别。所以，把每个人都培养成为劳动者，这是社会主义教育目的的根本标志和总要求。

2. 坚持教育目的的社会主义方向，是我国教育目的的根本性质

教育目的的方向性是教育性质的根本体现。按什么方向培养人，这是教育目的的又一个构成要点。

我国社会主义的教育目的明确规定我们培养的是社会主义事业的建设者和接班人，是新型的劳动者。教育目的的要求和素质规格的社会主义方向性，反映了我国教育的社会主义性质和特色。

3. 坚持全面发展是社会主义的教育质量标准

教育目的的另一构成部分是培养规格问题，即人才的素质结构和质量标准。社会主义劳动者是一个完整的社会人，具有丰富的属性。德、智、体是人的素质构成的主体，因而教育目的强调三者统一发展。但是现代社会人的素质除德、智、体之外，还要有劳动素质和审美素质。我国教育方针在人才规格上提出德、智、体、美、劳的全面发展正是在于说明这一全面要求。

4. 以提高全民素质为宗旨

社会主义要求人人都应成为劳动者，成为国家的主人。社会主义的劳动者应该是一种新型的劳动者，即脑力劳动与体力劳动相结合的劳动者，是"全面发展的一代生产者"。造就这种新型劳动者是社会主义教育的理想要求，要想造就这种新型的劳动者就需要以提高全民素质为宗旨。

5. 培养独立个性

培养受教育者的独立个性，是马克思主义关于人的全面发展学说的基本内涵和根本目的。我国的教育目的注重培养人的独立个性，注重发挥、调动人的主体性。这里所提倡的独立个性是全面发展的独立个性，所说的自由发展是与社会同向度的自由发展，是受教育者独立自主发展的需要，也是他们形成使命感、事业心、创造性的源泉。

凯程助记 社会主义劳动者，全面发展与个性，全民素质要提升。

考点3 普通中小学的性质与任务 4min搞定 （简：17河北）

普通中小学教育的性质是基础教育，它的任务是培养全体学生的基本素质，为学生学习做人和进一步接受专业（职业）教育打好基础，为提高民族素质打好基础。

1. 为年轻一代做人打好基础

普通中小学的教育对象是青少年儿童。他们未来的生活道路广阔，前程远大，但是他们必须在这一时期为走向生活做好准备，即要掌握科学文化基础知识和基本技能，发展思维能力和表达能力，形成良好的思想品德和高尚的审美情趣，拥有健康的身体，有自学能力和自我完善能力，为成为社会主义的建设者和接班人打好基础。

2. 为年轻一代在未来接受专业（职业）教育打好基础

普通中小学教育首先要注重促进年轻一代的一般发展，以便为他们进一步接受专业（职业）教育打好基础。不过，由于不是所有初中生都能升入高中学习，也不是所有高中生都能上大学。因此，在中等教育阶段，职业训练应该占有合理的比重，否则，我们就很难完成培养各级各类建设人才和劳动者的任务。

3. 为提高民族素质打好基础

提高民族素质不完全是教育的任务，更不完全是普通中小学教育的任务。但是，普通中小学特别是义务教育，毕竟在其中起着奠基的作用，它为学生做人和接受专业（职业）教育打基础，因此，义务教育普及的程度和质量的高低直接关系到民族素质的建构与提高。

考点4　普通中小学教育的组成部分——全面发展教育 ★★★★ 20min搞定

（名：5+学校；简：15+学校；论：5+学校）

普通中小学教育的组成部分就是德育、智育、体育、美育和劳动教育，即全面发展教育。

1. 全面发展教育的含义　（辨：22西南，23山东师大）

全面发展教育是指教育者根据社会的政治经济需要和人的身心发展的规律和特点，有目的、有计划、有组织、系统地对受教育者实施的旨在促进人的素质结构全面、和谐、充分发展的系统教育。全面发展的教育由德育、智育、体育、美育、劳动教育等部分组成。

2. 全面发展教育的组成 [1]

（1）德育。

①**含义**：德育有广义和狭义之分，广义的德育指关于人生活的意义和规范的整体教育活动的总和。它涉及人成长生活的各种品质内容，如思想教育、政治教育、法治教育、心理健康教育、道德教育，甚至包括生命教育、公民教育和人格教育等。狭义的德育指"育德"，即道德教育。

②**作用**[2]：德育在全面发展教育中处于思想引领的地位，在"五育"并举中起着保证方向和动力的作用。

（2）智育。（名：11华中师大，15哈师大，18浙江，20集美；辨：22重庆师大；简：13东北师大）

①**含义**：智育是传授学生系统的科学文化知识和技能，培养和发展学生学识素养和智慧才能的教育。

②**作用**：智育是全面发展教育的认识基础。智育帮助学生认识大千世界，学会知识和技能，开阔眼界，提升能力，能够培养学生的创造力和解决问题的能力，使其学会生存的本领。

（3）体育。（名：13华中师大，20洛阳师范学院，21湖南理工学院；论：22深圳，23青岛）

①**含义**：体育是授予学生健身知识和技能，发展他们的体力，增强他们的体质的教育。增强学生的体质是学校体育的根本任务。

②**作用**：体育是人的个性全面发展的生理基础。人们进行生产劳动、社会活动、军事活动和幸福地生活都需要强健的体魄作为基础。

（4）美育。（名：30+学校；简：23湖州师范学院、深圳；论：21重庆师大，23内蒙古师大）

①**含义**：美育是培养学生正确的审美观，发展他们感受美、鉴赏美、表现美、创造美的能力，培养他们的高尚情操和文明素质的教育。

②**作用**：美育具有启智、育德、健体的作用，美育也是实施德、智、体的途径。美育在净化学生心灵，激发学生热爱生活和追求美好生活，促进学生全面发展方面有重要作用。

（5）劳动教育。（名：5+学校；论：5+学校）

①**含义**：劳动教育是引导学生掌握现代劳动的知识与技能，养成良好的劳动习惯和正确的劳动态度，培育学生科学的劳动价值观的教育。

②**作用**：劳动教育具有启智、育德、健体和育美的作用，劳动教育也是实施德、智、体的重要途径之一。著名学者檀传宝老师说："时代只是改变了劳动曾经的模样，而劳动创造美好生活的真理却从未改变。"

---

[1] 王道俊、郭文安的《教育学》（第七版）将普通中小学教育的组成部分看作德、智、体、美和综合实践活动。随着当今政策的更新，我们应该说是德、智、体、美、劳。综合实践活动会在教育学原理第七章"新课程改革"中学习。因为2019年之前综合实践活动包括劳动教育，2019年之后，劳动教育成为中小学必修课，劳动教育的地位提高了，请按照凯程更新后的知识进行学习，以保证所学内容跟上时代的脚步。

[2] 有些资料将"五育"分为含义、地位和作用进行介绍，经仔细核对，其对地位和作用的表述往往重合度很高，且真题更注重考查含义与"五育"之间的关系（各自的作用），建议考生将地位和作用合并，无须重记忆其区别点，这样也可以减轻学习压力。

3. 德育、智育、体育、美育、劳动教育之间的关系 （简：20 华南师大；论：22 四川师大、新疆师大、重庆师大）

（1）**"五育"相对独立、缺一不可，不可相互替代。** 全面发展的五个组成部分各有自己的特点、规律和功能，是相对独立、缺一不可的，不能互相替代。每部分的社会价值和满足个体发展的价值都是不同的。我们应该主张"五育"并举，组成完整的统一体。

（2）**它们又相互联系，互为目的和手段，在实践中，共同组成统一的教育过程。** 德育对其他部分起着保证方向和动力的作用；智育为其他部分提供了认识基础；体育是实施其他部分的机体保证；美育在促进学生全面发展中具有重要作用；劳动教育是全面发展教育的有机组成部分。

（3）**我们要坚持"五育"并举，处理好它们的关系，使其相辅相成，发挥教育的整体功能。** 也就是说，随时都要注意引导学生在德、智、体、美、劳诸方面的发展，防止和克服顾此失彼的片面性，坚持全面发展的教育质量观。

4. 全面发展教育的实现

（1）**要以素质发展为核心。** 素质教育以注重人各方面的程度和水平的实际发展为主要特征，追求对人的发展的有效引领和促进。在这里，发展的内涵是指：①人的发展的全面性与和谐性；②人的发展的差异性与多元性，重视和鼓励人的个性发展的多样性。

（2）**要确立和体现全面发展的教育观。** 教育目的的实现，不仅要在人实际程度和水平的发展上关注素质教育，而且要在内容上关注人的全面发展教育。具体表现在：

①**确立全面发展教育观的必要性。** 人的全面发展已经成为当代世界各国教育普遍重视并努力实现的目标，我们必须从日益科学化、知识化、智能化、审美化的社会生产和生活中看到人的全面发展的重要性。缺乏全面发展的观念，甚至忽视全面发展，都不能培养和造就适应未来社会发展的人才。

②**正确理解和把握全面发展。**

a. **不能把西方传统上的人的"全面发展"与我国现在所讲的人的"全面发展"等同起来。** 因为西方的"全面发展"局限于少数精英阶层的精神生活或文化生活，而忽视了人在物质生活领域，特别是在生产劳动领域中人的能力的全面发展问题，少数人的发展问题并不包含所有人的全面发展。

b. **全面发展并不是指人的各方面"平均发展"或"均衡发展"。** 如果把人的发展看成平均发展，这种认识是非常机械的。全面发展强调的是人的各方面素质的和谐发展。

c. **全面发展不是忽视人的个性发展。** 全面发展与个性发展是辩证统一的，人的个性发展总是和全面发展联系在一起的。

③**正确认识和处理各育关系。** 我们所讲的全面发展教育中的"五育"并举，每一育都有自己特定的内涵，有自己特定的任务，有自己特定的社会价值和教育价值。各育之间不可分割、不可相互替代。这反映了它们在全面发展教育中的关系是辩证统一的。

④**防止教育目的的实践性缺失。** 当下，中国教育依然有很多问题在妨碍全面发展教育的实现，如片面追求升学率的应试教育等问题就背离了"五育"并举的教育实践方向，也背离了教育目的的宗旨。我国当下正亟待解决和防止这些问题。所以，不断强化全面发展的教育观念，加强对教育实践的评估指导是非常有必要的。

凯程助记

助记1：全面发展教育总结

含义	促进人的素质结构全面、和谐、充分发展的系统教育
构成	德、智、体、美、劳
关系	（1）"五育"相对独立、缺一不可，不可相互替代。 （2）它们又相互联系，互为目的和手段，在实践中，共同组成统一的教育过程。 （3）我们要坚持"五育"并举，处理好它们的关系
实现	（1）要以素质发展为核心。 （2）确立全面发展教育观：首先谈必要性→其次说正确理解全面发展→再次细论正确处理各育关系→最后防止实践性缺失

助记2：我国教育目的的总结

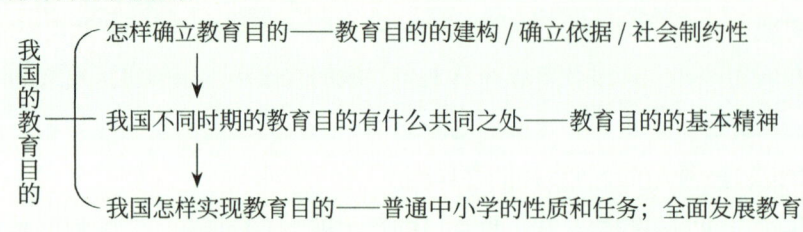

我国的教育目的
- 怎样确立教育目的——教育目的的建构/确立依据/社会制约性
- 我国不同时期的教育目的有什么共同之处——教育目的的基本精神
- 我国怎样实现教育目的——普通中小学的性质和任务；全面发展教育

凯程拓展

素质教育 ★★★★★ （辨：21 西南；简：14 江西师大，21 淮北师大，23 河北师大；论：10 东北师大，15 西南）

素质教育的基本内涵：（1）素质教育是面向全体学生的教育。（2）素质教育是促进学生全面发展的、生动活泼的、可持续发展的教育。（3）素质教育是重在培养学生社会责任感、创新精神和实践能力的教育。（4）素质教育是促进学生个性发展的教育。（5）素质教育以提高全体国民素质为目的。

由此可知，素质教育与全面发展教育本质相通。素质教育是依据人的发展和社会发展的实际需要，以全面提高全体国民的基本素质为根本目的，以培养创新能力和实践能力为重点，倡导尊重学生，突出学生的主体性和主动精神，注重开发人的潜能，从而形成以人的健全个性为根本特征的教育，其精髓是人的全面发展教育。可以说，马克思主义关于人的全面发展学说是素质教育的理论基础。

（这里我们附加了素质教育的内容，虽然333大纲中没有提到素质教育，但考生有必要了解素质教育，还要知道素质教育的理论基础是什么。）

经典真题

》名词解释

1. 全面发展/全面发展教育/坚持全面发展（12 沈阳师大，14 华南师大，16 广东技术师大，17 天津职业技术师大，18 郑州，19 新疆师大、湖北、杭州师大，20 山西师大，21 洛阳师范学院）
2. 智育（11 华中师大，15 哈师大，18 浙江，20 集美）
3. 体育（13 华中师大，20 洛阳师范学院，21 湖南理工学院）
4. 美育（10、14 东北师大，11 哈师大，12 湖北、13、17 安徽师大，14 山西师大、闽南师大，16 深圳、西南、杭州师大，16、20 内蒙古师大，17 华中师大、郑州，18 浙江，19 宝鸡文理学院，20 天津外国语、湖南理工学院，20、23 温州，21 北师大、西华师大、湖州师范学院、鲁东、湖北师大，22 辽宁师大、聊城，

23 天水师范学院、浙江海洋）

5. 劳动教育（20 北师大，21 赣南师大，22 南京，23 哈师大、西华师大、信阳师范学院）

辨析题

1. 素质教育就是取消考试。（21 西南）
2. 智育就是教学，教育就是发展人的知识和能力。（22 重庆师大）
3. 全面发展即平均发展。（22 西南，23 山东师大）

简答题

1. 简述教育目的的社会制约性。（17 天津，22 辽宁师大、山东师大）
2. 简述教育目的和制定教育目的的依据。（16 宁波，18 云南师大）
3. 简述我国教育目的的基本精神。（10 辽宁师大，10、16 西南，11 华中师大、西北师大、东北师大，11、13、16 浙江师大，11、17、21 闽南师大，11、18 天津师大，11、19 华南师大，12 河南师大，12、22 北师大，12、23 江西师大，13 渤海，13、16 湖南科技，13、20 重庆师大，14 南京师大、扬州，15 西华师大、延安，15、16 吉林师大，16 温州，17 河北、西南、聊城，18 福建师大、鲁东、郑州，18、23 安徽师大，19 四川师大、大理，20 深圳，21 安庆师大、成都、石河子、佳木斯，23 山东师大、华东师大、曲阜师大）
4. 简述我国教育目的在《教育法》中的体现。其精神实质是什么？（13 东北师大）
5. 简述普通中小学教育的构成/各组成部分之间的联系。（10、12 东北师大，11 沈阳师大、苏州，13 西北师大，14 西南，15 重庆师大，16 安徽师大，20 华南师大）
6. 简述普通中小学的性质和任务。（17 河北，22 吉林）
7. 简述教学与智育的关系。（13 东北师大）
8. （结合当代教育改革实践）简述素质教育的内涵。（14 江西师大，21 淮北师大，23 河北师大、浙江）
9. 简述教育目的的功能。（22 重庆师大）
10. 简述德育、智育、体育的相互关系。（21 吉林师大）
11. 简述劳动教育的必要性和途径。（23 湖南科技）
12. 简述美育的实施途径。（23 湖州师范学院）
13. 简述美育的基本任务，结合实际谈谈学校教育中美育的措施和方式。（23 深圳）

论述题

1. 根据我国教育目的的精神，谈谈目前中小学教育实践存在的主要问题，并说说应如何改革。（14 扬州）
2. 论述我国当前教育目的的基本精神及其实现对策。（16 温州，22 杭州师大，23 华中师大、福建师大）
3. 论述马克思主义关于人的全面发展学说对教育目的各育的影响。（19 首师大）
4. 论述全面发展和独立个性的关系。（16、21 重庆三峡学院，20 广东技术师大，22 长江）
5. 根据 2020 年 3 月 20 日关于加强劳动教育的文件摘要，试分析你对劳动教育的认识。（21 安徽师大，22 山西师大）
6. 结合实际，谈谈美育与审美活动对个体认知发展的影响。（21 重庆师大）
7. 联系"双减"政策，论述如何理性对待教育目的。（22 济南）
8. 论述全面发展教育的各个组成部分之间的关系，并谈谈你对"五育"融合的理解。（22 四川师大、新疆师大、重庆师大）

9. 结合学校实际谈谈体育的时代价值和实现路径。（22 深圳）

10. 从家庭、社会、学校三个方面谈谈全面育人。（22 洛阳师范学院）

11. 就当前我国基础教育成就和存在的教育问题，谈谈"双减"政策下如何加强基础教育建设。（22 首师大）

12. 试分析支持开办培训机构的原理及不支持的原理，并提出解决方案。（22 宁夏）

13. 结合实际，从历史和现实两方面谈谈您对"五育"融合的认识。（23 杭州师大）

14. 结合实际，谈谈在中小学中如何更好地开展劳动教育。（23 杭州师大）

15. 论述劳动教育对人的全面发展的作用以及中小学进行劳动教育的策略。（23 江西师大）

16. 结合实际，谈谈新时代背景下如何发展高质量的基础教育。（23 山西师大）

17. 学校中美育的主要任务是什么？（23 内蒙古师大）

18. 谈谈对将体育纳入中考的看法。不少于1 000 字。（23 青岛）

19. 结合实际，论述对"双减"政策的实施要进一步立足教育的本质，让教育回归生活世界，发挥学校育人主体作用的认识。（23 新疆师大）

20. 材料：二十大中关于劳动教育的叙述。（此为材料大意）
关于怎样在中小学实施劳动教育，谈谈你的看法。（23 洛阳师范学院）

21. 材料一：义务教育劳动课程标准。材料二：中小学劳动技术教育。（均为材料大意）
（1）结合材料，谈谈劳动教育的目标。
（2）结合课标，谈谈如何在中小学实施劳动技术教育。（23 河北师大）

22. 材料一：党的二十大，习近平总书记提出的关于教育的观点（以立德树人为根本任务）。材料二：2021年关于教育的法律第五条指出了我国的教育方针。（均为材料大意）
论述我国教育目的的基本要求，对全面发展教育及其构成要素的关系进行分析。（23 大理）

第六章 教育制度

考情分析

第一节 教育制度概述
- 考点1 教育制度的含义和特点
- 考点2 教育制度的历史发展
- 考点3 终身教育

第二节 现代学校教育制度
- 考点1 学制的概念
- 考点2 学制的类型
- 考点3 现代学校教育制度的变革

第三节 我国现行学校教育制度
- 考点1 我国学校教育制度的演变
- 考点2 学制制定的依据
- 考点3 我国现行学校教育制度的形态
- 考点4 我国现行学校教育制度的改革

图例：选 名 辨 简 论

333考频

知识框架

教育制度
- 教育制度概述
  - 教育制度的含义和特点 ★★★★★
  - 教育制度的历史发展 ★
  - 终身教育 ★★★★★
- 现代学校教育制度
  - 学制的概念 ★★★★★
  - 学制的类型 ★★★★
    - 双轨学制
    - 单轨学制
    - 分支型学制
  - 现代学校教育制度的变革 ★★★
- 我国现行学校教育制度
  - 我国学校教育制度的演变 ★
  - 学制制定的依据
  - 我国现行学校教育制度的形态 ★
  - 我国现行学校教育制度的改革 ★★★★

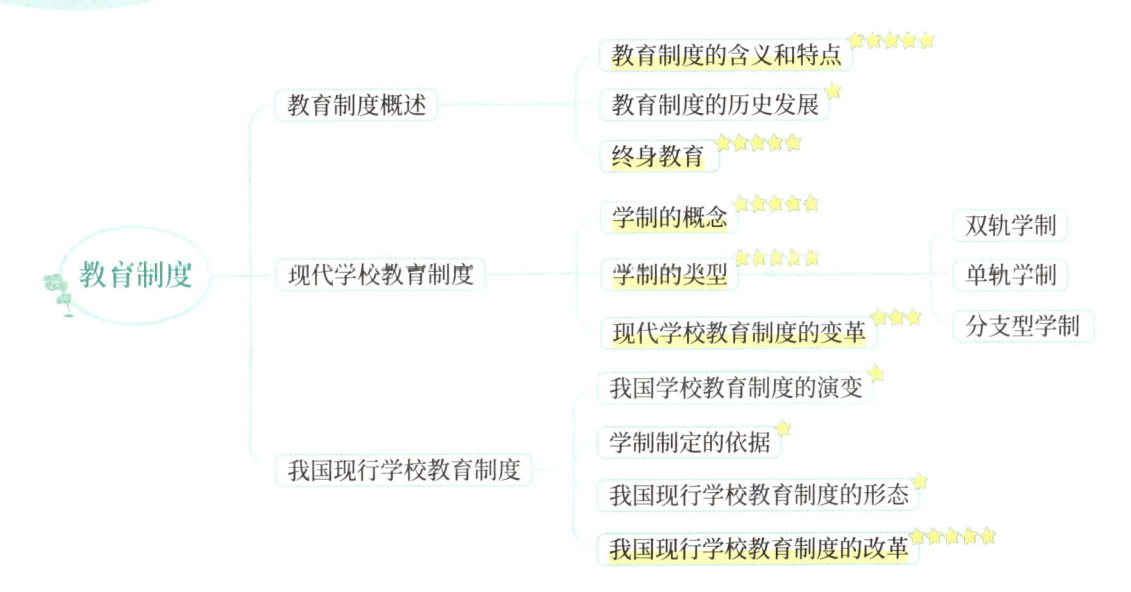

① 本章内容综合参考《教育学基础》(第3版)和王道俊、郭文安的《教育学》(第七版)。其中学制部分主要参考马工程版《教育学原理》的第六章。

第一节 教育制度概述

考点 1 教育制度的含义和特点 ★★★★ 8min搞定 （名：5+ 学校；简：5+ 学校）

（1）**含义**：教育制度是一个国家各级各类教育机构、组织体系以及管理规则的总称。它包含两个基本方面：①各级各类教育机构与组织；②教育机构与组织赖以存在和运行的规则，如各种相关的教育法律、规则、条例等。

（2）**内容**：教育机构与组织体系又包括两部分——一是教育的各种施教机构与组织；二是教育的各种管理机构与组织。在教育学原理中，通常只探讨各种施教机构与组织的教育制度。

（3）**特点**：教育制度具有客观性、规范性、历史性和强制性。

①**客观性**。教育机构的设置、层次类型的分化、各级各类教育机构的制度化，都受客观的生产力发展水平的制约，具有客观性。

②**规范性**。任何教育制度都有其规范性，主要表现在入学条件，即受教育权的限定和各级各类学校培养目标的确定上。

③**历史性**。教育制度是随着社会的发展变化而发展变化的，具有历史性。在不同的社会历史条件下会有不同的教育需要，这就需要建立不同的教育制度。教育制度是随着时代的变革而不断变革的。

④**强制性**。教育制度是先于作为年轻一代的个体而存在的。它对受教育者个体的行为有一定的强制作用，要求受教育者无条件地去适应和遵守制度。

（4）**趋势**：原始社会时期，没有教育制度，随着古代学校教育的出现，各国开始有了教育制度，如今教育制度丰富多样。目前，教育制度正在向终身教育的方向发展。

考点 2 教育制度的历史发展 ★ 3min搞定

（1）**在原始社会，无教育制度**。社会处于混沌的未分化状态，教育还没有从社会生产和社会生活中分离出来，还没有产生学校，因而也就不可能有教育制度。

（2）**在古代阶级社会，出现了简单的教育制度**。由于社会的分化，教育此时从社会生产和社会生活中分离出来，于是就产生了古代学校，后来还出现了简单的学校系统，因此也就产生了古代教育制度。但是古代教育制度具有简略性、非群众性和不完善性。

（3）**在现代社会，教育制度丰富多样**。教育制度是随着现代学校的发展、分化和扩充而发展起来的。现代教育制度不但具有阶级性和等级性，而且具有生产性和科学性。它要为生产服务，与生产劳动相结合。这就决定了现代学校规模上的群众性和普及性、结构上的多类型和多层次的特点。

（4）**在未来，教育制度的发展方向是终身教育**。它已由过去的现代学校教育机构与组织系统，发展成为以现代学校教育机构与组织系统为主体的，包含幼儿教育机构与组织系统、校外儿童教育机构与组织系统和成人教育机构与组织系统的一个庞大的体系，它的发展方向是终身教育。

凯程提示

关于制度化教育的两种说法

关于制度化教育，目前学术界有两种见解。第一种是马工程版《教育学原理》认为"学校的产生标志着教育开始走向制度化"。第二种是冯建军老师主编的《现代教育学基础》认为"到19世纪下半叶，严格意义上的学校教育制度基本建立，标志着制度化教育的形成"，也就是说在近代才出现制度化教育。

凯程正文的解释是按照第一种说法来的，如果按照第二种说法，可以把教育制度的发展过程梳理为：

第一阶段：前制度化教育。主要指古代社会里，出现了学校教育，虽有组织性，但是整体的系统性不强。

第二阶段：制度化教育。主要指19世纪近代学校系统和学制的产生，才形成了制度化教育。

第三阶段：非制度化教育。非制度化教育是相对于制度化教育而言的，但它并不是对制度化教育的全盘否定，而是针对制度化教育的弊端提出的一种新的教育理想，它改变的不仅是教育形式，更是教育理念。这一说法把非制度化解释为一种教育理念，通过对比往年311真题，发现这一说法不够严谨，真题一般把非制度化教育理解为与日常生产和生活高度一体化的无组织性的教育，且非制度化教育自人类诞生起就存在，直到现在也仍然存在。

综上，建议考生对该部分内容的学习以凯程正文的描述为主。

考点3 终身教育[①] ★★★★★ 2min搞定

（1）**内涵**：终身教育是人一生各阶段当中所受各种教育的总和，也是人所受的不同类型教育的统一综合。前者是从纵向上讲的，说明终身教育不仅仅是青少年的教育，而且涵盖了人的一生；后者是从横向上讲的，说明终身教育既包括正规教育，也包括非正规教育和非正式教育。

（2）**影响**：自20世纪60年代以来，终身教育思潮引起世界各国的注意，已为不同社会制度的国家普遍接受。联合国教科文组织把它作为教育领域活动的指导原则，很多国家把终身教育从原则和政策转向实际的应用。总之，各国教育制度均逐步向终身教育的方向发展。

经典真题

》名词解释

教育制度（10山东师大，10、15闽南师大，10、22福建师大、哈师大，11江苏师大、北京航空航天、河南，11、14、22华南师大，12山西师大，12、13扬州，12、14华东师大，13鲁东，13、15、16、17辽宁师大，13、15、19内蒙古师大，13、16曲阜师大，14华中师大，15渤海，15、18、21、23广东技术师大，16宁波、河北，16、18集美，17云南师大、天津职业技术师大，17、18、19、23上海师大，17、22河南师大、安徽师大，18宁夏、郑州、新疆师大、湖北师大，18、19湖北，18、20宁夏，19四川师大、陕西师大、浙江，20吉林师大、江西科技师大、太原师范学院，20、21天水师范学院，21江西师大、湖南理工学院，23重庆师大）

》辨析题 学校毕业就是教育的终结。（23重庆师大）

》简答题

1. 简述教育制度的特点。（11北京航空航天，17福建师大，21云南民族）
2. 简述教育制度的含义及其特点。（23内蒙古师大）
3. 简述制约教育制度的因素。（23山西）

---

① 此处对终身教育仅做简单介绍。本章最后一个知识点为终身教育，请在后面详细学习终身教育，其相关经典真题亦在后面。

第二节 现代学校教育制度 （论：21阜阳师大）

考点1 学制的概念 ★★★★★ 5min搞定 （名：120+学校；论：21苏州）

（1）**含义**：学校教育制度简称学制，是指一个国家各级各类学校、组织体系以及管理规则的总称。它规定着各级各类学校的性质、任务、入学条件、修业年限以及它们之间的关系。

（2）**地位**：学制是教育制度的核心。

（3）**趋势**：学制最终向着终身教育的方向发展，各国正在构建终身教育的学制体系。

（4）**类型**：学制分为单轨学制、双轨学制、分支型学制。（三种学制在下文中做详细讲解）

凯程助记

教育制度与学校教育制度

名称	含义	趋势
教育制度	一个国家和地区的各级各类教育机构+组织体系+管理规则	向终身教育的方向发展
学校教育制度（简称学制）	一个国家和地区的学校+组织体系+管理规则	向终身教育的方向发展

考点2 学制的类型 ★★★★★ 15min搞定 （简：5+学校）

学制的类型主要有三种：一是双轨学制；二是单轨学制；三是分支型学制。

1. 双轨学制 （名：10+学校）

（1）**简介**：双轨学制产生于18—19世纪的西欧。在特定的社会政治、经济及文化发展条件的影响下，由古代学校演变而来的带有等级特权痕迹的学术性现代学校以及新产生的供劳动人民子女入学的群众性现代学校，都得到了比较充分的发展，于是就形成了欧洲现代教育的双轨学制，简称双轨制。

（2）**内容**。

①学制分为并行的两轨。

②一轨自上而下，针对贵族子弟，其结构是大学（后来也包括其他高等学校）→中学（包括中学预备班）。

③一轨自下而上，针对平民子弟，其结构是小学（后来是小学和初中）→职业学校（先是与小学相连的初等职业教育，后发展为与初中相连的中等职业教育）。

④两轨平行、封闭，相互不流通。

（3）**特点**：教育不平等。这样的学制剥夺了在群众性小学上学的劳动者子女升入文法类中学和大学的机会。欧洲国家的学制都曾为双轨制。

2. 单轨学制 （名：19宁波，20温州）

（1）**简介**：北美多数地区最初都曾沿用欧洲的双轨制。但1830年以后，在经济快速发展的条件下，以及美国这种没有特权传统的文化历史背景下，原来双轨制中的学术性一轨还没有得到充分的发展，就被在短期内迅速发展起来的群众性小学和中学所湮没，从而形成了美国的单轨学制，简称单轨制。

（2）**内容**：美国所有学生可进入同一种学制体系。这一体系不分叉，形成了自下而上的结构：小学→中学→大学。其基础教育的特点是：一个系列，多种分段，即六三三、五三四、四四四、八四、六六等分段。

（3）**特点**：**体现了教育的平等性**。单轨制最早产生于美国，长期以来之所以没有发生重大变化，被世界许多国家先后采用，是因为它有利于教育的逐级普及。它不但有利于过去初等教育的普及，而且有利于后来初中教育的普及，以及 20 世纪以来高等教育的普及。实践证明，它对现代生产和现代科技的发展具有更强的适应能力。

3. 分支型学制 （名：13 华东师大，17 西北师大）

（1）**简介**：帝俄时期的学制属于双轨制。十月革命后，苏联制定了单轨的社会主义统一劳动学校系统。后来在发展过程中，又恢复了文科中学的某些传统和单设职业学校的做法，于是就形成了既有单轨制的特点又有双轨制的某些因素的苏联型学制，也称分支型学制。

（2）**内容**。

①**学制前段并轨**。小学、初中阶段是单轨，所有学生一律入学。

②**学制后段分叉**。依据学生成绩和实际需要进入各种类型的学校，分叉后的学校上通高等学校，下达初等学校，左通中等专业学校，右达中等职业技术学校，上下左右畅通无阻。

③**该学制不属于双轨制**。因为它一开始并不分轨，并且职业学校的毕业生也有权进入对口的高等学校学习。

④**该学制也不属于单轨制**。因为它进入中学阶段时开始分叉。

⑤**此学制是介于双轨制和单轨制之间的学制**。

（3）**特点：学制灵活，适应不同民众的需要，保障了基础学段的教育平等**。苏联型学制的中学，上通（高等学校）下达（初等学校），左（中等专业学校）右（中等职业技术学校）畅通，这是该学制的优点和特点。

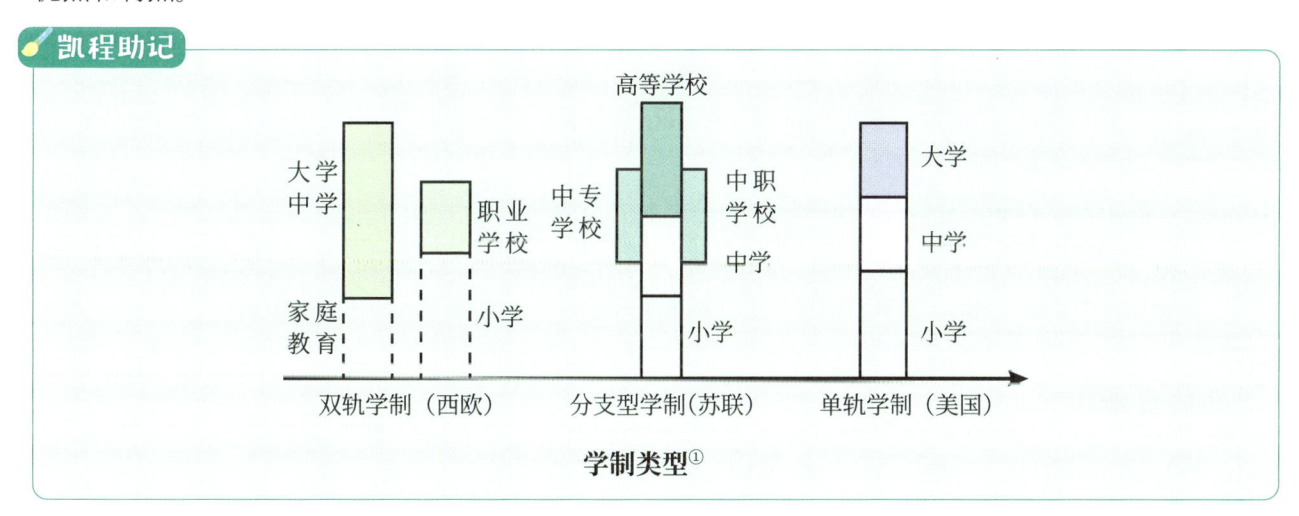

凯程助记

学制类型[①]

考点 3 现代学校教育制度的变革 ★★★ 8min搞定 （简：5+ 学校；论：11 首师大，21 华南师大）

现代学校教育制度在形成后的近百年来，不论从学校系统还是从学校阶段来分析，都发生了重大的变化。

1. 从学校系统分析，双轨学制在向分支型学制和单轨学制方向发展

为了普及教育，"二战"后，西欧各国都在积极地并轨，从双轨学制向分支型学制和单轨学制方向发展。根据双轨制的并轨情况，可以得出两点结论：

（1）**义务教育延长到哪里，双轨学制并轨就要并到哪里，单轨学制是机会均等地普及教育的好形式**。

（2）**综合中学是双轨学制并轨的一种理想形式，因而综合中学化就成了现代中等教育发展的一种趋势**。

---
① 此图参考《教育学基础》（第 3 版）苏联 20 世纪 80—90 年代学制图绘图。

2. 从学校阶段来看，每个阶段都发生了重大变化

（1）幼儿教育阶段。 在当代，很多国家都把幼儿教育列入学制系统。与此相关，幼儿教育机构也发生了重要变化：①幼儿教育的结束期有提前的趋势；②加强了小学和幼儿教育的衔接。

（2）小学教育阶段。 ①小学已无初、高级之分；②小学入学年龄提前到6岁甚至5岁；③小学学制年限缩短；④小学和初中直接衔接，取消了升入初中的入学考试。

（3）初中教育阶段。 ①初中学制延长；②把初中阶段看作普通教育的中间阶段，中间学校即由此而来；③不把初中阶段看作中学的初级阶段，而是把它和小学衔接起来，统一进行文化科学基础知识教育。

（4）高中教育阶段。 高中阶段学制的多种类型，即高中阶段教育结构的多样化，乃是现代学制的一个重要特点。

（5）高等教育阶段。 ①多层次，过去主要是本科一个层次，而现在则有多个层次，包括专科、本科、研究生（硕士、博士）；②多类型，现代高等学校的院校、科系、专业类型繁多，有的注重学术性，有的侧重专业性，有的偏重职业性。由此可见，高等学校与生产、科学技术、社会生活等各个方面的联系越来越密切。

（6）职业教育阶段。 从总体上看，职业教育在当代有两个突出的特征：①对文化科学技术基础的要求越来越高；②职业教育的层次和类型的多样化。

凯程助记

学校系统	双轨学制在向分支型学制和单轨学制方向发展
学校阶段	（1）幼儿教育阶段：①提前结束；②幼小衔接。 （2）小学教育阶段：①小学不分段；②提前入学；③年限缩短；④取消考试，促进小升初直接衔接。 （3）初中教育阶段：①学制延长；②中间阶段；③加强上下衔接。 （4）高中教育阶段：①多类型；②多样化。 （5）高等教育阶段：①多层次；②多类型。 （6）职业教育阶段：①重视基础知识；②层次和类型的多样化

注意：考生要联系当前各级教育的现状去分析各级各类教育的情况，这样记忆会更便捷。

经典真题

>> 名词解释

1. 学校教育制度（学校教育）（10浙江师大，10、12、14、20湖北，10、13、14、18、20杭州师大，10、13、19沈阳师大，10、17四川师大，11、12、18河南师大，11、15、18鲁东，11、17、23曲阜师大，11、18华中师大，12北京航空航天、辽宁师大、安徽师大，12、14、16、20陕西师大，12、15、17苏州，12、17、19、22闽南师大，12、18哈师大，13聊城，13、14宁波，13、14、18西北师大，13、15、19江西师大，13、19山西，13、22山西师大，14、16内蒙古师大，14、17延安，15郑州、重庆三峡学院、重庆师大、贵州师大、吉林师大、天津师大，15、18、20西华，15、22云南师大、南京师大，16东北师大、福建师大、江苏师大，16、21上海师大，17广东技术师大，17、19浙江，17、22海南师大，18华东师大、青海师大、复旦，18、21深圳，19北师大、湖北师大、青岛、大理，19、

23 华南师大, 20 安庆师大、合肥师范学院、江苏、赣南师大、西藏、云南、延安, 20、22 湖北, 21 阜阳师大、宝鸡文理学院、南宁师大、黄冈师范学院、江汉、宁夏、石河子、信阳师范学院, 21、23 新疆师大、苏州科技、中央民族, 22 南京师大、齐齐哈尔、集美、西华师大、淮北师大、信阳师范学院, 23 首师大、济南）

2. 双轨学制（10、16 华东师大, 12 云南师大, 13 苏州, 17 北师大, 18 广州, 19 安徽师大, 20 山东师大, 21 闽南师大、临沂, 23 山西师大、海南、湖州师范学院）

3. 单轨学制（19 宁波, 20 温州）

4. 分支型学制（13 华东师大, 17、20 西北师大）

5. 学校制度（23 西南）

›› 简答题

1. 简述现代学制的基本类型。（10 浙江, 16 青岛, 17 南宁师大, 20 石河子）

2. 什么是学校教育制度？它有哪些类型？（10 浙江师大）

3. 简述现代学校教育制度的变革。（11 四川师大, 11、15、19 南京师大, 15 重庆三峡学院, 16 江苏, 19 石河子, 23 淮北师大）

›› 论述题　论述确立学校教育制度的依据。（21 阜阳师大、苏州）

第三节　我国现行学校教育制度

考点 1　我国学校教育制度的演变　8min搞定
（名：14 华东师大；论：11 首师大, 21 华南师大）

（1）1985 年的《中共中央关于教育体制改革的决定》。

①明确学制改革的根本目的是提高民族素质，多出人才，出好人才。

②加强基础教育，把发展基础教育的责任交给地方，有步骤地实行九年制义务教育。

③调整中等教育结构，大力发展职业技术教育。

④改革高等教育招生与分配制度，扩大高等学校办学的自主权。

⑤学校逐步实行校长负责制。

（2）1993 年的《中国教育改革和发展纲要》。

①"两基""两全""两重"：基本普及九年义务教育，基本扫除青壮年文盲；全面贯彻党的教育方针，全面提高教育质量；建设好一批重点学校和一批重点学科。

②增加教育经费，努力实现"三个增长"，即"中央和地方政府教育拨款的增长要高于财政经常性收入的增长，并使按在校学生人数平均的教育费用逐步增长，切实保证教师工资和学生人均公用经费逐年有所增长"。

（3）1999 年的《中共中央国务院关于深化教育改革，全面推进素质教育的决定》。

①全面推进素质教育。②基本普及九年义务教育和基本扫除青壮年文盲（简称"两基"）。

（4）2010 年的《国家中长期教育改革和发展规划纲要（2010—2020 年）》。

到 2020 年，基本实现教育现代化，基本形成学习型社会，进入人力资源强国行列。其基本要求是：①实现更高水平的普及教育（普及教育方面的具体要求是基本普及学前教育；巩固提高九年义务教育水平；

普及高中阶段教育，毛入学率达到90%；高等教育大众化水平进一步提高，毛入学率达到40%；扫除青壮年文盲）。②形成惠及全民的公平教育。③提供更加丰富的优质教育。④构建体系完备的终身教育。⑤健全充满活力的教育体制。

考点 2 学制制定的依据（补充知识点）5min搞定　（简：22中央民族）

1. 社会依据

（1）**学制的确立受生产力发展水平与科技发展状况的制约。** 经济的发展为教育制度提供了一定的物质基础，并向教育提出了一定的育人需求。

（2）**学制体现了社会政治经济制度和国家教育方针政策的要求。** 在阶级社会里，掌握着政权的统治阶级必然掌握着教育权，决定着谁能享受教育，谁不能享受教育，深刻地制约着不同社会背景下的学生享受教育的类型、程度和方式。

（3）**一个国家的文化传统也制约着学制的确立。** 任何教育活动都是在一定的社会文化背景下进行的，同时也承担着一定的文化功能，如文化选择、文化传承、文化整合和文化创造等。不同的民族传统和文化传统会对教育类型和学校教育制度产生一定的影响。

2. 人的依据

学制的确立受学生身心发展规律和年龄特征的制约。 教育是培养人的活动，人的发展受制于其身心发展规律与年龄特征，因此，学制的确立要考虑学生的身心发展规律与年龄特征。当然，学生的兴趣、需要、天性与自由也都影响着学制的确立。

3. 教育内部的依据

（1）**学制的确立要参照教育目的。** 狭义的教育目的是指国家对培养的人才要达到什么样的质量和规格的总要求，是各级各类学校都必须遵守的总要求。教育目的是教育活动的方向和目标，也是教育活动的出发点和归宿。教育目的是教育制度的指针，学制的确立要参照教育目的。

（2）**学制的确立既要受国内学制历史发展的影响，也要合理地参照国外学制的经验。** 任何一个国家的学制，都有它建立和发展的过程，既不能脱离本国学制发展的历史，也不能忽视外国学制中的有益经验。

> **凯程助记**
> 学制制定的依据
> ├─ 社会依据：生产力、科技、政治、经济、文化（社会五点）
> ├─ 人的依据：学生的身心发展规律与年龄特征、兴趣、需要、天性、自由（学生五点）
> └─ 教育内部的依据：教育目的、国内学制的发展历史、国外学制的经验

考点 3 我国现行学校教育制度的形态 5min搞定　（简：17北师大）

经过一个世纪的发展，我国已建立了比较完整的学制，这个学制在1995年颁布的《中华人民共和国教育法》里得到了确认。它包括以下几个层次的教育：

（1）**学前教育。** 各国均把幼儿教育纳入学制系统。招收3～6岁幼儿，我国于2018年取消幼儿教育学习小学知识的规定，促进幼小良性衔接。当前我国学前教育不属于义务教育阶段，有很多学者呼吁将学前教育纳入义务教育体系。

(2) **初等教育**。主要指全日制小学教育，招收6、7岁儿童入学，学制一般为5年或6年。小升初直接衔接，取消升入初中的入学考试。

(3) **中等教育**。主要指全日制普通中学、各类中等职业学校和业余中学。学制共6年，初中3年，高中3年。职业高中2～3年，中等专业学校3～4年，技工学校2～3年。属成人教育的各类业余中学，修业年限可适当延长。其中，初中是基础教育阶段，之后进行分流，可以升入高中，也可以进入职业学校。

(4) **高等教育**。包括全日制大学、专门学院、专科学校、研究生院、函授大学、业余大学等。大学和专门学院修业年限为4～5年，毕业合格者授予学士学位。条件较好的大学、专门学院和科学研究机构可以设立研究生教育机构。硕士研究生修业年限为2～3年，博士研究生修业年限为3～4年。按学历层次可划分为专科教育、本科教育、研究生教育三个层次。

我国现行学校教育制度的改革方向主要是：基本普及学前教育，均衡发展义务教育，努力普及高中阶段教育，大力发展高等教育。

考点4　我国现行学校教育制度的改革　30min搞定　（简：10+ 学校）

1. 基本普及学前教育

现代学前教育的发展十分迅速。发达国家是在普及小学、初中甚至高中之后，学前教育才由高班向低班逐级普及的。随着我国义务教育和高中阶段教育的逐渐普及，我国的学前教育也将逐步普及。

2. 均衡发展义务教育　（名：5+ 学校；辨：21、23西南；论：23首师大）

(1) **含义**：义务教育是国家统一实施的所有适龄儿童、少年必须接受的教育，是国家必须予以保障的公益性事业。义务教育具有强制性、免费性和普及性的特点。入学年龄提前、义务教育年限延长、以立法形式推行义务教育是现代教育制度的重要标志之一。

(2) **成就**：目前，我国实现了免费的普及义务教育，这是我国普及义务教育取得的伟大成就。

(3) **问题**：我国的义务教育存在着发展不平衡的问题，促进义务教育均衡发展已成为我国现阶段教育改革和发展的重大任务。目前我国正倡导实行"公平而有质量的教育"。

3. 努力普及高中阶段教育

在完全普及九年义务教育后，普及高中阶段教育就成为教育发展的重要趋势。为了适应青少年升学和就业的选择，并满足社会的需要，高中阶段的学制应该多样化，即应有普通高中、职业高中、中等专业学校、技工学校和综合中学等不同类型的学校供学生选择。另外，应当扩大普通高中在高中阶段所占的比例，以满足我国高等学校不断扩大招生的需要。普通教育后的职业教育则应当多样化，使未能继续升学的学生可以选择接受就业前的各种职业培训。这样就弥补了我国过去学制在这个阶段的缺陷。

4. 职业教育与普通教育综合化

普通教育是以升学为主要目标，以基础知识为主要内容的教育。职业教育是以就业为主要目标，以从事某种现代职业所需要的知识和技能为主要内容的教育。随着经济和科学技术的发展，对劳动者文化素质的要求越来越高，单纯的职业技术教育已不能适应社会的要求。职业教育普通化和普通教育职业化，使普通教育和职业教育朝着综合统一的方向发展。

5. 大力发展高等教育

(1) **马丁·特罗的高等教育发展阶段论**。

美国教授马丁·特罗提出了高等教育发展阶段论，将高等教育的发展划分为精英高等教育阶段（毛入学率在15%以下）、大众化高等教育阶段（毛入学率为15%～50%）和普及化高等教育阶段（毛入学率在50%以上）。

教育部高等教育司司长于2020年12月发布，我国高等教育进入普及化阶段，高等教育毛入学率不断提升，由2015年的40%提升至2019年的51.6%，在学总人数达到4 002万，已建成世界规模最大的高等教育体系。

（2）高等教育发展变化的表现。

首先，高等教育多层次、多类型发展。高等教育的层次有专科、本科、硕士、博士等多个层次；类型有理、工、农、林、医、师、文法、财经、军事、管理等多种院校、科系和专业。其次，高等教育向在职人员开放。使在职人员有机会进修高等学校的课程。最后，注重"双一流"院校的建设。在国际竞争中，国家只有注重"双一流"院校的建设，才能提升我国高等教育的实力。

6.终身教育体系的建构 ★★★★★ （简：12安徽师大；论：15+学校）

（1）终身教育的简介： 终身教育思想始于20世纪20年代，于20世纪60年代在国际上流行，特别是《终身教育引论》（保罗·朗格朗）、《教育——财富蕴藏其中》和《学会生存——教育世界的今天和明天》（后二者均出自联合国教科文组织）问世后，成为指导未来教育的时代理念。此后所出现的"学习化社会""回归教育"思潮与实践，正是在这种指导思想的影响下产生的。

（2）终身教育的含义。 （名：15+学校；辨：23重庆师大、西南）

对终身教育比较普遍的看法是：终身教育是"人一生各阶段中所受各种教育的总和"。它既包括纵向的一个人从婴儿期到老年期在各个不同发展阶段所受到的各级各类教育，也包括横向的从学校、家庭、社会各个不同领域受到的教育，其最终目的在于"维持和改善个人社会生活的质量"。终身教育不仅要传授给学生走向社会所需要的知识和技能，而且要培养他们继续学习的自学本领，以便学生走出校门后能够获得新的知识和技能，适应不同工作的要求。

> **凯程助记**
>
> 终身教育含义的记忆小口诀：从小到老一直学，超越学校围墙学，无所不包都要学，学习方式自主学，才能完善与和谐。

（3）如何推动终身教育理念的实践？

①**在教育观念上，** 终身教育革新了教育观念，改变了走出校门不学习的谬论，更符合新时代经济发展对人才的要求。

②**在教育目的上，** 终身教育已经成为当今社会重要的教育目的之一，我国已经将培养终身学习的意识和能力作为教育目标。

③**在教育制度上，** 我国正在建立和完善自幼儿到老年人的一体化教育制度，为终身学习创造条件。

④**在教育环境上，** 正规教育与非正规教育相结合，努力创建学习型社会。一些国家提出了"回归教育""继续教育"的构想，并且正在实施。

⑤**在内容方法上，** 终身教育要求中小学教学不断丰富教育内容，锻炼学生的自学能力，培养学生合作学习、自主学习、探究学习的品质，这些都有利于未来帮助学生落实终身教育。

⑥**在师生观上，** 建立民主、平等的师生关系，既有利于教师做到终身学习，成为学生的榜样，又有利于学生做到敢于质疑，敢于批判，敢于创新，这些都是终身学习者必备的品质。

⑦**在教育途径上，** 利用互联网等多种途径满足人们对终身教育的需求。世界上许多国家的开放大学、

老年大学、多种形式的业余大学以及利用无线电、电视、电子计算机网络进行的远距离教学，都是实施终身教育的有效形式。

⑧**在教育立法上，**以立法形式推动终身教育的发展。法国于1971年制定了"使终身教育成为一项全国性的义务"的法案。其他国家也竞相仿效，制定终身教育的法令，着手建立终身教育制度。

凯程拓展

学习化社会（学习型社会） （论：23云南师大）

当我们谈到终身教育，就一定会谈到学习化社会。

学习化社会是指具有相应的机制和手段促进和保障全民学习和终身学习的社会。其基本特征是社会成员善于不断学习，形成全民学习、终身学习、积极向上的社会风气。创建学习化社会是全民学习和终身学习的必然要求。

目前终身教育体系的多样性表现为网络教育、继续教育、终身教育、职业教育等；终身教育体系的多层次性表现为幼儿教育、基础教育、高等教育、成人教育等。构建多样性、多层次的服务全民的终身教育体系，坚持把教育摆在更加突出的位置，多渠道扩大终身教育资源，更好地满足不同群体的多元化学习需求。

经典真题

›› 名词解释

1. 现代教育制度（14 华东师大）
2. 义务教育（18 杭州师大，20 四川师大，22 北师大、新疆师大、西南、济南，23 南京师大）
3. 终身教育（10 东北师大，11、23 华东师大，12、19 杭州师大，13 首师大，15 西南，15、20 河南师大，16、20 南京师大，19 华中师大，20 西北师大，21 中央民族、淮北师大，22 大理、青海师大，23 阜阳师大）
4. 普职比（22 南京）
5. 校园文化（22 西南）

›› 辨析题
义务教育就是中小学教育。（23 西南）

›› 简答题

1. 请简述当代世界学校教育制度改革与发展的主要趋势。（16 江苏，19 南京师大）
2. 简述学校教育制度的概念及我国现行学校教育制度改革的方向。（11 南京师大，12、13、22 福建师大，20 苏州）
3. 简述我国现代教育制度的发展趋势。（10 重庆师大，20 曲阜师大，21 北华、济南、西藏）
4. 简述我国现行学校教育制度。（17 北师大）
5. 简述终身教育思潮的基本观点。（12 安徽师大）
6. 简述学制建立的依据。（22 中央民族）

›› 论述题

1. 论述终身教育思潮。（11 云南师大，12 东北师大，15 北师大）
2. 结合我国社会发展需要，试论述基础教育对终身教育发展趋势的应对与变革。（10 湖北，12 福建师大，14 四川师大，17 天津）

3. 终身教育思潮的基本观点是什么？联系我国实际举例论述。**（10 西南）**

4. 试述终身教育思想的提出对学习型社会的意义。**（17 安徽师大）**

5. 论述保罗·朗格朗终身教育的思想及其引发的教育改革。**（14 湖北）**

6. 终身教育思想是如何演变为终身学习思想的？已经来临的人工智能时代，对终身学习有什么影响？**（18 江苏）**

7. 试论述我国现代学制的演变。**（11 首师大，21 华南师大）**

8. 为什么终身教育会成为现代教育制度的发展方向？怎样才能朝着终身教育的方向发展？**（21 吉林师大）**

9. 论述终身教育理论的内容和现实意义。**（21 沈阳师大）**

10. 论述 20 世纪 60 年代以来终身教育的演变和启示。**（22 安徽师大）**

11. 请基于终身教育思想说说你对学习化社会的理解。**（23 云南师大）**

12. 论述我国社会主义建设的要求及学制需要改革的方面。**（23 集美）**

13. 剧院效应的材料和"双减"实施的材料。

（1）结合我国社会现实分析义务教育内卷化的表现与原因。

（2）试述"双减"政策破解义务教育内卷化的路径与方式。**（23 首师大）**

第七章 课程

考情分析

第一节 课程概述
- 考点1 课程的概念 43 1
- 考点2 古德莱德的课程分类 1
- 考点3 课程与教学的关系 1
- 考点4 课程的实施文本 97 1 1

第二节 课程理论的发展
- 考点1 斯宾塞的知识价值论 1
- 考点2 杜威的经验课程 1
- 考点3 博比特的活动分析法 2
- 考点4 泰勒的目标模式 3 7 2

第三节 课程争论的几个主要问题 1
- 考点1 学科课程与活动课程 58 1 22 4
- 考点2 综合课程与分科课程 11 11 6
- 考点3 必修课程与选修课程
- 考点4 显性课程与隐性课程 12 1 1
- 考点5 国家课程、地方课程与校本课程 11 1 5 2
- 考点6 基础型课程、拓展型课程、研究型课程
- 考点7 课程的一元化与课程的多样化 1 1

第四节 课程设计 1
- 考点1 课程设计的含义与步骤 19
- 考点2 课程目标的设计 12 9
- 考点3 课程内容的设计 6 1 7 4

第五节 课程改革
- 考点1 世界各国课程改革发展的趋势 16 6
- 考点2 我国基础教育的课程改革 15 22
- 考点3 我国中小学的课程设置 7 1 4

图例：选 名 辨 简 论

333考频

① 课程概念与理论、课程类型与课程目标的内容主要参考《教育学基础》（第3版）。课程开发的产品与泰勒原理、课程实施的内容主要参考王道俊、郭文安的《教育学》（第七版）。课程改革的内容参考王道俊、郭文安的《教育学》（第七版），《教育学基础》（第3版），袁振国的《当代教育学》（第4版），以及多篇论文。

知识框架

- 课程
  - 课程概述
    - 课程的概念
    - 古德莱德的课程分类
    - 课程与教学的关系
    - 课程的实施文本
  - 课程理论的发展
    - 斯宾塞的知识价值论
    - 杜威的经验课程
    - 博比特的活动分析法
    - 泰勒的目标模式
  - 课程争论的几个主要问题
    - 学科课程与活动课程
    - 综合课程与分科课程
    - 必修课程与选修课程
    - 显性课程与隐性课程
    - 国家课程、地方课程与校本课程
    - 基础型课程、拓展型课程、研究型课程
    - 课程的一元化与课程的多样化
  - 课程设计
    - 课程设计的含义与步骤
    - 课程目标的设计
      - 课程目标的概念
      - 课程目标的来源
      - 课程目标与教育目的、培养目标、教学目标的关系
      - 课程目标设计的基本问题
      - 课程目标设计的基本方式
      - 布卢姆的教育目标分类学
    - 课程内容的设计
      - 课程内容的选择
      - 课程内容的组织
  - 课程改革
    - 世界各国课程改革发展的趋势
    - 我国基础教育的课程改革
      - 课程改革的理念
      - 课程改革的目标
    - 我国中小学的课程设置

考点解析

第一节 课程概述

考点1 课程的概念 ★★★★ 5min搞定 （名：40+学校；简：22南京师大）

1. 学界最流行的四种说法

由于不同的教育主张对课程的理解是不同的，因此至今没有一个关于课程概念的定论。学界最流行的四种说法：

（1）**课程即教学科目**。这是最普遍的也是最常识化的课程定义。广义的课程是指学生所学的全部学科以及在教师指导下的各种活动的总称；狭义的课程是指一门学科或一类课程。

（2）**课程即学习经验**。美国教育家杜威认为，课程就是学生在教师指导下或自发获得的经验或体验。其突出特点是把学生的直接经验置于课程的中心位置，而忽略了系统知识的重要性。

（3）**课程即文化再生产**。鲍尔斯等人认为，课程就是从某种社会文化里选择出来的材料，学校教育要再生产对下一代有用的知识与价值。然而，现实的社会文化远非人们想象的那样合理，教育者要经常批判课程所体现的文化载体，才不会使现存的偏见永久化。

（4）**课程即社会改造的过程**。巴西的弗莱雷认为，课程不是要使学生顺从或适应社会文化，而是要帮助学生摆脱社会制度的束缚。他们建议课程把重点放在当代社会的主要问题和主要弊端、学生关心的社会现象，以及改造社会和社会活动规划等方面。课程应有助于学生在社会方面得到发展，帮助学生学会如何参与制定社会规划，这些都需要学生具有批判意识。

2. 课程的含义

课程是一个发展的概念，它是由一定的育人目标、特定的知识经验和预期的学习活动方式构成的，蕴含着丰富、基本而又有创造性与潜质的一套计划与设定。从育人目标看，课程是一种培养人的蓝图；从课程内容看，课程是一种适合学生身心发展规律的、连接学生直接经验和间接经验的、引导学生个性全面发展的知识体系及其获取的途径。

3. 课程的三种表现文本

课程的三种表现文本是课程方案、课程标准和教材。（本章后面会有详细讲解。）

> **凯程助记**
>
> 关于课程的名词解释，需要答"4+1+3"。"4"指课程的四种学术观点，"1"指课程的含义，"3"指课程的三种表现文本。不要认为课程的名词解释就只需要谈课程的含义，因为课程没有精准的概念，需要从学术说法中总结大体的含义，并说明其表现文本。

考点2 古德莱德的课程分类[①]（补充知识点） 5min搞定 （简：16中山）

美国学者古德莱德归纳了五种不同的课程：

（1）**理想的课程**。研究机构、学术团体和课程专家提出应该开设的课程。理想的课程能否实现取决

[①] 虽然333大纲中没有古德莱德的课程分类和课程与教学的关系的知识点，但这两个知识点包含在课程含义的介绍中，而且往年真题都有所涉及。考生不可以忽略这两个知识点。

于行政部门是否采用。

(2) **正式的课程**。由教育行政部门颁布实施的课程。正式的课程有正规的进度和时间安排，往往指被官方采纳的课程计划和教材等。我们日常交流中谈到的课程往往都是这一层面的课程。

(3) **领悟的课程**。任课教师所领会、理解的课程。不同的教师对正式的课程都有不同的领悟，它受教师的常识、经验、知识观、学生观的影响。

(4) **实行的课程（运作课程）**。教师在课堂里实际开展的课程。教师理解的课程并非完全在实施中实现，课程实施中会受到实施环境及教师组织能力、应变能力等的限制。

(5) **经验的课程**。学生实际感受和体验到的，并使学生的经验发生改变的课程。

考点3　课程与教学的关系（补充知识点） 3min搞定　（论：19江苏师大）

对于课程与教学的关系的认识，可归纳为以下三种观点：

(1) **大教学小课程**。苏联以及我国的一些学者认为，教学这一概念包含课程，课程也往往被具体化为教学计划、教学大纲和教科书三部分。

(2) **大课程小教学**。美国现代课程论的奠基人泰勒等人支持这种观点，他们认为教学是包含在课程之中的，教学是课程的实施与设计。这种看法在北美较为普遍。

(3) **课程与教学是目的与手段的关系**。西方一些学者提出，课程是指学校的意图，教学则是指达到教育目的的手段，它们分别侧重于教育的不同方面。

经典真题

>> **名词解释**

课程（10 南京师大，10、13 闽南师大，10、14 四川师大，11 中南、陕西师大，11、15 苏州，12 西北师大，12、14、15、19、20 哈师大，12、19 华南师大、江西师大，13 西南，14 曲阜师大，14、15 北京航空航天，15 渤海，17 上海师大，18 山西师大、沈阳师大、湖北师大，18、19 贵州师大，19 北师大、海南师大，20 华中师大、扬州，21 山西、西藏、陕西科技，22 华东师大、安徽师大、淮北师大，23 福建师大、重庆师大、西华师大、苏州科技）

>> **简答题**

1. 简述美国学者古德莱德提出的课程类型及其含义。（16 中山）
2. 简述课程的内涵。（22 南京师大）

>> **论述题**　论述课程和教学的辩证关系。（19 江苏师大）

考点4　课程的实施文本 ★★★★★ 15min搞定　（论：23江苏师大）

学校课程主要表现为**课程计划、课程标准和教材**三种物化形式。其中，课程计划是课程的总体规划，课程标准和教材乃是课程的具体表现。

1. 课程计划 ★★★　（名：30+ 学校）

(1) **含义**：课程计划也称课程方案，是课程设置的整体规划，即国家在教育目的和方针的指导下，为实现各级基础教育的目标，由国家教育主管部门制定的有关课程设置、课程顺序、学时分配以及课程管理等方面的政策性文件。

(2) 地位：指导性的文件。它体现国家对学校的统一要求，是组织学校活动的基本纲领和重要依据。

(3) 内容：学校的培养目标、学科的设置（课程计划的核心问题）、学科顺序、课时分配、学年编制和周学时安排等。

2. 课程标准 （名：60+ 学校）

(1) 含义：课程标准是指在一定课程理论的指导下，依据培养目标和课程方案，每门学科以纲要的形式编制的有关课程性质与价值、目标与内容、教学实施建议、课程资源开发等方面的纲领性文件。编写课程标准是课程开发的重要步骤。

(2) 内容：课程标准的结构——说明部分（或前言）、课程目标部分、课程内容标准部分、课程实施建议部分。

(3) 意义：它反映某一门学科的性质、特点、任务、内容以及实施的特殊方法论要求。课程标准是教材编写、教师教学、考试评估的依据，是国家管理与评价课程的基础。

3. 教材（教科书） （名：10+ 学校；辨：18 陕西师大）

(1) 含义：教材是根据课程计划、课程标准和学生接受能力编写的教学用书。教材是课程标准的具体化，是学生学习的主要材料，是教师进行教学的主要依据。

(2) 原则。

①科学性与思想性。根据本学科的特点，体现科学性与思想性。

②衔接性。强调内容的基础性，各年级教材之间要具有衔接性。

③实用性。在保证科学性的前提下，教材还要考虑我国社会发展现实水平和教育现状，必须注意基本教材对大多数学生和大多数学校的实用性。

④逻辑性。教科书的编写要兼顾学科知识的逻辑顺序和受教育者学习的心理顺序。

⑤生活性。强调教材的编写要注重生活性。

除教材以外，还有各类指导书、补充读物、工具书、图表，包括专门为上课而设计的幻灯片、电影等都是课程编制的产品。

> **凯程提示**
>
> 关于课程计划、课程标准的地位是"指导性文件"还是"纲领性文件"，不同版本的教材说法不同，给考生造成了混乱。此处凯程做出说明："指导性文件"和"纲领性文件"这两个词均可用来形容课程计划与课程标准。
>
> (1) 对于课程计划，我们既可以说它是指导性文件，也可以说是纲领性文件。
>
> (2) 对于课程标准，大家要注意一个限定词——"每门学科的"，即课程标准是每门学科的纲领性文件或指导性文件。不论大家答题时使用哪个词，都不能忽略这个范围，必须说明课程标准是"每门学科的"重要文件。
>
> 下面我们把说法补充完整，这样有助于大家理解：
>
> (1) 课程计划是全国课程实施的指导性文件 / 纲领性文件。
>
> (2) 课程标准是每门学科课程实施的指导性文件 / 纲领性文件。
>
> 综上所述，考生不必纠结两个词的字面差异，使用时掌握好适用范围即可。

凯程拓展

教材到底该如何使用？考生应该思考这个问题。

目前很多教师把教学内容局限在教材的范围里，不重视、不懂得，也不善于开发和利用身边的其他课程资源，这必然导致学校课程和社会生活的脱节，使教学趋于封闭、狭窄、被动、抽象和死板。当然，有的教师完全脱离教材，自行设计教学内容，这也是比较危险的做法，因为有可能会忽视教材的基础作用。为了保证当下教师教学的方向，我们主张在开发和利用其他课程资源时要发挥教材的基础和指导作用，以保证方向性，避免教学活动分散和杂乱。

凯程助记

课程
- 概念："4+1+3"（在课程的概念这一知识点的助记中有说明）
- 课程层次化：古德莱德的分类（理想→正式→领悟→实行→经验）
- 课程文本化：课程计划 —具体化为→ 课程标准 —具体化为→ 教材

经典真题

>> **名词解释**

1. 课程标准（10、13、21 山西师大，10、14、19 辽宁师大，11、13 广西师大，11、13、14、15 西北师大，11、14、19 沈阳师大，11、22 华中师大，12 东北师大，12、20 鲁东，13 山西，13、17 重庆师大，13、18 天津师大，14 杭州师大，14、17、20 上海师大，14、20 西南，15 北师大，17 陕西师大，18 天津，18、20 华东师大，18、23 安徽师大，19、21、22 扬州，20 中国海洋、深圳、天津外国语，21 吉林师大、中央民族、北华、齐齐哈尔、同济、苏州科技、黄冈师范学院、南宁师大、大理，22 温州，23 华南师大、苏州、宁夏、闽南师大、天水师范学院、南京信息工程、浙江海洋）

2. 课程方案（10 聊城，13 华东师大、山西师大，14 闽南师大、河北，15 扬州、北师大、上海师大，15、20 福建师大，16 沈阳师大，16、19 江苏师大，17 鲁东，18 云南师大、郑州、内蒙古师大、南宁师大，20 成都，22 杭州师大、辽宁师大，23 广东技术师大）

3. 教科书/教材（14 哈师大，15 集美，17 华南师大、西华师大，19 首师大，20 湖南理工学院，21 青岛、大理，22 齐齐哈尔、上海师大，23 浙江）

4. 课程实施（22 首师大）

>> **辨析题** 教科书是课程的唯一体现。（18 陕西师大）

>> **简答题** 简述影响课程实施的主要因素。（22 北师大）

>> **论述题**

课程方案、课程标准、教科书三者与课程是什么关系？它们在课程中各起什么作用？与当前课程改革有何关系？（23 江苏师大）

第二节 课程理论的发展 (论：23南京信息工程)

考点 1 斯宾塞的知识价值论 5min搞定 (简：22浙江海洋)

第一个进入人们视野的真正的课程问题，是由斯宾塞于1885年提出的"什么知识最有价值"。这个问题较为发人深思，应该说它是课程问题明确化的开端。

（1）主要观点。

①**什么知识最有价值**。斯宾塞认为："在制定一个合理课程之前，必须确定最需要知道些什么东西……必须弄清楚各种知识的比较价值。"

②**为未来的完满生活做准备**。斯宾塞强调："怎样去完满地生活？这个既是我们需要学的大事，当然也是教育中应当教的大事。"

③**科学知识是课程的中心**。斯宾塞讲究科学知识的价值，并将科学知识分门别类地设置成课程。

（2）评价：①斯宾塞注重人的社会生活对于科学知识的需求，这是非常有意义的；②他把课程仅仅看成科学知识，则有所偏颇。

考点 2 杜威的经验课程 5min搞定 (名：19淮北师大)

1902年，杜威发表的《儿童与课程》是影响较为深远的现代课程理论的开创性著作。

（1）主要观点。

①**杜威反对传统教育学习固定的知识体系**。他认为学科课程中固定的知识体系只会造成知识的割裂，不能真正启迪学生的智慧。

②**课程设置应以学生的直接经验为中心**。杜威主张："抛弃把教材当作某些固定的和现成的东西，当作在儿童的经验之外的东西的见解，不再把儿童的经验当作一成不变的东西，而把它当作某些变化的、在形成中的、有生命力的东西。"

③**课程是改造经验的过程**。杜威认为："儿童和课程仅仅是一个单一过程的两极，正如两点构成一条直线一样，儿童现在的观点以及构成各种科目的事实和真理，构成了教学。从儿童的现在经验进展到有组织体系的真理，即我们称之为各门科目为代表的东西，是继续改造的过程。"

（2）评价：杜威用动态的知识观来阐释儿童现有经验与课程之间的联系，这一儿童经验改组的过程的观点是值得肯定的，但他并未明确课程设置的目的和要求，也未阐明课程与教学的联系和区别，致使课程及教材具有极大的不确定性，给教材的选编带来了一定的难度，并严重地削弱了教材在教学中的作用。

> **凯程提示**
>
> 斯宾塞和杜威是外国教育史的重要知识点。学习此处前应先学习外国教育史中对他们的详细介绍，这样会更容易理解。

考点 3 博比特的活动分析法 5min搞定 (论：15华东师大，19云南师大)

1918年，博比特出版的《课程》一书，被看作教育史上第一本课程论专著。他认为应当运用科学的方法来确定教育目标。

(1) 主要观点。

博比特主张从人类重要的活动领域中去确立教育目标，然后再细化教育应使儿童获得的知识、技能、能力、态度与品行等方面的要求，这种方法叫"活动分析法"。它为后来盛行的课程目标的确定提供了方法论基础。设置课程的具体步骤如下：

①**人类经验分析**。博比特对成人的社会生活活动做了大规模的调查，其结果将社会生活活动分为十大类，分别是语言活动、健康活动、公民活动、一般社交活动、休闲娱乐活动、维持个人心理健康的活动、宗教活动、家庭活动、非职业性的实际活动、个人的职业活动。

②**具体活动分析**。博比特确定了这十大类里人类的一些必需的具体活动。

③**课程目标的获得**。评估每种活动可以完成哪些培养人的教育目标。

④**课程目标的选择**。确定学校里可培养的教育目标。

⑤**教育计划的制订**。确定哪些教育目标可通过学习知识得以实现。

(2) 评价： 博比特的方法论注重社会生活发展的需要，有其积极的一面，但过于烦琐、具体，既忽视与排斥了社会教育总的价值取向与教育目的，也未突出儿童身心发展的特点及需求。

考点 4　泰勒的目标模式　15min搞定　（简：5+学校；论：12华东师大）

拉尔夫·泰勒是美国当代著名的课程和评价专家，被誉为"课程理论之父""教育评价之父"和"行为目标之父"。在《课程与教学的基本原理》中，泰勒指出开发任何课程和教学计划都必须回答四个基本问题，这四个基本问题构成著名的"泰勒原理"。

(1) 基本内容。 （名：17南京师大，18鲁东，20江苏；简：19陕西师大）

课程编制应该围绕四个基本问题进行：

①**确定教育目标**。学校应该试图达到哪些教育目标？泰勒原理的实质是以目标为中心的课程组织模式，因此又被称为"目标模式"。确定教育目标既是课程开发的出发点，也是课程开发的归宿，目标因素构成课程开发的核心。

②**选择教育经验**。选择什么样的教育经验最有可能达到这些目标？

③**组织教育经验**。怎样有效组织这些教育经验？选择教育经验和组织教育经验是主体环节，指向教育目标的实现。

④**评价教育计划**。如何确定这些目标正在得以实现？评价教育计划是整个系统运行的基本保证。

总之，这四个问题可以表述为确定教育目标、选择教育经验、组织教育经验以及评价教育计划四个环节，它们构成泰勒关于课程开发的系统观点。

(2) 课程编制者要考虑三方面的因素。

①**学科的逻辑**。即学科自身知识、概念系统的顺序。

②**学生的心理发展逻辑**。即学生心理发展的先后顺序、不平衡性和差异性等。

③**社会的要求**。如经济、政治、职业的要求等。

(3) 评价。

①**贡献：** 泰勒原理是课程开发的经典原理，它确定了课程开发与研究的基本思路和模式，提供了一个课程分析的可行思路，具有逻辑严密的课程编制程序，有较强的引导性和调控性，各程序层次分明，一直被作为课程开发的基本框架。泰勒原理还突出了知识的连续性与系统性；强调目标的作用；适用范围广，任何学科均可使用；突出教师的主导性。

②**局限：** 泰勒原理是课程开发的一个非常理性的框架，它不可避免地带有那个时代"科学至上"的印记。

它对课程编制的认识具有简单化、机械化的倾向,并具有较大的主观性。预先确定严格的行为目标与手段,也不利于发挥教师教学的灵活性,忽视了学生的情感与社会性。

凯程拓展

博比特和泰勒课程观的异同

相同点: 都重视课程目标的作用;都分步骤说明课程编制的过程,且都具有可行性。

不同点:

(1) 确定教育目标的环节不同。

博比特:获得教育目标是中间环节。

泰勒:教育目标是出发点和归宿,更重视教育目标的核心作用。

(2) 编制课程步骤的侧重点不同。

博比特:侧重确定教育目标之前的环节——教育目标是通过人类经验和具体活动分析并选择出来的,省略了得出教育目标之后的计划环节。

泰勒:侧重确定教育目标之后的落实环节——体现为选择、组织教育经验并评价教育计划,却没有分步骤说明教育目标的获得过程。

(3) 课程开发的作用不同。

博比特:帮助确定和选择有价值的教育目标。

泰勒:以教育目标为依据,重视课程内容体系化和结构化的编制过程,重视之后的选择、组织教育经验和评价教育计划的过程,最终还要回到教育目标。

凯程助记

名称	斯宾塞的知识价值论	杜威的经验课程	博比特的活动分析法	泰勒的目标模式
观点	①科学知识最有价值; ②教育准备生活说; ③五种课程分类	①反对学习固定的知识体系; ②以直接经验为中心; ③课程是改造经验的过程	①人类经验分析; ②具体活动分析; ③获得课程目标; ④选择课程目标; ⑤制订教育计划	①确定教育目标; ②选择教育经验; ③组织教育经验; ④评价教育计划
优点	重视科学知识	①重视直接经验; ②重视学生的主体性	注重社会生活发展的需要	经典原理,可操作性强
局限	①否定古典知识; ②忽视当下生活	①忽略知识的系统性; ②削弱教师的主导作用	过于烦琐	简单化、机械化

经典真题

名词解释

1. 泰勒原理(17 南京师大,18 鲁东,20 江苏) 2. 杜威的经验课程(19 淮北师大)

简答题

1. 简述泰勒的课程原理。(13 中央民族,14 云南师大、南京师大,15 天津师大、江苏师大,19 陕西师大,20 苏州,22 中国海洋、湖南科技,23 西安外国语)

2. 简述斯宾塞的课程设置观。(22 浙江海洋)

>> 论述题

1. 评述课程编制的泰勒原理。（12 华东师大，17 南宁师大）
2. 比较博比特的活动分析法和泰勒的目标模式对课程开发的作用。（15 华东师大）
3. 论述博比特《课程》中的核心观点及其对西方课程理论的影响。（19 云南师大）
4. 论述课程理论的发展及对课程理论的看法。（23 南京信息工程）

第三节 课程争论的几个主要问题①

考点 1 学科课程与活动课程 ★★★★ 20min搞定
（辨：16 延安，21 西华师大；简：13 延安；论：13 杭州师大）

1. 学科课程（也叫分科课程） （名：10+ 学校；简：5+ 学校；论：5+ 学校）

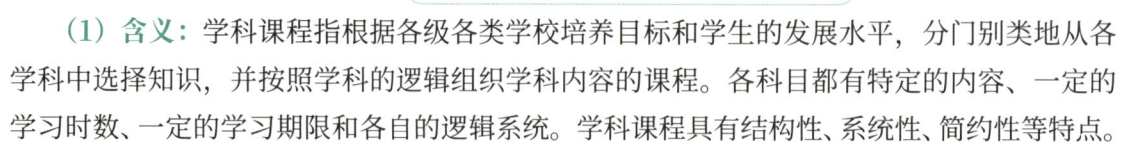

（1）含义：学科课程指根据各级各类学校培养目标和学生的发展水平，分门别类地从各学科中选择知识，并按照学科的逻辑组织学科内容的课程。各科目都有特定的内容、一定的学习时数、一定的学习期限和各自的逻辑系统。学科课程具有结构性、系统性、简约性等特点。

（2）优点：①注重知识的逻辑性和体系性（间接经验），有利于学生掌握各门学科的原理和规律；②易于编写教材，易于教师教学，易于学生学习，易于发挥教师的主导作用，也易于对学习效果进行评价；③学生可以在短时间内高效地学习到系统的知识，保证教育质量。

（3）局限：①易忽视学生的个性、兴趣、需要、生活和年龄特点，忽视学生的主体性；②忽视了知识的实用性，容易导致理论与实践的脱离，使学生不能学以致用；③易忽视学生的直接经验与实践，导致教学与学习枯燥；④分科越来越细，使知识割裂。

2. 活动课程（也叫经验课程、儿童中心课程） （名：40+ 学校；简：5+ 学校；论：15 陕西师大，18 中央民族）

（1）含义：活动课程是打破学科逻辑系统的界限，以学生的兴趣、需要、经验和能力为基础，通过引导学生自己组织有目的的活动而编制的课程。各种形式的活动居于课程的中心，通过活动将学生校内外的生活联系在一起。活动课程具有生活性、实用性、开放性等特点。

（2）实践：活动课程可以是课堂教学的一部分，也可以是课堂教学的一种补充。活动课程种类繁多，包括探索学习、实地考察、社会实践、社会服务、户外教育、消费教育、健康教育等。目前，我国新课程改革中也开始了对活动课程的探索，如开设综合实践活动课程。

（3）优点：①充分尊重学生的主体性，表现为尊重学生的兴趣、需要、能力、阅历和心理逻辑；②注重知识的实用性，使学生可以学以致用，将理论与实际相结合；③重视学生的直接经验，为学生提供了更广阔的学习空间和更充分的动手操作机会，重视学习的乐趣与创造性的培养。

（4）局限：①由于过分注重直接经验、兴趣和需要，以致忽略知识的系统性、学科自身的逻辑性和学术性；②该课程类型不易编写教材，不易教师教学和学生学习，也不易做出精确的评价；③削弱了教师的主导作用，导致放纵学生，同时耗时、耗力，效率低下，难以保证教育质量。

3. 对待两种课程类型的态度

学科课程与活动课程是现代学校教育课程的两种基本类型，各有特点和不足，二者既相互对立，又

---

① 考生容易忽视本节考点 2、3、4、5 的内容，因为王道俊、郭文安的《教育学》（第七版）中没有这一知识点，但 333 大纲的另一本参考书《教育学基础》（第 3 版）有这一知识点，并且这些知识点是历年真题的高频考点，而且是《教育学基础》（第 3 版）的重点知识。

相互补充。从课程目的看，学科课程侧重知识体系的丰富，活动课程侧重直接经验的增长；从课程组织看，学科课程侧重知识的逻辑，活动课程侧重心理的逻辑；从教学方式看，学科课程更突出教师主导的认识活动，活动课程更突出学生自主的实践活动；从教学评价看，学科课程侧重终结性评价，活动课程侧重过程性评价。

在学校里，我们应该设置这两种类型的课程，根据不同需要和实际情况，分别发挥两种课程不同的特点和作用，兼顾二者之长，弥补各自之短，使其相辅相成、相得益彰，从而更好地发挥现代课程应有的整体功能。

考点2 综合课程与分科课程 ★★★★ 20min搞定
（论：12广西师大，13杭州师大，18中央民族，20江苏师大）

1. 综合课程 （名：10+学校）

（1）含义：所谓综合课程，也叫"广域课程""统合课程"或"合成课程"，是打破传统的学科课程的知识领域，组合相邻领域的学科构成一门学科的课程，其根本目的是克服学科课程分科过细的问题。

（2）优点：①坚持知识统一性的观点，符合学生认识世界的特点，有利于学生整体把握客观世界。②有利于促进知识的迁移。③可以弥合知识间的割裂性，培养学生综合分析、解决问题的能力。④学习综合课程是学生未来就业的需要。⑤贴近社会现实和生活实际。

（3）局限：①忽视每门学科自身的逻辑结构。②教材编写困难。怎样把各门学科的知识综合在一起，这是一个需要研究的难题。通晓各门学科的人才较少，聘请各科优秀的教师来合作编写综合课程的教材也困难重重。③师资问题。没有很好的综合课教师能够驾驭综合课程，培养综合课程师资也是一大困难。

（4）目前的解决对策：①采用"协同教学"的方式，即几个教师合作完成一门综合课程的教学任务，但这难免带有"拼盘教学"的感觉，没有真正体现综合课程的真谛。②开设综合课程专业来培养综合课程的教师。

（5）综合课程的分类。

根据综合程度的不同，可以把综合课程分为以下几种：

①**相关课程**（亦称"联络课程"）。这是由具有科际联系的各学科组成的课程，它同时保持原来学科的划分。组成的各相邻学科，如语文与历史、历史与地理等，既保持原有学科之间的界限，又在各科课程标准中确定了相关科目的科际联系点，使各科教材之间保持密切的横向联系。

②**融合课程**（亦称"合科课程"）。这是由若干相关学科组合成的新学科，例如，把动物学、植物学、微生物学、遗传学融合为生物学。融合课程比相关课程更进一步，它把相关学科内容融合为一门学科。（名：21西南）

③**广域课程**。这是将各科教材依照性质归到各个领域，再将同一领域的各科教材加以组织和排列，进行系统教学的课程，与相关课程、融合课程相比，其综合范围更加广泛。

④**核心课程**（亦称"问题课程"）。这是以问题为核心，将几门学科结合起来，由一个教师或教师小组连续教学的课程。它旨在把独立的学科知识综合起来，并谋求与生活实际紧密结合。（辨：21陕西师大）

核心课程的优点：统一性、实用性、适用性，学生以积极参与的方式认识和改造社会。

核心课程的局限：范围无规定，内容凌乱，学习单元支离破碎。

2. 分科课程即学科课程（内容同学科课程的介绍）

3. 对待两种课程类型的态度

当下新课程改革既需要分科课程，也需要综合课程，将两种课程类型相结合才能培养全面发展的人。目前，问题教学模式、项目探究教学模式、STEM 教学模式等都是实现综合课程的具体模式，综合课程正处于不断地探索和实践之中。

凯程助记

	学科课程	活动课程	综合课程
含义	①分门别类地从各学科中选择知识； ②按照学科的逻辑组织学科内容	①以学生的兴趣、需要、经验和能力为基础； ②引导学生的自主活动	打破传统的学科课程的界限，组织相邻领域的学科构成一门新的学科
特点	结构性、系统性、简约性	生活性、实用性、开放性	综合性
优点	①突出知识的体系性； ②易编—教—学—评； ③易发挥教师的作用； ④短时间内高效率学习； ⑤保证教育质量	①尊重学生的特点与主体性； ②重视知识的实用性； ③重视直接经验与实践； ④重视培养乐趣与创造性	①整体把握世界； ②促进知识迁移； ③培养各种能力； ④利于学生就业； ⑤贴近现实生活
局限	①忽视学生"五点"与主体性； ②忽视知识的实用性； ③忽视直接经验与实践； ④教学与学习枯燥； ⑤分科越来越细，使知识割裂	①忽视知识的系统性、学科自身的逻辑性和学术性； ②不易编—教—学—评； ③弱化教师，放纵学生； ④耗时耗力，效率低下； ⑤难以保证教育质量	①忽视每门学科自身的逻辑结构； ②教材编写困难； ③培养师资困难

考点 3　必修课程与选修课程　3min搞定

根据学生选择课程的自主性，可以把课程分为必修课程和选修课程。

（1）**必修课程**。指教学计划中规定学生必须学习的课程，包括公共课、基础课、专业课等。

（2）**选修课程**。指教学计划中向学生推荐的根据学生自己的兴趣、爱好和特长自愿选择的课程，其主要目的在于满足学生的需要，发展学生的个性。

（3）**对待两种课程类型的态度**。在课程设置上既需要必修课程，也需要选修课程，以加强课程的可选择性；既要保证学生获得必备的知识素养，又要满足学生的个性发展，将两种课程类型相结合才能培养全面发展的人。

考点 4　显性课程与隐性课程　★★★★★ 5min搞定

（1）**显性课程**：国家正式实施的课程。

（2）**隐性课程**。（名：10+ 学校；辨：21陕西师大）

①**含义**：国家未正式实施，但是在学校环境中伴随着显性课程的实施与评价而产生的实际存在的课程。

②**表现形式**：a.观念性隐性课程，如校风、学风、教育观念、教学理念等；b.物质性隐性课程，如校园环境、学校建筑、教室的设置等；c.制度性隐性课程，如学生守则、班级管理方式等；d.心理性隐性课程，如人际关系、师生观等。

③**特点**：内隐性，无意识性，伴随显性课程出现，可转化为显性课程。所以，显性课程与隐性课程互动互补、相互作用，在一定条件下相互转化。

考点5　国家课程、地方课程与校本课程

(1) **国家课程**：由中央政府负责编制、实施和评价的课程，具有权威性、强制性和多样性。（名：23杭州师大）

(2) **地方课程**：由地方政府负责编制，在本地区实施和评价，体现地方特色的课程。

(3) **校本课程**。（名：5+学校；辨：23西南；简：5+学校；论：15首师大，18杭州师大）

①**含义**：校本课程是以学校为课程编制主体，自主研发与实施的一种课程，是相对于国家课程和地方课程而言的。校本课程并不局限于本校教师编制的课程，还包括其他学校教师为某校编制的课程，或学校之间教师合作编制的课程，甚至包括某些地区的所有学校共同联合编制的课程。

②**校本课程的开发流程**：成立团队—环境分析—目标制定—方案拟订—组织与实施—评价与修订。

③**校本课程的意义**：有利于适应本校学生的需要，提高教师的专业发展水平，提高学校的办学水平，也体现了国家课程管理的灵活性，做到因地制宜。

考点6　基础型课程、拓展型课程、研究型课程[①]

按照课程的任务不同，划分为基础型课程、拓展型课程、研究型课程。

(1) **基础型课程**。一种注重培养学生基础能力的课程形态，是中小学课程的主要组成部分。它的内容是基础的，以基础知识和基本技能为主，不仅注重知识、技能的传授，也注重思维力、判断力等能力的发展和学习动机、学习态度的培养。

(2) **拓展型课程**。一种注重扩展学生的知识和能力的课程形态。拓展型课程重在拓展学生的知识与能力，开阔学生的知识视野，发展学生各种不同的特殊能力，并将其迁移到对其他方面的知识的学习。例如，注重加强学生文学、艺术鉴赏方面的教育与拓展学生文化素质的文化素养课程和艺术团队活动，注重加强学生科学素质教育、培养学生知识与社会实践相结合能力的环境保护课程等，都属于拓展型课程。

(3) **研究型课程**。一种注重培养学生探究态度和能力的课程形态。这类课程可以提供一定的目标、结论，而获得结论的过程和方法则由学生自己组织、探索、研究，引导他们形成研究能力与创新精神；也可以不提供目标和结论，由学生自己确立目标、得出结论。课程从问题的提出、方案的设计到实施以及结论的得出，完全由学生自己来进行，注重研究过程甚于研究结论。

考点7　课程的一元化与课程的多样化

(1) **课程的一元化**。（名：20河北）

①**含义**：主要是指课程的编制应当反映国家的根本利益、政治方向、核心价值，反映社会的主流文化、基本道德以及发展水平，体现国家的信仰、理想与意志。

②**优点**：它有助于各民族的融合，全国人民的凝聚，国民素质的提高，国家的统一、强盛与进步。

③**态度**：在我国，坚持基础教育课程的一元化方向，体现了国家对青少年学生的基本要求，是贯彻教育目的与方针的重要举措，是提高教育质量的基本保障。但是，我们今天也不能一味只讲课程的一元化，而否定或排斥课程的多样化，要认识到课程的多样化也至关重要。

[①] 此知识点是当前我国教育的前沿知识，考生要重视。

(2) 课程的多样化。（简：12 北师大）

①**含义**：主要是指课程应当广泛反映不同地区的不同经济社会发展的要求，反映不同民族、阶层、群体的不同文化、利益与需求，反映不同学生个人的个性发展的选择与诉求。简而言之，要反映各个方面的多样化需求。

②**优点**：它有助于实事求是、以人为本，尊重不同地区、群体与个人的差异、特色及其对教育与课程的追求，有助于肯定各方面的独特价值，调动每个人的积极性，增进社会的民主、公平，促使社会与个人都能更加丰富多彩、生动活泼地得到发展。

③**态度**：我们不能盲目追求多样化，只照顾各方面的局部利益，那样不但会造成课程的繁杂，加重学生的课业负担，还会影响教育的正确政治方向，严重影响教育教学的质量。

凯程助记

分类方式	课程类型
从课程组织看	学科课程（按知识结构组织）与活动课程（按活动组织）
从知识综合看	分科课程（突出知识分科化）与综合课程（突出知识综合性）
从学生选择看	必修课程（学生没法选）与选修课程（学生自由选）
从课程形式看	显性课程（正式实施）与隐性课程（没有正式实施）
从课程编制看	国家课程（中央政府）、地方课程（地方政府）与校本课程（学校）
从课程功能看	基础型课程、拓展型课程与研究型课程（培养学生不同的能力）
从满足需要看	课程一元化（满足国家需要）与课程多样化（满足地方需要）

经典真题

〉〉名词解释

1. 学科课程/分科课程（10 杭州师大，12 中南，13 曲阜师大，16、20 沈阳师大，17 天津师大，17、19 华东师大、集美，20 云南师大，21 苏州、聊城、北京理工、浙江、江西师大）

2. 活动课程（10、20 河南师大，12 湖北，13 中南、扬州、东北师大、江苏师大，13、23 南京师大，15 安徽师大、华中师大，15、17 江西师大，15、20 中央民族，16 西南、山东师大，17 海南师大，18、21 广东技术师大，19 湖北师大、河北，19、20 大理，20 首师大、四川师大、苏州，20、21 华南师大，21 广西师大、深圳、温州、青岛、湖州师范学院、西安外国语，22 中国海洋、吉林师大、湖南科技，23 宁波、合肥师范学院、沈阳）

3. 校本课程（10、14 陕西师大，15 杭州师大，17、18 宁夏，19 首师大，21 阜阳师大、重庆师大，23 吉林师大、青海师大）

4. 综合课程（16 重庆三峡学院，17 杭州师大，18 江苏，19 陕西师大，20 济南、山西，22 鲁东，23 四川师大、渤海、大理、阜阳师大）

5. 隐性课程（16 杭州师大，18 北师大，20 临沂、聊城、青岛，21 海南师大、赣南师大，22 重庆师大、青海师大、苏州，23 河北师大）

6. 融合课程（21 西南）

7. 国家课程（23 杭州师大）

▶▶ 辨析题

1. 核心课程是最重要的课程。(21 陕西师大)
2. 隐性课程亦具有德育功能。(21 陕西师大)
3. 课程编制应以分科课程为主，活动课程为辅。(21 西华师大)
4. 国家课程、地方课程、校本课程是按照组织内容的方式进行划分的。(22 西南)
5. 校本课程就是学校设置的所有课程。(23 西南)

▶▶ 简答题

1. 简述学科课程。(15 山东师大，16 闽南师大，18 西北师大、南宁师大)
2. 简述活动课程的特点。(11 云南师大、华东师大，14 北师大，17 辽宁师大，18 陕西师大，19 中央民族，23 扬州、鲁东)
3. 简述校本课程、隐性课程、综合课程和活动课程的相互关系。(16 重庆师大)
4. 简述校本课程开发的特征、优势、不足及思考。(10、17 南京师大，22 南京)
5. 简述课程的多元化。(12 北师大)
6. 简述分科（学科）课程和活动（经验）课程的优缺点。(22 东北师大、渤海、淮北师大)
7. 简述学科课程和活动课程的区别与联系。(22 山东师大、济南)
8. 简述活动课程的内涵与优缺点。(22 闽南师大)

▶▶ 论述题

1. 论述综合课程的含义、分类、优缺点。(17 西南)
2. 论述分科课程与综合课程之间的关系及其对我国基础教育课程改革的启示。(12 广西师大,20 江苏师大)
3. 学科课程、活动课程、综合课程各有哪些特点？谈谈当前我国教育实践中学科课程、活动课程、综合课程的现状。(13 杭州师大，18 中央民族)
4. 根据学科课程的课程性质和课程特点，谈谈中小学设置学科课程的合理性。(10 浙江师大)
5. 论述课程和教师的关系，并回答开发校本课程要求教师要有怎样的素养。(18 杭州师大)
6. 试论校本课程的开发。(15 首师大)
7. 论述课程的主要类型及其含义。(22 扬州)
8. 比较两种不同取向的课程实施的异同。(22 苏州)

第四节 课程设计 (简：16 北师大、天津，16、17 聊城)

考点 1 课程设计的含义与步骤 ⭐⭐⭐⭐⭐ 3min搞定 (名：10+字校)

（1）**含义**：课程设计就是指课程开发，是以一定的课程观为指导制定课程标准、选择和组织课程内容、预设学习活动方式的活动，是对课程目标、教育经验和预设学习活动方式的具体化过程。

（2）**步骤**：按照泰勒原理，课程设计的步骤是设计课程目标，选择课程内容，组织课程内容和进行课程评价。

考点 2　课程目标的设计 30min搞定 （论：22 中国海洋）

1. 课程目标的概念 （名：15+ 学校）

课程目标就是课程本身要实现的具体目标和意图。它规定了某一教育阶段的学生通过课程学习以后，在发展德、智、体等方面期望实现的程度，它是确定课程内容、教学目标和教学方法的基础。课程目标是指导整个课程编制过程最为关键的准则。

2. 课程目标的来源（依据） （简：12 陕西师大，18 渤海）

（1）**社会的依据**。课程目标的制定要依据社会政治、经济、文化、科技，乃至生产力的需要。

（2）**人的依据**。课程目标的制定要依据学习者的身心发展规律和年龄特点。此外，还要依据学生的兴趣、需要、生活、个性与自由等因素。

（3）**教育内部的依据**。课程目标的制定也要依据教育目的和各级各类学校的培养目标，以及学科的逻辑、学科专家的建议等方面。

3. 课程目标与教育目的、培养目标、教学目标的关系

（1）学校教育目标体系由教育目的、培养目标、课程目标、教学目标等层次构成。

（2）它们是一般与个别的关系。教育目的是制定培养目标的依据，培养目标是制定课程目标的依据，课程目标是制定教学目标的依据。培养目标、课程目标与教学目标是为实现教育目的而逐级具体化的目标。

4. 课程目标设计的基本问题 （简：14 天津师大）

（1）**课程目标的具体化与抽象化问题**。课程目标的设计过于具体，目标行为的表述太细致，往往会限制过死，不利于教学目标的研制；而课程目标过于抽象和概括，又不利于课程知识的选择和组织，也不利于课程评价。因此，应当使这两个方面保持适当的平衡。

（2）**课程目标的层次与结构问题**。课程目标的设计需要有最高标准和最低标准、终极目标和过程目标等不同层次的目标，这样才能对课程实施起导向、调控和评价作用。课程目标应有一定的逻辑结构，即课程目标是由具有逻辑联系的项目组成的。美国教育家布卢姆等人关于教育目标的分类学研究强调从认知领域、情感领域、动作技能领域等方面来设计目标。

5. 课程目标设计的基本方式 （简：12 沈阳师大，17 山东师大，18 福建师大）

一般说来，完整的课程目标体系包括三类：结果性目标、体验性目标与表现性目标。因此，目标的陈述也有相应的三种基本方式。

（1）**结果性目标的陈述方式**。所谓结果性目标，即明确告诉人们学生的学习结果是什么。对在设计时所采用的行为动词，要求具体、明确、可观测、可量化。这种指向结果性的课程目标，主要应用于"知识"领域。

（2）**体验性目标的陈述方式**。所谓体验性目标，即描述学生自己的心理感受、情绪体验应达成的标准。它在设计中所采用的行为动词往往是历时性的、过程性的。这种指向体验性的课程目标，主要应用于各种"过程"领域。

（3）**表现性目标的陈述方式**。所谓表现性目标，即明确学生有各种各样的个性化的发展机会和发展程度。它在设计中所采用的行为动词通常是与学生的表现内容有关的或者结果是开放性的。这种指向表现性的课程目标，主要适用于各种"制作"领域。 （名：21 安徽师大）

6. 布卢姆的教育目标分类学（新修订版） (简：23 安徽师大、吉林师大；论：20 东北师大)

美国心理学家布卢姆于 20 世纪 50—60 年代建立起教育目标分类学，也称"布卢姆教育目标分类学"。

（1）**布卢姆将教育目标分为认知领域、情感领域和动作技能领域**。教育目标是有层次结构的，每一领域的目标由低级向高级分为若干层次，从而形成了目标的层次结构。同时，以外显行为作为教育目标分类的对象，因为只有外显行为是可观察、可测量的。

（2）布卢姆教育目标分类学的基本框架。

①**认知领域教育目标的层次**。按照从简单到复杂的顺序分为 6 个层次：记忆、理解、应用、分析、评价、创造（新修订版，2001 年）。后 5 个层次属于理智能力和理智技能。

②**情感领域教育目标的层次**。按照价值内化的程度分为 5 个具体类别：接受、反应、价值化、组织、价值体系个性化。 (简：21 陕西师大)

③**动作技能领域教育目标的层次**。按照从简单到复杂的顺序分为 7 个层次：知觉、定势、模仿、操作、准确、连贯、习惯化。

（3）**特点：布卢姆将教育目标结构层次化，并且实现了目标的可测量**。

（4）关注问题。

①**学习问题**。在有限的学校和课堂教学时间内，什么值得学生学习？

②**教学问题**。如何计划和进行教学才能使大部分学生在高层次上进行学习？

③**测评问题**。如何选择或设计测评工具和程序才能提供学生学习情况的准确信息？

④**一致性问题**。如何确保目标、教学和测评彼此一致？

（5）评价。

①**优点**：布卢姆的教育目标分类学是经典原理，确定了教育目标的设计思路，重视目标的作用；操作性强；突出知识的连续性和系统性；适用范围广，任何学科均可使用；突出教师的主导性。

②**局限**：课程开发过程简单、机械；不易发挥教师的灵活性。

凯程助记

课程目标的设计

概念	课程本身要实现的具体目标和意图
来源	社会的依据；人的依据；教育内部的依据
关系	教育目的、培养目标、课程目标、教学目标等层次构成的一般与个别的关系
问题	(1) 课程目标的具体化与抽象化问题；(2) 课程目标的层次与结构问题
方式	(1) 结果性目标的陈述方式；(2) 体验性目标的陈述方式；(3) 表现性目标的陈述方式
理论	在布卢姆的教育目标分类学中，将教育目标分领域分层次，使目标结构化

凯程提示

在布卢姆的教育目标分类学中，认知、情感、动作技能这三方面的行为几乎是同时发生的，所以教师往往从这三方面来设置教学目标，但这并不是说每个知识点的学习都必须设置这三方面的目标，而应该依据具体的教学内容来设置适宜的教学目标。

考点 3 课程内容的设计 20min搞定 （名：23云南师大；简：14天津师大；论：16华东师大）

1. 课程内容的选择 （名：12广西师大，17云南师大，18山东师大；辨：17山东师大；简：18渤海）

课程内容是根据课程目标从人类的经验体系中选择出来，并按照一定的学科逻辑序列和儿童心理发展需求组织编排而成的知识体系和经验体系。课程内容的选择主要指以下两方面。

（1）间接经验的选择。间接经验即理论化、系统化的书本知识，它是人类认识的基本成果。间接经验具体包含在各种形式的科学中，其选择的依据是科学理论知识内在的逻辑结构。

（2）直接经验的选择。直接经验是指与学生现实生活及其需要直接相关的个人知识、技能和体验的总和，如社会生活经验等。直接经验选择的依据是学生现实社会生活的需要和学生社会性发展的要求。

2. 课程内容的组织 （简：11、12福建师大，16山西师大；论：14、17华东师大，23延安）

采取何种形式组织课程内容，直接影响着课程内容结构的性质和形式，制约着课程实施中的学习活动方式和学生学习的成效。早在20世纪40年代，泰勒就明确提出了课程内容组织的三条规则，即连续性、顺序性、整合性。课程内容组织除这些规则外，还应处理好以下三种组织形式的关系。

（1）直线式与螺旋式。

①**直线式**。（名：13云南师大）

a. **含义**：直线式是指把课程内容组织成一条在学科知识逻辑上前后联系的"直线"，前后内容基本不重复，即课程内容直线前进，前面安排过的内容在后面不再呈现。

b. **依据**：科学知识本身的内在逻辑是直线前进的，直线式就是顺应了知识的逻辑，这种组织方式效率很高。

c. **适用**：对一些理论性或操作性要求相对较低的内容，则采用直线式较适合。如数学等工具性、应用性学科。

②**螺旋式**。（名：15云南师大，21江苏师大；简：10华东师大）

a. **含义**：螺旋式是指在不同单元或阶段，乃至不同课程门类中，使课程内容重复出现、螺旋上升，逐渐扩大知识面，加深知识难度，即同一课程内容前后重复出现，前面呈现的内容是后面内容的基础，后面内容是对前面内容的不断扩展和加深，层层递进。

b. **依据**：人的心理发展过程的规律，即人的认识由易到难，由低到高，螺旋上升，稳步前进。螺旋式就是顺应了人的心理逻辑。

c. **适用**：对理论性要求较强、学生不易理解和掌握的内容，最好使用螺旋式，尤其对低年级的学生来说，螺旋式较适合。如语文、政治、历史等文科知识。

总之，直线式和螺旋式是课程内容的两种基本逻辑的组织式。它们各有利弊，分别适用于不同性质的学科、不同年级的学生。不过，现实情况往往比较复杂，有时在同一课程的内容体系的组织与编写中，直线式和螺旋式都必不可少，在组织与编写中究竟应当采取何种形式，应依据不同学科内容的特点和学生心理发展的需求而定。

（2）逻辑顺序与心理顺序。

①**逻辑顺序**是指根据学科本身的体系和知识的内在联系来组织课程内容，也叫作知识逻辑、学科逻辑。学科课程更侧重逻辑顺序，但当下的学科课程也会充分考虑学生的心理顺序。

②**心理顺序**是指按照学生心理发展的特点来组织课程内容，也叫作心理逻辑。活动课程更侧重学生的心理顺序，但当下的活动课程也会充分考虑学科的逻辑顺序。

总之，现在的人们一致认为，课程内容的组织要把逻辑顺序和心理顺序结合起来。逻辑顺序与心理顺序的统一，实质上是在课程观方面，体现为把学生与课程统一起来；在学生观方面，体现为把学生的"未来生活世界"与"现实生活世界"统一起来。

(3) 纵向组织与横向组织（课程的结构）。 （论：17华东师大）

课程的结构包括课程的纵向组织和课程的横向组织。

①纵向组织是指按照学科知识的逻辑序列，从已知到未知、从具体到抽象等先后顺序来组织与编排课程内容。

②横向组织是指打破学科的知识界限和传统的知识体系，按照学生发展的阶段，以学生心理发展阶段需要探索的、社会最为关心的问题为依据，组织与编写课程内容，构成一个个相对独立的专题。其具体表现为分科内容的整合问题。

总之，纵向组织注重课程内容的独立性和知识的深度，而横向组织强调课程内容的综合性和知识的广度。这是两种适合于不同性质的知识经验的课程内容组织形式，同直线式与螺旋式的关系一样，都是不可偏废的。

凯程助记

从泰勒原理看课程设计的过程

确定课程目标	(1) 概念；(2) 来源；(3) 课程目标与教育目的、培养目标、教学目标的关系；(4) 课程目标设计的基本问题；(5) 课程目标设计的基本方式；(6) 布卢姆的教育目标分类学
选择课程经验	(1) 间接经验的选择；(2) 直接经验的选择
组织课程经验（即课程内容）	课程内容组织的三种形式：直线式与螺旋式；逻辑顺序与心理顺序；横向组织与纵向组织。 直线式：前后不重复→适用于应用性学科。 螺旋式：前后重复，螺旋上升→适用于理论性学科。 逻辑顺序：按照学科内知识的逻辑与体系编写课程。 心理顺序：按照学生心理发展的特点编写课程。 纵向组织：课程内容的独立性和知识的深度。 横向组织：课程内容的综合性和知识的广度
进行课程评价	依据学生的学业成绩再评课程设计本身的优点与不足

经典真题

>> **名词解释**

1. 课程设计（10、15山西师大，11鲁东，13、22沈阳师大，14中山，15内蒙古师大，15、17、20辽宁师大，16中央民族、天津师大，16、21上海师大，17、20辽宁师大，18云南师大，19闽南师大，21云南，22、23哈师大）

2. 课程目标（10哈师大、宁波，14安徽师大，16广东技术师大、海南师大，17闽南师大，20南京，21鲁东、延安，23天津师大）

3. 课程内容（12广西师大，17云南师大，18山东师大，23云南师大）

4. 直线式（13云南师大）　　　　　5. 螺旋式（15云南师大，江苏师大）

6. 表现性目标（21安徽师大）　　　7. 布卢姆的教育目标分类学（22曲阜师大）

8. 教育目标（23 石河子）

>> 辨析题

1. 课程内容即教材内容。（17 山东师大）
2. 学生认识的主要任务是学习直接经验。（22 山东师大）

>> 简答题

1. 简述课程目标设计的基本方式。（12 沈阳师大，17 山东师大，18 福建师大）
2. 简述课程内容的设计。（14 天津师大）
3. 简述课程内容的选择。（18 渤海）
4. 简述课程设计的基本任务。（16 北师大）
5. 简述课程设计的依据。（12 陕西师大，18 渤海）
6. 简述课程内容的组织。（11、12 福建师大，16 山西师大）
7. 简述确定课程目标的步骤。（18 河南）
8. 请简述课程目标的取向。（16、17 聊城）
9. 举例说明螺旋式课程内容的组织依据及其适用性。（10 华东师大）
10. 简述布卢姆的情感领域目标层次。（21 陕西师大）
11. 简述课程目标的特征。（23 阜阳师大）
12. 简述布卢姆的教育目标分类学中的情感领域目标。（23 安徽师大）
13. 简述布卢姆的教育目标分类学对泰勒课程编制原理的发展。（23 吉林师大）
14. 行为教学目标包括哪四个因素？内涵是什么？（23 青岛）

>> 论述题

1. 论述课程内容组织中"横向组织"和"纵向组织"的关系。（17 华东师大，23 延安）
2. 试分析课程内容的组织对学生学习的影响。（14 华东师大）
3. 论述课程内容的设计。（16 华东师大）
4. 以基础教育的某一单元或一节课为例，设计教学目标。（至少包含三种目标类型）（22 中国海洋）

第五节 课程改革

考点 1 世界各国课程改革发展的趋势[①] 15min搞定 （简：5+ 学校；论：5+ 学校）

1. 课程政策的发展趋势

（1）**课程目标的整体性**。为了应对变化中的技术、经济、政治、国际国内环境等方面的挑战，大多数国家的课程政策都强调社会协同、经济振兴和个人发展方面的目标，并对个人而言，尽可能促进学生的全面发展。

（2）**课程管理的灵活性**。尽管大多数国家的课程政策开发仍然是中央集权的，但在开发中却出现了尽可能咨询多方面意见的趋势，对课程实施问题的决策制定则倾向于下移到地方和学校一级。

[①] 此知识点结合了王道俊、郭文安的《教育学》（第七版）和《教育学基础》（第 3 版）两本书的内容，同时加以改造，使之变得更符合学生记忆的逻辑。

2. 课程结构的发展趋势

（1）**课程结构的综合性**。课程结构从内容本位转向内容本位与能力本位的多样化结合，以保证学生有效地获得知识、技能和能力。

（2）**课程结构的均衡性**。各国的课程结构中,继承传统的学科课程,增加新型的活动课程,既注重国家、地方课程，又要求创设校本课程；既强调分科课程，又积极研发综合课程。目前，靠唯一一种固定的课程类型无法满足学生的需要，只有在课程结构上注重均衡性，才是发展之道。

（3）**课程结构的选择性**。课程开发既确保了核心内容的学习，又为选修学科提供了更多机会选择课程框架。

3. 课程内容的发展趋势

（1）**课程内容的基础性**。改变课程内容烦琐与偏难、课程过于注重书本知识的现状，加强课程内容与学生生活和现代社会科技发展的联系。为实现这一目标，各科课程标准无不强调从学生的已有经验出发，密切课程内容与日常生活的关系。

（2）**课程内容的时代性**。调整课程内容，吸纳新出现的学科领域。这些新学科领域或者被整合进既有学科（如环境教育），或者作为独立学科（如增加外语学科），体现课程与时代前沿的紧密联系。

4. 课程实施的发展趋势

（1）**课程实施的新取向**。课程实施的"忠实取向"正在被"相互适应取向"与"创生取向"所超越。忠实取向是教师忠实地按照教材教学；相互适应取向是教师既依据教材教学，又寻找教材以外的内容，做好课程计划与实际需要的相互调适；创生取向是教师不按照课程计划教学，而是采取完全创新的方式进行教学。

（2）**课程实施的弹性化**。要求课程弹性增大以便学校能够充分考虑地方的情况和需要，做出更多决策，用最好的方式实施课程政策。

（3）**课程实施中的信息化**。小学和初中阶段的教科书一般是由政府资助提供，而补充材料通常是由政府和私营机构开发和提供的。在课程信息的传播过程中，信息技术的应用日益增加，多种媒体的作用日益明显。

（4）**讲求学习方式的多样化**。各国的课程改革中均重视学生的自主学习、研究性学习和合作学习，被动听课不是学习的手段和目标，应让学生学会学习、学会应用、学会合作、学会探究。

5. 课程评价的发展趋势

（1）**课程评价的过程性**。"目标取向的课程评价"正在被"过程取向的课程评价"所超越。"评价即研究""评价即合作性意义建构"等理念已深入人心。"质性评价"与"量化评价"相结合被认为是基本的评价方式。

（2）**课程评价的主体性**。原先各国重视管理者的评价意见，现在教师既是课程决策的参与者，又是课程实施的执行者，教师最能提出改进课程和教学的切合实际的建设性提议，因此，教师必须是课程评价主体中的核心。另外，学生也应是课程评价主体的重要组成部分，因为学生体验着课程，经历着课程，他们也有发言权。

（3）**课程评价的多元性**。课程评价的对象越来越丰富，除了传统的学生发展评价，目前也注重对课程体系本身的评价和教师的评价等。

凯程助记

世界各国课程改革发展的趋势

课程政策	整体性、灵活性	政策注重整体和灵活；
课程结构	综合性、均衡性、选择性	结构综合均衡可选择；
课程内容	基础性、时代性	内容基础性与时代性；
课程实施	新取向、弹性化、信息化、多样化	实施新取向很多样化，弹性还能信息化；
课程评价	过程性、主体性、多元性	评价过程主体多元化

考点 2 我国基础教育的课程改革 （简：21 北师大、吉林师大；论：19 西华师大）

为适应基础教育改革的需要，我国于 1999 年制定了《面向 21 世纪教育振兴行动计划》，2001 年 6 月颁布了《基础教育课程改革纲要（试行）》，2003 年 3 月出台了《普通高中课程方案（实验）》，开始了具有划时代意义的新一轮课程改革。

1. 新一轮基础教育课程改革的理念 （简：5+ 学校）

新一轮基础教育新课程改革的核心理念[①]："以人为本"和"以学生发展为本"。具体表现为：为了学生的终身发展（本次课程改革的根本理念）；为了每位学生的发展；为了学生的全面发展；为了学生的个性发展。

2. 新一轮基础教育课程改革的目标

（1）**总体目标**：教育要面向现代化、面向世界、面向未来。

（2）**具体目标**。（简：5+ 学校；论：15+ 学校）

①**在课程目标方面，树立三维目标观**。改变传统课程过于注重知识传授的倾向，强调形成积极主动的学习态度，使学生在获得基础知识和基本技能过程的同时学会学习和形成正确的价值观。

②**在课程结构方面，树立综合课程观**。改变传统课程结构过于注重学科本位、科目过多和缺乏整合的现状，整体设置九年一贯的课程门类和课时比例，体现课程结构的均衡性、综合性和选择性。

③**在课程内容方面，树立学生生活观**。改变传统课程内容"繁、难、偏、旧"和过于注重书本知识的现状，加强课程内容与学生生活、现代社会和科技发展的联系，关注学生的学习兴趣和经验，精选终身学习必备的基础知识和技能。

④**在课程实施方面，树立自主学习观**。改变传统课程实施过于强调接受学习、死记硬背和机械训练的现状，倡导学生主动参与、乐于探究、勤于动手，培养学生收集和处理信息的能力、获取新知识的能力、分析和解决问题的能力及交流与合作的能力。

⑤**在课程评价方面，树立发展评价观**。改变传统课程评价过于强调甄别与选拔的功能，发挥课程评价促进学生发展、教师发展和改进教学实践的功能。课程评价要从终结性评价转变为与发展性评价、形成性评价相结合。

⑥**在课程管理方面，树立校本发展观**。改变传统课程管理权限过于集中的弊端，实行国家、地方和学校三级课程管理，增强课程对地方、学校及学生的适应性，继续推进校本课程的研发与实施。

---

① 不同版本的教材对新课程改革的理念描述也有所不同，但都大同小异，本质一样。如有的教材描述的新课程改革的基本理念是：倡导个性化的知识生成方式；增强课程内容的生活化、综合性。

考点3　我国中小学的课程设置 ★★★ 20min搞定

(1) 在课程目标上，从三维目标走向核心素养。 2000年初将课程目标设为知识与技能、过程与方法、情感态度与价值观三大维度；为更具体化地落实课程标准，2014年国家首次在文件中提出要建立核心素养；2022年版《义务教育课程方案和课程标准》对核心素养的描述是学生应具备的适应终身发展和社会发展需要的正确价值观、必备品格和关键能力。至2022年底，我国已在义务教育阶段和高中阶段均研发了核心素养标准。

(2) 在课程结构上，整体设置九年一贯的义务教育课程。

①**小学阶段以综合课程为主**。2022年以前，小学低年级开设品德与生活、语文、数学、体育、艺术（或音乐、美术）等课程；小学中高年级开设品德与社会、语文、数学、科学、外语、综合实践活动、体育、艺术（或音乐、美术）等课程。2022年版《义务教育课程方案和课程标准》将"品德与生活""品德与社会"统一为"道德与法治"。

②**初中阶段设置分科与综合相结合的课程**。2022年以前，主要包括思想品德、语文、数学、外语、科学（或物理、化学、生物）、历史与社会（或历史、地理）、体育与健康、艺术（或音乐、美术）以及综合实践活动。积极倡导各地选择综合课程，学校应努力创造条件开设选修课程。在义务教育阶段的语文、艺术、美术课中要加强写字教学。2022年版《义务教育课程方案和课程标准》将"思想品德"统一为"道德与法治"，与小学阶段的"道德与法治"进行一体化设计。

③**高中以分科课程为主**。高中阶段在开设必修课程时，设置丰富多彩的选修课，开设技术类课程，积极试行学分制管理。课程设置注重基础性、时代性和选择性。

④**从小学至高中设置综合实践活动并作为必修课程**。2022年以前，《基础教育课程改革纲要（试行）》中规定：从小学至高中设置综合实践活动并作为必修课程，其内容主要包括信息技术教育、研究性学习、社区服务与社会实践，以及劳动与技术教育。2022年版《义务教育课程方案和课程标准》明确指出将劳动、信息科技从综合实践活动课程中独立出来，科学、综合实践活动起始年级提前至一年级。

综合实践活动。（名：14 山东师大，16 福建师大，18 西北师大，22 浙江海洋；简：14 江西师大，21 吉林师大，23 云南师大、阜阳师大）

a. **内涵：** 综合实践活动是从学生的真实生活和发展需要出发，从生活情境中发现问题，转化为活动主题，通过探究、服务、制作、体验等方式，培养学生综合素质的跨学科实践性课程。目前包括研究性学习、社区服务与社会实践，从小学一年级开始实行。

b. **特点：** 综合性、实践性、开放性、生成性、自主性。

c. **意义：** 综合实践活动课程有利于帮助学生获得参与和探索的经验；有利于培养学生解决问题的能力；有利于学生形成合作与分享意识；有利于培养学生科学的态度和道德；有利于提升学生的综合能力。

⑤**2022年版《义务教育课程方案和课程标准》改革艺术课程设置。**一至七年级以音乐、美术为主线，融入舞蹈、戏剧、影视等内容，八至九年级分项选择开设。

(3) 在课程内容上，主要有以下变化。

①**强化了课程育人导向**。各课程标准基于义务教育培养目标，将党的教育方针具体化为本课程应着力培养学生的核心素养，以此体现正确价值观、必备品格和关键能力的培养要求。

②**优化了课程内容结构**。以习近平新时代中国特色社会主义思想为统领，基于核心素养发展要求，遴选重要观念、主题内容和基础知识，设计课程内容，增强内容与育人目标的联系，优化内容组织形式。

设立跨学科主题学习活动，加强学科间相互关联，带动课程综合化实施，强化实践性要求。

③**研制了学业质量标准**。各课程标准根据核心素养发展水平，结合课程内容，整体刻画不同学段学生学业成就的具体表现特征，形成学业质量标准，引导和帮助教师把握教学深度与广度，为教材编写、教学实施和考试评价等提供依据。

④**增强了指导性**。各课程标准针对"内容要求"提出"学业要求""教学提示"，细化了评价与考试命题建议，注重实现"教—学—评"的一致性，增加了教学、评价案例，不仅明确了"为什么教""教什么""教到什么程度"，而且强化了"怎么教"的具体指导，做到好用、管用。

⑤**加强了学段衔接**。注重幼小衔接，基于对学生在健康、语言、社会、科学、艺术领域发展水平的评估，合理设计小学一至二年级课程，注重活动化、游戏化、生活化的学习设计。依据学生从小学到初中在认知、情感、社会性等方面的发展，合理安排不同学段内容，体现学习目标的连续性和进阶性。了解高中阶段学生特点和学科特点，为学生进一步学习做好准备。

⑥**注重加强学科实践和跨学科主题学习，用跨学科的思维培养学生整体认知世界的能力，是这次课程方案修订重点之一**。跨学科主题学习，不是几个学科简单相加或轮番上场，也不是各自学科独立的信息和知识碎片，而是让学生学习在解决真实问题或完成任务的过程中所需要的综合知识，以此培养学生的综合运用知识技能、思想方法以及团队协作等能力。

(4) 在课程实施上，倡导三大有效的学习方式，改革教师的教学方式。

①**自主学习**：指学习者在学习活动中具有主体意识和自主意识，不断激发自己的学习动机或积极性，发挥自我能动性和创造性的一种学习方式。自立、自为、自律是自主学习的三大支柱。

②**研究性学习（也是一种探究性学习）**：指学习者以问题解决为主要内容，以发展研究能力为主要目的的一种新型学习方式。它有三种组织形式：个人独立研究、小组合作研究和个人研究与集体讨论相结合。

学习程序是：进入问题情境阶段—实践体验阶段—表达、交流阶段。（名：12陕西师大，22聊城；论：14东北师大）

③**合作学习**：指促进学生在异质小组中彼此互助，共同完成学习任务，并以小组总体表现为奖励依据的教学理论和策略体系。这种学习方式有利于激发学生的学习动机，有利于学生经验的分享和知识的生成，有利于增强学生之间的互动性，有利于合作和尊重的人际关系的生长，有利于增强信心和提高能力。合作学习应该注意引导学生积极地相互协作，强调个人责任制，在合作中培养学生的社会能力。

(5) 在课程评价上，完善与改革评价机制。制建立促进学生全面发展的评价体系（如提倡评价的发展功能，关注学生多方面的发展与评价等）；建立促进教师不断提高的评价体系（如教师自评、多主体评教等）；建立促进课程不断发展的评价体系（如调整课程内容，改进教学管理，形成课程不断革新的机制）；继续改革和完善考试制度（如新高考改革）。

(6) 在课程管理上，实行三级管理。实行国家、地方和学校的三级课程管理，继续推进校本课程的研发与实施。

各科目安排及占九年总课时比例

	年级									九年总课时（比例）
	一	二	三	四	五	六	七	八	九	
国家课程	\multicolumn{9}{c|}{道德与法治}	6%～8%
	\multicolumn{9}{c|}{语文}	20%～22%
	\multicolumn{9}{c|}{数学}	13%～15%
			\multicolumn{7}{c|}{外语}	6%～8%
							\multicolumn{3}{c|}{历史、地理}	3%～4%
			\multicolumn{4}{c|}{科学}	\multicolumn{3}{c|}{物理、化学、生物学（或科学）}	8%～10%
			\multicolumn{7}{c|}{信息科技}	1%～3%
	\multicolumn{9}{c|}{体育与健康}	10%～11%
	\multicolumn{9}{c|}{艺术}	9%～11%
	\multicolumn{9}{c|}{劳动}	14%～18%
	\multicolumn{9}{c|}{综合实践活动}	
地方课程	\multicolumn{9}{c|}{由省级教育行政部门规划设置}	
校本课程	\multicolumn{9}{c|}{由学校按规定设置}	
周课时	26	26	30	30	30	30	34	34	34	
新授课总课时	910	910	1050	1050	1050	1050	1190	1190	1122	9522

说明：此表来自 2022 年版《义务教育课程方案和课程标准》本表按"六三"学制安排，"五四"学制可参考确定。

普通高中课程方案（教育部颁布，2017 年版）

科目	必修学分	选择性必修学分	选修学分
语文	8	0～6	0～6
数学	8	0～6	0～6
外语	6	0～8	0～6
思想政治	6	0～6	0～4
历史	4	0～6	0～4
地理	4	0～6	0～4
物理	6	0～6	0～4
化学	4	0～6	0～4
生物学	4	0～6	0～4
技术（含信息技术和通用技术）	6	0～18	0～4
艺术（或音乐、美术）	6	0～18	0～4
体育与健康	12	0～18	0～4
综合实践活动	14		
校本课程			≥8
合计	88	≥42	≥14

凯程提示

以上内容讲到了自主学习、研究性学习和合作学习。我们可以发现，高品质的合作学习和研究性学习一定是自主学习，三者经常联系起来。但并不是所有的学习领域和主题都要通过合作学习和研究性学习来进行。

教育课程改革是一个热门话题。这部分知识的学习，要求考生了解我国新一轮课程改革的背景、理念、目标和内容，从而对课程改革提出相应的建议。关于当前的课程改革，考生有必要多看一些研究论文，拓展思维，对课程改革有明确的认识，从而有利于解答主观题。课程改革这一节是考试的重点章节，大家要加深对这部分知识的记忆。

凯程拓展

核心素养 ★★★★★ （论：5+ 学校）

核心素养是学生通过课程学习逐步形成的正确价值观、必备品格和关键能力，是课程育人价值的集中体现。研究制定中国学生发展核心素养，根本出发点是将党的教育方针具体化、细化，落实立德树人的根本任务，培养全面发展的人。

核心素养的总框架是，以"全面发展的人"为核心，分为文化基础、自主发展、社会参与三个方面，综合表现为人文底蕴、科学精神、学会学习、健康生活、责任担当、实践创新六大素养。依据总核心素养，再研制义务教育阶段和高中阶段的各学科核心素养。

核心素养总体框架图

经典真题

▶▶ 名词解释

1. 研究性学习（12 陕西师大，22 聊城）
2. 综合实践活动（14 山东师大，16 福建师大，18 西北师大，19 宝鸡文理学院，20 洛阳师范学院，22 浙江海洋）

▶▶ 辨析题
综合实践活动课程是义务教育阶段和高中阶段的必修课程。（22 陕西师大）

▶▶ 简答题

1. 简述世界各国课程改革的发展趋势。（11 重庆师大，12、22 聊城，13 安徽师大，14 鲁东，17 郑州、内蒙古师大，17、18 浙江师大，18 河北，18、19 青海师大，21 哈师大，23 西南

2. 简述新一轮基础教育课程改革对教师的要求。(18 贵州师大)
3. 简述新一轮基础教育课程改革的理念。(13 南京师大，17 西华师大，23 淮北师大)
4. 简述我国基础教育课程改革的具体目标。(10 山西师大、沈阳师大，12 辽宁师大，17 青岛，19 江苏，20 海南师大)
5. 简述综合实践活动的性质（本质特征、内容与价值）。(19 江西师大，21 吉林师大，22 海南师大，23 云南师大)
6. 简述基础型课程与拓展型课程的关系。(20 杭州师大)
7. 简述影响课程改革的主要因素。(20 南京师大，23 重庆师大)
8. 简要评析 21 世纪我国基础教育课程改革的主要内容与成效。(21 北师大)
9. 你认为我国新一轮基础教育课程改革对教师提出了哪些新的要求？(21 吉林师大)
10. 简述新课程改革倡导的三种学习方式。(22 浙江海洋)
11. 简述 2022 年版《义务教育课程方案和课程标准》中义务教育课程应该遵循什么原则。(23 中国海洋)

论述题

1. 论述分科课程与综合课程之间的关系及其对我国基础教育课程改革的启示。(12 广西师大)
2. 论述我国基础教育课程改革的目标。(10 福建师大，11 青岛，11、12、15 鲁东，13 华南师大，16 陕西师大、杭州师大，17、18 江苏师大，18、19 中国海洋，20 佛山科学技术学院，20、22 西华师大)
3. 分析基础教育课程改革面临的瓶颈及对策。(14 广西师大)
4. 论述研究性学习。(14 东北师大)
5. 论述新课程改革的六大目标如何落实到课堂当中。(18 江苏师大)
6. 根据材料，分析核心素养与基础教育课程改革。(材料缺失)(19 安徽师大)
7. 结合人的全面发展的思想，论述中国学生核心素养的构成要素。(18 苏州)
8. 论述世界各国的课程改革趋势。(22 洛阳师范学院，23 齐齐哈尔)
9. 论述课程变革的因素和社会经济市场对课程变革的影响。(22 宁夏)
10. 结合实际，讨论课程改革的影响因素。(22 陕西师大)
11. 分析 2022 年版《义务教育课程方案和课程标准》强调核心素养导向的时代背景，并阐明教学目标指向从"双基"走向"三维目标""核心素养"的意义。(23 湖南师大)
12. 论述核心素养的主要内涵，并指出在实践中如何培养学生的核心素养。(23 西南、湖南)
13. 论述课外活动的组织领导和基本要求。(23 阜阳师大)
14. 论述新课程标准改革的五个变化。(23 中国海洋)
15. 谈一谈我国新颁布的 2022 年版《义务教育课程方案和课程标准》的改革内容以及原则，结合你报考的科目论述这次改革的意义。(23 天津外国语)
16. 结合 20 世纪 80 年代国际课程改革的主要趋势，论述我国基础课程改革的基本理念。(23 温州)

第八章 教学（上）

考情分析

第一节 教学概述
- 考点1 教学的概念
- 考点2 教学的意义
- 考点3 教学的任务

第二节 教学过程
- 考点1 教学过程的性质
- 考点2 学生掌握知识的基本阶段
- 考点3 教学过程中应处理好的几种关系
- 考点4 教学工作的基本环节

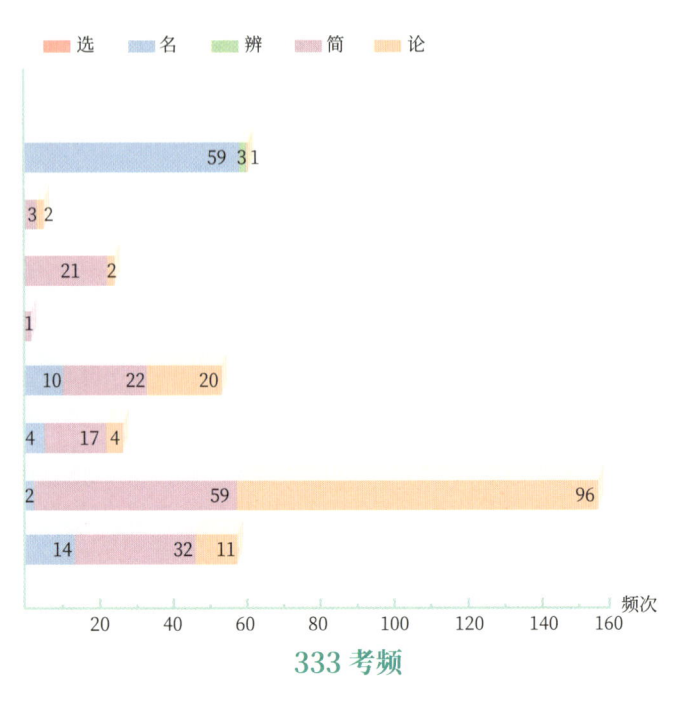

图例：选 名 辨 简 论

考点1 教学的概念：名 59，论 31
考点2 教学的意义：选 3，辨 2
考点3 教学的任务：简 21，论 2
第二节 教学过程：1
考点1 教学过程的性质：名 10，简 22，论 20
考点2 学生掌握知识的基本阶段：名 4，简 17，论 4
考点3 教学过程中应处理好的几种关系：选 2，简 59，论 96
考点4 教学工作的基本环节：名 14，简 32，论 11

横轴：20 40 60 80 100 120 140 160 频次

333考频

知识框架

教学（上）
- 教学概述
  - 教学的概念 ★★★★★
  - 教学的意义 ★
  - 教学的任务 ★★★★
- 教学过程
  - 教学过程的性质 ★★★★
  - 学生掌握知识的基本阶段 ★★★★★
  - 教学过程中应处理好的几种关系 ★★★★★
  - 教学工作的基本环节 ★★★★

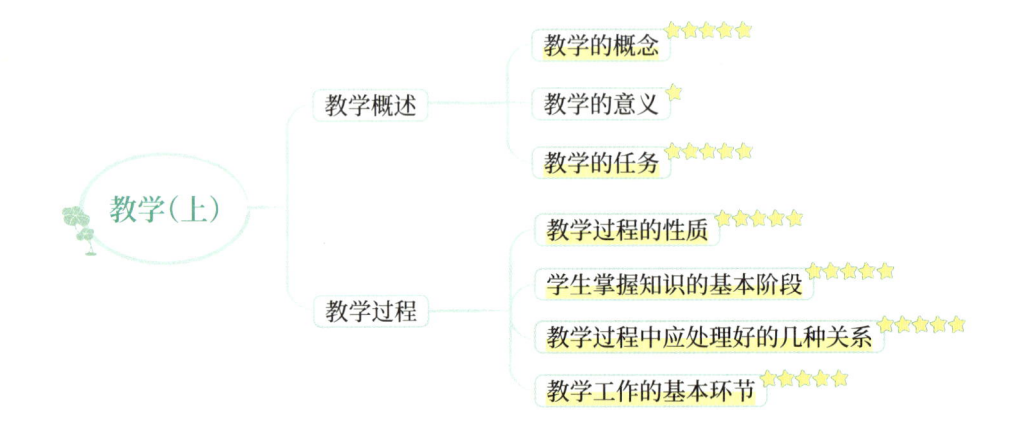

① 本章主要参考王道俊、郭文安的《教育学》（第七版）第七章。

第八章 教学（上） 111

考点解析

第一节 教学概述

考点1 教学的概念 2min搞定 （名：55+学校）

教学是教师的教和学生的学共同组成的一种双边互动的教育活动。通过教学，学生在教师有计划、有步骤的引导下，积极主动地掌握系统的科学文化知识和技能，发展智力、体力，陶冶品德，养成全面发展的个性。

考点2 教学的意义 3min搞定 （论：14 河南师大，15 福建师大，19 广东技术师大）

（1）**教学是提高教育质量和效率的重要手段**。教育史上有很多正反两方面的事例证明，学校坚持以教学为主的原则，教育质量就能提高，反之教育质量就会下降。所以，学校坚持以教学为主，为学生上好课、教好书，这一定是促进教育质量和效率提升的主要手段。

（2）**教学是促进学生身心全面发展的最有效形式**。教学绝不仅仅针对智育，教学的范围包括德育、智育、体育、美育和劳动教育，如果教学完成的任务是多样的，那么我们主要通过教学就可以培养全面发展的人。

（3）**教学是实现培养目标的基本途径，是学校的主要工作**。教学是学校教育的主要任务和工作，学校做好了教学工作，也就有利于实现培养目标。学校培养目标的实现虽然需要依靠多种教育活动，但毋庸置疑，教学活动是实现培养目标最基本、最有效和最主要的途径。

考点3 教学的任务 3min搞定 （简：20+学校；论：15 福建师大，19 广东技术师大）

（1）**引导学生掌握科学文化基础知识、基本技能和技巧**。教学的基础性任务是引导学生能动地学习、运用和掌握科学文化基础知识和基本技能。知识、技能、技巧三者相互制约、相互促进，教学要注重这三方面的结合。

（2）**发展学生的智力、体力、能力和创造才能**。发展学生的智力、体力、能力和创造才能是培养全面而自由发展的新人的要求。今天，技术革新和社会改革推动教学愈加注重实践能力和创造能力的培养。

（3）**培养学生正确的价值观、情感和态度**。学生个人的价值观、情感和态度构成他个人的灵魂与个性的核心，对人的发展起着定向、组织、调节和引导的作用，教学要注重培养学生的价值观、情感和态度。

> **凯程助记**
> 概念：有两个关键点——双边互动、全面发展。
> 意义：提质量、促全面、实现目标。
> 任务：知识与技能、能力、情感。

---
① 本节内容主要参考《教育学基础》（第3版）。

经典真题

▶▶ 名词解释

1. 教学（10 沈阳师大，10、11 山东师大，11 重庆师大、中南，11、12、21 扬州，11、13、14、20 江西师大，11、16、18、22 华南师大，12 杭州师大、哈师大、内蒙古师大、鲁东、上海师大、苏州，13 西南、南京师大、西华师大，13、15 陕西师大，14 北京航空航天、鲁东，15 聊城、贵州师大，15、18 吉林师大，16 湖南科技、四川师大，17 赣南师大、河北、南宁师大，17、19 宁夏，18 曲阜师大，19 安庆师大，19、22 河南师大，20 湖南理工学院、太原师范学院、天水师范学院、新疆师大，21 湖北、同济、合肥师范学院、佛山科学技术学院，22 集美、河南，23 温州、广东技术师大、济南）

2. 预设生成性教学目标（21 扬州）

▶▶ 辨析题

1. 教学永远具有教育性。（21、23 陕西师大）
2. 教学工作的基本环节包括课外辅导。（22 陕西师大）
3. 教学就是上课。（22 西南）

▶▶ 简答题

1. 简述教学的任务。（10 首师大、聊城，13 北师大、天津，14 河北，14、15 北京航空航天，14、23 淮北师大，15、19 内蒙古师大，16 山东师大、华中师大、渤海，17 浙江师大、集美，18 南宁师大，20 洛阳师范学院，21 湖南理工学院，23 鲁东、阜阳师大）

2. 简述教学理论和课程理论的关系。（21 首师大）

▶▶ 论述题

1. 论述教学和课程的辩证关系。（19 江苏师大）
2. 结合实际，说明教学的意义。（14 河南师大）
3. 论述教学的意义和任务。（15 福建师大，19 广东技术师大）

第二节 教学过程 （简：22 沈阳师大）

考点 1 教学过程的性质 ⭐⭐⭐⭐⭐ 10min搞定 （名：10+ 学校；简：15+ 学校；论：15+ 学校）

1. 教学过程是一种特殊的认识过程（特殊认识说）⭐⭐⭐⭐⭐ （简：10 广西师大，18 合肥师范学院，20 青岛，21 南宁师大）

教学过程是教师有目的地引导学生学习、掌握人类积累起来的科学文化知识的过程。实质上就是能动地认识世界、提高自我的过程。教学过程作为特殊的认识过程，特殊之处在于：

（1）**间接性**。教学过程主要以掌握人类长期积累起来的科学文化知识为中介，使学生间接地认识现实世界。

（2）**引导性**。教学过程中学生的认识活动需要在富有知识的教师的引导下进行，不能独立完成。

（3）**简捷性**。教学过程走的是一条认识的捷径，是一种科学文化知识的再生产过程。

---
① 本节内容主要参考王道俊、郭文安的《教育学》（第七版）。

2. 教学过程是以交往为背景和手段的活动过程（交往说） （论：21华中师大）

持这一观点的人认为教学是以交往为背景的过程，以师生交往、沟通、交流为重要手段和方法。交往说超越教师中心论和学生中心论，强调师生平等对话，倡导自由民主、相互理解和关爱的人际关系。

3. 教学过程是一个促进学生身心发展、追寻与实现价值目标的过程（价值目标说）

教学过程是教师引导学生掌握知识、进行交往、认识世界，以促进学生的身心发展，并追寻与实现价值增值目标的过程。其中，引导学生掌握知识、进行交往及认识世界是教学的基本与基础的活动；而促进学生的身心发展及其价值目标实现则是在这个认识及交往活动过程中所要完成的教学任务。

4. 教学过程是一种促进学生身心全面发展的过程（全面发展说）

持这一观点的人认为教学过程的根本目的在于培养人，促进学生德、智、体、美、劳等方面的全面发展。学生的智能和品德的发展虽是在认识的基础上进行的，但是认识过程并不能包括学生的身心全面发展，发展过程是比认识过程更为根本的过程。

5. 教学过程是一种教师教与学生学的双边活动过程，是教学相长的过程（双边活动说） （论：16西南，19南京师大）

尽管教学相长的本意并非指教与学双方的相互促进，而是仅指教这一方以教为学，但是人们将其引申为教学过程中教与学双方的互相促进、共同提高。

> **凯程提示**
>
> 关于教学过程性质的说法多种多样，以上为大家总结了最常见的五种说法，其中"特殊认识说"是我国多数学者最为认可的一种说法。

经典真题

>> 名词解释

教学过程（10首师大，11聊城、广西师大，12北京航空航天，16深圳，18上海师大，19浙江，20太原师范学院，21福建师大，23杭州师大）

>> 辨析题

1. 昆体良提出教学是双边活动。（19南京师大）
2. 教学过程就是教师教授知识的过程。（16西南）
3. 教学过程是一种特殊的认识过程。（21西华）

>> 简答题

1. 简述教学过程的性质。（11、20鲁东，12湖南师大，13山东师大、中央民族，14北京航空航天，15天津师大、苏州，17南宁师大、陕西师大，18吉林师大，20西北师大，21合肥师范学院、洛阳师范学院、长江）
2. 如何理解教学过程？（13陕西师大，22沈阳师大）
3. 为什么说教学过程是一种特殊的认识过程？（10广西师大，18合肥师范学院，20青岛，21南宁师大）

>> 论述题

1. 联系教学实践，论述教学过程的性质。（10 河南师大，11、16 江苏师大，12 扬州，13、14 渤海、湖南师大，14 曲阜师大、聊城，15 南京师大，16 浙江师大，18 天津、温州，20 四川师大、浙江海洋，21 安徽师大，23 福建师大）

2. 结合教育实践，论述教学过程是以交往为背景和手段的活动过程。（21 华中师大）

3. 只有不会教的老师，没有学不好的学生。（21 温州）

4. 论述教学过程是一种特殊的认识过程。（22 大理）

5. 结合你报考的专业，自主确定选题，谈谈如何在教学中明确教学过程的性质与特点。（23 浙江师大）

考点 2　学生掌握知识的基本阶段 ★★★★ 10min搞定

（简：10 中山、广西师大，13、14 湖南师大；论：16 南京师大，20 云南师大、天津师大，23 洛阳师范学院）

教学主要有两种模式：一种是以师生授受知识为特征的传授—接受教学；另一种是在教师引导下以学生主动探取知识为特征的问题—探究教学。

1. 传授—接受教学　（名：16 中国海洋；简：5+ 学校；论：21 湖南师大）

（1）**含义**：传授—接受教学是指教师主要通过语言传授、演示与示范使学生掌握基础知识、基本技能，并通过知识授受向他们进行思想情趣熏陶的教学，亦称接受学习。

（2）**基本阶段**：①引起学习动机；②感知教材；③理解教材；④巩固知识；⑤运用知识；⑥检查知识、技能和技巧。

（3）**注意问题**：①要根据具体情况，有创意地设计教学过程阶段。不可以千篇一律地采用"基本式"，机械死板地按照六个阶段进行教学；可以采用"变式"，根据实际情况的需要，对"基本式"进行调整。②完成预计的教学阶段任务也不可以机械死板，要根据具体情况变化，灵活机智地进行。

（4）**优点**：这种教学模式注重书本知识的传授，能够充分发挥教师的主导作用，体现学科的逻辑系统，能够较好地调动学生学习的积极性，使他们掌握系统的科学文化知识与技能。

（5）**局限**：由于以书本知识为主，容易脱离社会生活实际，使学生感到抽象死板，难以理解，容易出现注入式教学，不易体现学生的主体性和差异性，也不太利于培养学生的创造能力和独立思考能力。

2. 问题—探究教学　（简：5+ 学校）

（1）**含义**：问题—探究教学是指在教师引导下，学生主要通过积极参与对问题的分析、探索，主动发现或建构新知，并掌握其方法与程序，培养他们的科研能力、科学态度和品行的教学。简言之，它是一种引导学生通过探究获得真知与个性发展的教学，亦称探究学习、发现学习。

（2）**基本阶段**：问题—探究教学是一种极具创造性、灵活性的教学，并无固定的模式。但学生获取知识仍要经历以下基本阶段：①明确问题；②深入探究；③做出结论。

（3）**注意问题**：①要依据具体情况，创造性地运用该教学模式。如自然学科的探究注重假设与验证；社会学科的探究侧重猜想与分析；人文学科涉及人的心理和行为的探析，要靠思辨、推理、解释，不能简单地实证。所以，运用该教学模式时切忌机械死板、程序化，而要灵活机动，充分发挥教师和学生的探究性和创新性。②教师要善于将学生的好奇心引导到探究的问题和目的上来。

（4）**优点**：①问题—探究教学注重引导学生对问题的探究，强调学生的学习主体地位，注重激发学生的求知欲，调动学生的主动性和创造性；它注重让学生历经探究的艰难困苦，体验获取新知的乐趣和克服困难、获得成功的兴奋与喜悦。②不仅使学生所学的知识和能力更切实、深刻、实用、牢固，而且使他们逐步掌握了思维和研究的方法，养成了大胆怀疑、小心验证、实事求是的科学精神。

（5）局限：①探究教学的工作量大，耗时耗力，学生获取的书本知识量相对较小。②在没有高水平教师引导的情况下，学生的主动性也难以发挥，容易出现自发与盲目，迷失探究的方向，影响教学的质量。

凯程拓展

当前课程改革中的新型教学模式 ★★★

除了以上两种教学模式，再介绍几种新型教学模式，24年统考有可能涉及。

1. 发现教学模式

（1）含义：发现教学模式是指依据认知心理学学习理论，在教师的指导下，学生围绕某个问题，根据手中已有的学习资料，去慢慢地发现内容之间的联系，获得表象背后的概念与原理，一般适用于理科的学习。当教师想要培养学生像科学家一样去发现问题、分析问题和解决问题，从而受到严密的科学思维训练时，就可以使用该教学模式。

（2）举例：徐老师在物理课上问学生，"为什么鸡蛋会在水里下沉，而万吨巨轮却能够浮在海面上？"老师随后提供给学生弹簧秤、金属块、废弃的大号饮料瓶等物品，学生做出假设：此种现象可能与物体的质量、浮力以及物体侵入液体的深度有关，之后学生进行自主探究。通过实验证明，物体受到的浮力大小与物体排开液体的体积和液体的密度有关。

（3）评价。

①优点：发现教学模式有利于促进学生掌握知识结构并发展其思维能力，特别是创造性思维能力。

②局限：该模式花费时间相对较多，教师设计这样的课程较难，要求教师有较高的水平。

2. 逆向设计教学模式

（1）含义："逆向设计"理论是由美国教育学者威金斯和迈克泰格提出的，是一种先确定学习的预期结果，再明确预期结果达到的证据，最后设计教学活动以发现证据的教学设计模式。当教师认为通过问题—探究教学不易发现知识结论，同时又想要锻炼学生的逆向思维时，就可以使用该教学模式。

（2）举例：刘老师在教授《三角形的内角和》一课时，直接向学生出示结论——三角形的内角和是180度。随后进一步引导学生寻找证据来验证此结论。同学们展开激烈的讨论，最终确定可以通过量一量、折一折、剪一剪三种方法来验证该结论。在验证的过程中，师生共同评估量角器量一量的方法，可能会造成结果误差，而用折一折和剪一剪的方法更能证明结论。学生通过实际操作最终准确得出"三角形的内角和是180度"。

（3）评价。

①优点：该教学模式有利于激发学生的学习兴趣，促进学生自主建构知识，更能锻炼学生的逆向推理能力。

②局限：该教学模式对教师和学生的能力要求都比较高。将离散的知识和技能应用到课堂活动中，需要学生具备较强的思维能力。

3. 问题教学模式

（1）含义：问题教学模式是依据教材内容，设计问题，激发学生学习的兴趣，让学生在解决问题的思维活动中掌握知识、发展智力、培养分析问题和解决问题的能力，一般适用于所有学科的学习。当教师想要培养学生的问题意识、发展其思维能力时，可以使用该教学模式。

（2）举例：在历史课上，教师提出"'英国的君主立宪制度'和'法国的民主共和制度'哪一个制度更优越"的问题后，学生进行讨论，交流各自的看法。教师提供了背景资料等材料，帮助学生解决问题，达成共识。最后教师布置了相关的课堂作业，巩固本节课所学的知识。

（3）评价。

①优点：该教学模式有利于培养学生的学习兴趣，促进学生自主建构知识，更有利于培养学生的问题意识。

②**局限**：该教学模式对教师和学生的能力要求都比较高。需要学生具备较强的思维能力才能达到解决问题的水平，而且，也不利于学生获得系统的知识。

4. 项目探究教学模式 （名：23西南）

（1）**含义**：项目探究教学模式是指在教师的有效指导下，将一个相对独立的项目交由学生自己处理，信息的收集、方案的设计、项目实施及最终评价，都由学生自己负责，学生通过该项目的进行，了解并把握整个过程及每一环节的基本要求。当教师想培养学生的综合分析能力和信息整合能力，且学生有可能实现项目成果时，就可以使用该教学模式。

（2）**举例**：李老师给出一个有关"国学中的经典"的主题，并请学生自主分组，在两周的时间内，学生根据自己制订的活动计划表开展研究，各小组成员结合自己搜集到的网络资源和生活中的材料展示调查结果，并采用ppt汇报、调查报告、随堂演说、动画展示等多种方式来介绍各组的收获，最后通过自评、互评和师评总体考量探究成果。

（3）**评价**。

①**优点**：该教学模式有利于培养学生的学习兴趣，促进学生自主建构知识，更有利于促进学生的综合能力和创新能力的发展。

②**局限**：a. 项目探究教学工作量大，耗时耗力，而学生获得的书本知识量相对较少，若探究教学过多，可能影响教学任务的完成；b. 项目探究教学对教师要求较高，若无高水平教师的引导，学生的主动性就难以发挥，容易出现自发与盲目，迷失探究的方向，影响教学的质量。

5. STEM教学模式

（1）**含义**：STEM是科学（Science）、技术（Technology）、工程（Engineering）、数学（Mathematics）四门学科英文首字母的缩写。STEM教学模式的重点是加强对学生科学素养、技术素养、工程素养、数学素养四个方面的综合性的教育。

（2）**举例**：教师引导学生为班级里的植物制作一个自动灌溉模型小产品，用于假期自动对植物浇水。在整个活动中，教师要求学生会计算不同植物对水的需求量和间隔时间，要求学生利用网络了解世界上的四种灌溉系统以及科学原理，引导学生建构一个适合班级植物的灌溉模型，并要求学生合作动手把这个灌溉模型制作成一个小产品。

（3）**评价**。

①**优点**：该教学模式有利于培养学生的学习兴趣，促进学生自主建构知识，更有利于促进学生的综合能力和创新能力的发展。

②**局限**：该教学模式对教师的知识素养、教师理论和实践相联系的能力、教师教学指导的能力等要求很高。若教师的知识面不够宽广，则难以设计出STEM教学模式。教师本身的指导能力如果不强，STEM教学模式就会流于形式。

凯程助记

助记1：上述教学模式都与探究教学模式有关系，下图为这些教学模式之间的联系与区别。

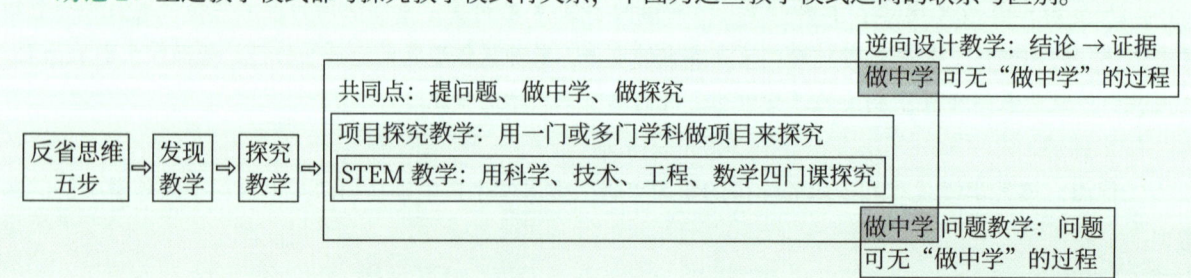

反省思维五步 → 发现教学 → 探究教学

共同点：提问题、做中学、做探究

逆向设计教学：结论 → 证据 做中学 可无"做中学"的过程

项目探究教学：用一门或多门学科做项目来探究

STEM教学：用科学、技术、工程、数学四门课探究

做中学 问题教学：问题可无"做中学"的过程

助记 2： 与探究知识相关的教学模式的适用范围

教学模式	单一学科	多学科综合
发现教学模式	√	√
项目探究教学模式	√	√
逆向设计教学模式	√	√
问题教学模式	√	√
STEM 教学模式		√

助记 3： 关于 STEM 教学模式的演变

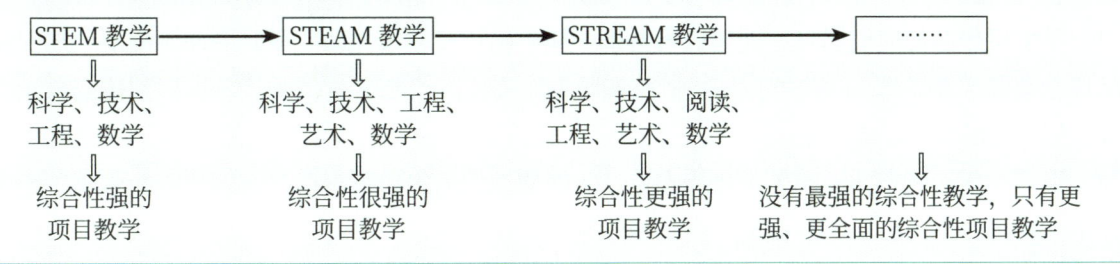

STEM 教学 → STEAM 教学 → STREAM 教学 → ……

科学、技术、工程、数学 ⇩ 综合性强的项目教学

科学、技术、工程、艺术、数学 ⇩ 综合性很强的项目教学

科学、技术、阅读、工程、艺术、数学 ⇩ 综合性更强的项目教学

⇩ 没有最强的综合性教学，只有更强、更全面的综合性项目教学

经典真题

》 名词解释
1. 问题—探究教学（16 中国海洋）
2. 教学模式（22 中央民族，23 苏州、信阳师范学院）　　　3. 项目式学习（23 西南）

》 简答题
1. 简述学生掌握知识的基本模式。（10 中山、广西师大，13、14 湖南师大，22 信阳师范学院）
2. 简述传授—接受教学。（12 中山，14 福建师大，16 上海师大，17 陕西师大）
3. 简述问题—探究教学。（14 内蒙古师大，16 中国海洋，17 华东师大、四川师大，18 宁夏）
4. 简述传授—接受教学与问题—探究教学的优点与局限。（22 聊城）
5. 简述范例教学模式。（23 西安外国语）

》 论述题
1. 论述掌握知识的基本模式。（16 南京师大，20 云南师大，22 浙江师大）
2. 论述传授—接受教学中学生的学习过程。（23 洛阳师范学院）

考点 3　教学过程中应处理好的几种关系　25min搞定　（简：20+ 学校；论：20+ 学校）

1. 间接经验与直接经验的关系　（简：10+ 学校；论：10+ 学校）

（1）学生认识的主要任务是学习间接经验。有目的地组织学生进行间接经验学习的活动就是教学。它把人类积累起来的科学文化知识加以选择，使之简约化、洁净化、系统化、心理化，组成课程，编成教材，引导学生循序渐进地学习。在教学过程中，坚持以掌握间接经验为主，

可以减少学生认识过程的盲目性，节省时间和精力，有效地避免人类历史上的偶然性和曲折性，从而大大提高认识效率，使学生尽快获得大量的科学文化知识。

(2) **学习间接经验必须以学生个人的直接经验为基础**。对学生来说，他人的认识成果是间接经验，是抽象的、不易理解的。学生要把这种知识转化为自己能理解的知识，就需要以个人以往积累的或现时获得的感性经验为基础。因此，我们应该全面关心学生除学习书本知识以外的其他生活，把知识融合在各种实践活动之中。只有间接经验联系了学生的直接经验，学生才会理解得更透彻，掌握得更牢固。

(3) **防止只重书本知识传授或直接经验积累的偏向**。在传统教学中，我们只重视书本知识，在实用主义教育观的影响下，我们又只偏向于学生的个人经验，这都是违反教学规律的实践活动，割裂了间接经验和直接经验的内在联系，影响了教学质量的提高。

2. 掌握知识与进行教育的关系（掌握知识与培养品德的关系） （简：23 浙江海洋、湖州师范学院）

(1) **学生思想品德的提高以掌握知识为基础**。赫尔巴特在教育性教学原则中深刻揭示了知识教学与思想品德之间的内在联系，学生掌握知识的终极目的是促进其思想品德的提高。所以教师应该注重掌握知识对思想品德提高的重要意义。

(2) **引导学生对所学知识产生积极的态度，才能使他们的思想得到提高**。在实际教学中，绝不是学习了知识，就能促进思想品德的提高。只有使学生深刻理解知识，引起学生思想情感深处的共鸣，并使其在态度和价值追求上产生积极的变化，学生的思想才能转变为高尚的思想品德，所有说教教育和灌输品德都是无效的教学。

(3) **学生思想的提高又推动他们积极地学习知识**。当一个学生的思想品德不断提高时，就会越来越意识到掌握知识的重要性，学生就会有更强的主观能动性促进自身积极地吸收和掌握知识。

(4) **防止单纯传授知识、忽视思想教育，或脱离知识传授而另搞一套思想教育的偏向**。以教材为例，专家在编写教材时应该注意科学性与思想性的统一。教师教学也不能只顾着传授知识，忽视挖掘教材中的思想性。当然，教师也不应该只顾着传授道德，而忽视系统知识的学习。目前，我国主要的问题是教师普遍重知轻德，为了应试教学无暇顾及培养学生的思想品德，这是不可取的。

3. 掌握知识与发展智力（发展能力）的关系 （简：15+ 学校；论：15+ 学校）

(1) **掌握知识与发展智力互为基础、互为条件，相互依存、相互促进**。一方面，掌握知识是发展智力的基础。人们常说的"无知必无能"是有一定的道理的。让学生活学活用知识，善于反思，总结宝贵的经验是发展智力的基础。没有知识，根本无法提升学生的智力，甚至无法获得创造力。另一方面，知识的掌握又依赖于学生智力的发展。只有智力发展好的学生，他们的接受能力才强，学习效率才高；而智力发展较差的学生在学习中困难也较多。

(2) **生动活泼地理解和创造性地应用知识才能使其有效地发展智力**。教学中要促成掌握知识与发展智力相互转化的内在机制。知识不等于智力，学生掌握知识的多少并不完全代表其智力发展的高低。若是"填鸭式"教学，即使学生头脑中被填满了一大堆知识，也不可能增进思考力，反而会使他们变得呆头呆脑。所以，在教学中，教师引导学生生动活泼地应用知识，才能透彻地理解知识、独立思考知识，创造性地解决实际问题，这样才能使学生的智力获得较高水平的发展。

(3) **防止重知轻能或轻知重能的倾向**。教学过程中既要重视知识的传授，又要重视智力的发展，并将二者辩证地统一于教学活动中。今天，教学中也有类似情况，有的认为"双基"教学抓好了，学生的智力就自然地发展了，却忽视引导学生自主探究、反思；有的则只注重学生主动探究、反思，却忽视学习系统知识，这两者都不利于提高教学质量。因此，教师要探索二者相互转化的过程与条件，在引导学生掌握知识的同时，有效地发展他们的智力和能力。

4. 智力活动与非智力活动的关系 （名：21海南师大，22中国海洋，23天津外国语；简：5+学校）

智力活动主要指感知、记忆、思维、想象等认知心理因素的活动。非智力活动主要指兴趣、动机、需要、情感、意志和性格等个性心理因素的活动。二者是密切联系的。

（1）智力活动和非智力活动相互依存，相互作用。智力活动是非智力活动的基础，非智力活动依赖于智力活动，并积极作用于智力活动。学生的兴趣、动机等非智力因素是在认识事物、掌握知识的过程中产生和发展的，离开掌握知识的智力活动，非智力活动就很难发展。反之，学生是有主观能动性的人，学习动机的强弱、意志品质的持久等非智力因素，直接影响学生的学习效果。从某种意义上说，智力水平大致相同的学生，在知识和能力上存在差异的原因就在于非智力因素的不同。

（2）按教学需要调节学生的非智力活动，才能有效地进行智力活动，完成教学任务。在教学中，一方面要通过改进教学本身，使教学内容和过程富有趣味性、启发性、知识性，适合学生的年龄特征，以便引起、保持学生的求知欲和学习兴趣，养成良好的非智力因素品质。另一方面，要提高学生的自我教育能力，使其能自觉地按教学要求调节自己的非智力活动，积极地进行智力活动，以提高学习效率。

（3）防止忽视智力活动或非智力活动的偏向。在教学中，教师通过富有知识性、趣味性的教学，激发学生的非智力活动和调动学生的智力活动，二者缺一不可。如果教师只注重智力活动，没有激发求知欲等非智力活动，其实也就阻碍了智力活动的充分发挥。如果教师只注重非智力活动，教学内容空洞，学生的智力活动感知不到知识的有效性，非智力活动也就随之兴趣大减。可见，好的教学，一定要通过充实有趣的教育内容和教育活动方式将智力活动和非智力活动结合在一起。

5. 教师主导作用与学生主动性的关系 （简：5+学校；论：15+学校）

（1）发挥教师的主导作用是保证学生主动性的必要条件。教师主导作用是针对能否引起学生积极学习而言的。①教师要以身作则，要有高的威望和亲和力，学生愿意听他的话。②在教学上，教师要善于启发诱导，以便使学生积极而高效地掌握知识，提高自身的才能与修养。因而，学生的主动性、反思性、创造性发挥得怎么样，学习的效果怎么样，是衡量教师主导作用发挥得好坏的根本标志。应当指出，教学中一切不民主的强迫灌输和独断专横做法都有悖于教师的主导作用。

（2）调动学生学习的主动性是教师有效教学的重要保障。学生是有能动性的人，他们不只是教学的对象，也是学习主体和发展主体。要调动学生的主动性，仅仅解决教师和学生之间的认知关系是不够的，还要解决师生之间的人际关系，即要求教师尊重学生，民主平等地对待学生，不以学生的成绩优劣和家庭贫富而区别对待。需要指出的是，尊重学生的主动性并非放纵学生，听任其盲目自发地发展，并非放弃教师的职责与主导作用，恰好相反，这正是提高了对教师教导的要求，加重了教师教学的责任感和工作量。

（3）防止忽视学生主动性和忽视教师主导作用的偏向。以赫尔巴特为代表的"传统教育"和以杜威为代表的"现代教育"是这两种偏向的典型表征。以教师为主导，以学生为主体可谓是教学中师生关系的规律性联系，是各种各样的师生关系理论的抽象概括，任何强调一方而忽视另一方的做法都是不合适的，应予以纠正。

> **凯程提示**
> 此部分内容容易以辨析题的形式考查，也可能和案例分析相结合以论述题的形式考查。考生不妨结合案例学习这部分知识，这样有利于灵活作答主观题。

经典真题

▶▶ 名词解释　非智力因素（21 海南师大，22 中国海洋，23 天津外国语）

▶▶ 简答题

1. 简述教学过程中应处理好的几对关系。（11 东北师大，11、19 沈阳师大，11、21、天津师大，12 哈师大，13、18 江西师大，17 青岛、曲阜师大，18 海南师大，19 安庆师大、北华、青海师大，19、22 安徽师大，20 江西科技师大、吉林师大，21 闽南师大、黄冈师范学院，22 西北师大、齐齐哈尔、湖南科技，23 湖北）

2. 简述直接经验和间接经验的关系。（10、13 青岛，11、23 西北师大，13 扬州，14 湖北、江苏师大，18 山东师大，19 辽宁师大，21 北京理工，22 闽南师大，23 苏州科技、华中师大）

3. 简述掌握知识和发展智力的关系。（12 广西师大、安徽师大，13、15、19 东北师大，14 天津师大，15 上海师大，17 山西，18 南宁师大、齐齐哈尔，19 青岛、山东师大，20 湖南，21 云南师大）

4. 简述教师主导作用与学生主体作用的关系。（10 江西师大，16 山西师大，17 上海师大，18 陕西师大，18、20 广东技术师大，19 湖南，20 华南师大、华东师大，21 南宁师大）

5. 简述教学过程中智力活动和非智力活动的关系。（13、16 广西师大，18 中国海洋）

6. 简述掌握知识和思想教育的关系。（23 浙江海洋）

7. 简述学校教育重视学生学习和掌握知识的根本原因。（23 湖州师范学院）

▶▶ 论述题

1. 论述教学过程中应处理好的几对关系。（10、12 西南，10、12、13、16 四川师大，10、13 湖北，10、21 山西师大，11 渤海，12 湖南，13 中南、苏州，14 宁波，15 温州、中国海洋，16 扬州、华南师大，17 东北师大，18 郑州、淮北师大，18、20 集美、太原师范学院、南京师大，18、20、22 海南师大，21 天津师大、湖南科技、重庆三峡学院，22 浙江海洋，23 华中师大、陕西师大、广西师大、大理）

2. 论述教学过程中直接经验和间接经验的关系。（10 江苏师大，12、13 浙江，13 浙江师大，14 山东师大、华中师大，15、19、21 扬州，18 聊城，19 四川师大，20 湖南师大、湖南理工学院，21 齐齐哈尔、江西科技师大）

3. 论述掌握知识和发展智力的关系。（10、11 聊城，11 广西师大、杭州师大，12 云南师大、闽南师大，14 辽宁师大，14、22 山西师大，15 山东师大、沈阳师大、华中师大，16 河北、西南，18 鲁东，18、22 齐齐哈尔、天津师大、内蒙古师大）

4. 论述教学过程中智力活动与非智力活动的关系。（10 闽南师大，16 安徽师大、北师大、天津，21 沈阳）

5. 举例说明教学过程中，获得知识和发展能力是如何协调统一的。（15 沈阳师大，17 河南）

6. 论述教师主导和学生主动性（主体性）的关系。（10 扬州，11 河南，14 西南、湖南，16 西北师大、河北，16、23 山东师大，17 郑州、陕西师大，18 青海师大，19 汕头、山西师大、内蒙古师大，20 洛阳师范学院，21 华东师大、赣南师大、大理、宝鸡文理学院，23 天水师范学院）

7. 如何理解学生必须要以直接经验为基础学习间接经验？并谈谈教学启示。（21 扬州）

8. 结合实际，论述教学过程中如何处理直接经验和间接经验的关系。（23 河南师大）

9. 论述教师发挥主导作用的条件。（23 河北师大）

考点 4　教学工作的基本环节　★★★★ 10min搞定　（简：20+ 学校；论：5+ 学校）

从教师授课方面分析，备课、上课、课后的教导工作和教学评价构成教学工作的基本环节。

1. 备课 （名：23 沈阳师大；简：23 青岛）

备课是上好课的先决条件。教师要备好课，就必须做好以下工作：

(1) 认真钻研教材；(2) 深入了解学生；(3) 合理选择教法，设计教学。

2. 上课

上课是教学工作的中心环节，提高教学质量的关键是上好课。教师上好课的基本要求：

(1) 明确教学目的；(2) 保证教学的科学性与思想性；(3) 调动学生的学习积极性；(4) 注重解惑纠错，解决学生的疑难；(5) 组织好教学活动，教学效果要好；(6) 布置好课外作业。

总之，一节好课的标准是目的明确、内容正确、积极性高、方法恰当、组织有效、作业合理。

3. 课后的教导工作

(1) **做好学生的思想教育工作**。对性格、学习成绩等方面存在差异的学生，教师要有针对性地做好思想教育工作，避免学生产生抵触心理。

(2) **做好学生的学习辅导工作**。教师应充分了解学生的身心状态和学习水平，指导学生健康发展，帮助学生查漏补缺、答疑解难，巩固所学知识，取得良好的学习效果。

课外辅导中应注意：应深入了解学生，因材施教；指导学生独立思考、钻研；发挥集体优势，组织学生开展互帮互学活动。

4. 教学评价

(1) **教学评价**可通过书面考试（开卷与闭卷）、口试、实验操作考试等多种形式来实施。考试是对学生学业水平的检测，主要用于评定学生的学业成绩。

(2) **基本要求：**①按时检查；②认真批改；③仔细评定；④及时反馈；⑤重点辅导。

凯程助记

教学过程	
性质	①特殊认识说；②交往说；③价值目标说；④全面发展说；⑤双边活动说
阶段	①传授—接受教学；②问题—探究教学
关系	①间接经验与直接经验；②知识与品德；③知识与能力；④智力活动与非智力活动；⑤教师与学生
环节	备课、上课、课后的教导工作、教学评价

经典真题

▶▶ 名词解释

1. 教学设计（12 广西师大，16、21 首师大，17 重庆师大、聊城，18 宁夏，20 山西师大，21 杭州师大）
2. 备课（23 沈阳师大）
3. 课堂教学设计（23 山西）

>> **简答题**

1. 简述教学工作的基本环节。/如何上好一堂课？（10、11、12华中师大，11闽南师大，11、17哈师大，13广西师大、沈阳师大、13、14西华师大、14吉林、15东北师大、15、17华南师大、16天津师大、集美、17赣南师大、17、18西安外国语、18湖南、江苏师大、广东技术师大、宁夏、20华东师大、合肥师范学院、天水师范学院、21南宁师大、大理、石河子、21、23青岛、23信阳师范学院）

2. 简述教学设计的过程。（22宁波）

3. 如何增强课堂教学吸引力？（23温州）

>> **论述题**

1. 试论述如何上好一节课。（20河南师大，21沈阳师大）

2. 论述教学工作的基本环节。（11中南，12延安，17华南师大，20洛阳师范学院、浙江师大、重庆三峡学院、河南师大、沈阳师大）

3. 试述教学审美化设计的内容。（21哈师大）

4. 结合实际，论述教学设计的基本内容。（22新疆师大）

5. 备课是教学的基本环节，有人说备课是只备教材、备教案，是提高教学质量的保障。请运用教育学原理对此观点进行评析。（22江西师大）

6. 论述新课程理念指导下有效教学设计应如何体现新思维。（22南京师大）

7. 结合实际论述教学设计的依据。（23重庆师大）

8. 论述教学内容设计。（23河南）

第九章 教学（下）

考情分析

第三节 教学组织形式

考点1 教学组织形式概述

考点2 教学的基本组织形式和辅助组织形式

第四节 教学原则和教学方法

考点1 教学原则和教学方法及其相关概念的概述

考点2 中小学常见的教学原则

考点3 中小学常用的教学方法

第五节 教学评价

考点1 教学评价概述

考点2 教学评价的原则和方法

考点3 学生学业成绩的评价

考点4 教师教学工作的评价

考点5 教学评价的改革

333考频

知识框架

教学（下）
- 教学组织形式
  - 教学组织形式概述
    - 教学组织形式的含义 ☆☆☆☆☆
    - 常见的几种教学组织形式 ☆☆☆☆
      - 个别教学制 ☆
      - 班级授课制 ☆☆☆☆☆
      - 分组教学制 ☆☆
      - 小组合作学习 ☆☆☆
      - 分层教学法
      - 走班制
      - 慕课
      - 翻转课堂 ☆
      - 泛在学习
      - 混合教学 ☆☆☆
      - 小队教学 ☆
  - 教学的基本组织形式和辅助组织形式 ☆

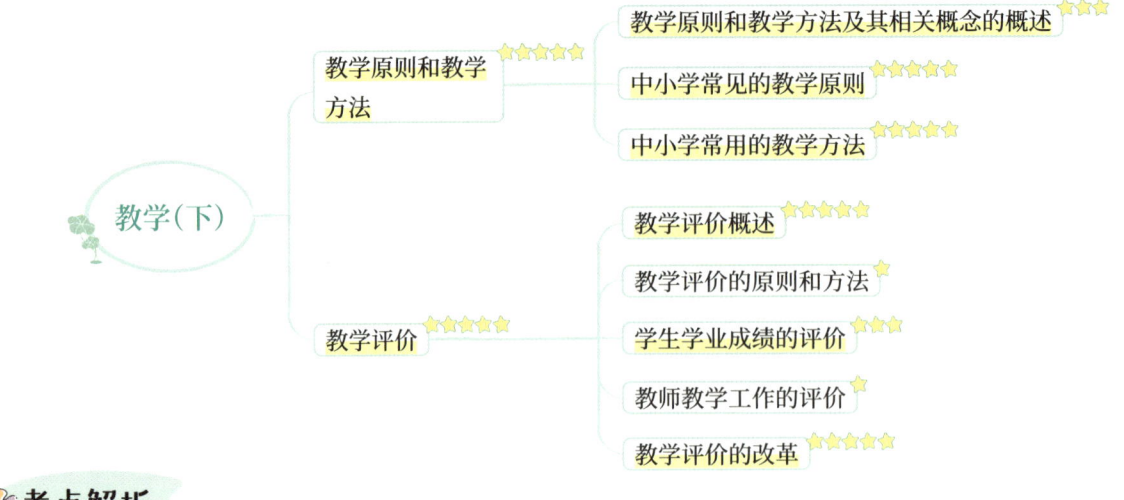

第三节 教学组织形式

考点1 教学组织形式概述 40min搞定

1. 教学组织形式的含义 （名：10+ 学校；简：5+ 学校）

教学组织形式是指为完成特定的教学任务，教师和学生按一定要求组合起来进行活动的结构。

2. 常见的几种教学组织形式 （简：5+ 学校；论：20 东北师大、天津外国语，23 曲阜师大）

（1）个别教学制。

①含义：个别教学制是教师面对个别或少数学生进行教学的一种教学组织形式。在个别教学中，每位学生所学的内容和进度可以有所不同，教师对每位学生教的方法和要求也有所区别，所以每位学生学习的成效各不一样，甚至差距极大。

②优点：教师能够根据每位学生的特点，包括天赋、接受能力和努力程度，因材施教，加强教学的针对性，比较充分地发展每个学生的潜能、特长和个性。

③局限：采用个别教学制使得学校的办学规模难以扩大，办学速度慢、效率低。

（2）班级授课制。（名：60+ 学校；辨：23 西南；简：20+ 学校；论：15+ 学校）

①班级授课制的内涵：班级授课制是一种集体教学形式，它把一定数量的学生依据年龄并按照掌握知识与能力发展的程度编成固定的班级，根据周课表和作息时间表安排教师有计划地向全班学生集体上课。班级授课制是最基本的教学组织形式。

②班级授课制的发展。

第一，班级授课制在西方的发展。

a. 古罗马时期，昆体良首次提出了分班教学的思想，这是班级授课制思想的萌芽。

b. 宗教改革时期，新教教育中出现了班级授课制的实践活动，构建了班级授课制的雏形。

c. 17世纪，以夸美纽斯为代表的教育家从理论上对班级授课制加以总结和论证，使它基本确立了下来。

---
① 本节内容主要参考王道俊、郭文安的《教育学》（第七版）。此处的"第三节"承接上一章第二节的内容。

d. 19 世纪，以赫尔巴特为代表的教育家提出了教学过程的形式阶段理论，给夸美纽斯的理论以重要的补充。

e. 20 世纪，苏联的教学理论家提出了课的类型和结构的概念，使班级授课制这个组织形式形成一个体系。

第二，班级授课制在我国的发展。

鸦片战争后，清末开办的京师同文馆率先采用班级授课制；1903 年的"癸卯学制"以法令的形式将班级授课制确定下来，并在全国范围内推广。

③**主要特征。**

a. **教师固定**。学校按照教师的专长和工作能力分配教学任务。

b. **学生固定**。同一个班的学生年龄和学习程度大致相同，并且人数固定。

c. **内容固定**。全班学生的学习内容与进度一致，采用多科并进、交错授课的方法。

d. **场所固定**。各班教室相对固定，连学生座位也是相对固定的。

e. **时间固定**。规定每一课在固定的单位时间内进行，这一单位时间称为"课时"。

④**评价。**

a. **积极方面：**有利于促进教育普及和提高教学效率；形成严格的制度保证教学制度化、规范化，有利于提高教学质量，使学生获得系统的科学知识；充分发挥教师的主导作用；有利于促进学生的社会化和个性化。

b. **不足之处：**难以照顾学生的个别差异与个性发展；学生的主体地位或独立性受到一定的限制；实践性不强，容易脱离实际；学生主要接受现成的知识结果，其探索性、创造性不易发挥；无意识地出现教育不平等现象。

⑤**班级授课制的改革趋势。** （论：5+ 学校）

a. **内部改革：**缩小班级；增加教师的数量；缩短教学时间；改变座位摆放方式。

b. **外部改革：**开发其他教学组织形式，如个别辅导与个别化教学、分组教学、分层教学、小组合作学习、走班制、泛在学习、慕课、翻转课堂等。

> **凯程提示**
>
> 班级授课制有一种特殊形式，那就是复式教学，考生需要简单了解。复式教学是把两个或两个以上年级的学生编在一个教室里，由一位教师在同一课时内分别对不同年级的学生进行教学的组织形式。主要特点是直接教学和学生自学或做作业交替进行。 （名：23 湖南）

(3) **分组教学制。**★★★ （名：5+ 学校；论：19 山东师大、天津）

分组教学制是指按学生的能力或学习成绩把他们分为不同的组分别进行教学的一种教学组织形式。它是 19 世纪末西方现代教育派针对班级教学不能适应学生个别差异而提出的，后由于认为这种做法会使"低能儿童"受到歧视而产生不利于学习的情绪，又会助长"高能儿童"的骄傲习气并造成社会分裂，曾一度转入低潮。1957 年以后，随着国际科技竞争对培养尖端人才的需要，分组教学制又再度受到重视。

分组教学制常见的分组类型有：

①**能力分组和作业分组。**

a. 能力分组是根据学生的能力发展水平来分组教学，各组课程相同，学习年限则各不相同。

b. 作业分组是根据学生的特点和意愿来分组教学，各组学习年限相同，课程则各有不同。

②内部分组和外部分组。

a. 内部分组是指在传统的按年龄编班的前提下，按学生的能力或学习成绩发展变化情况来分组教学。

b. 外部分组是指打破传统的按年龄编班的做法，而按学生的能力或学习成绩的差别来分组教学。

分组教学制的评价： 分组教学制最显著的优点在于它比班级授课制更切合学生个人的水平和特点，便于因材施教，有利于人才的培养，便于学生的交流与合作；但很难科学地鉴别学生的能力和水平，有时往往使快班学生容易骄傲，使普通班、慢班学生的学习积极性普遍降低。

（4）小组合作学习（补充知识点）。★★★

小组合作学习是指在班级授课制背景下产生的一种教学方式，即在承认以课堂教学为基本教学组织形式的前提下，教师以学生学习小组为重要的教学组织形式，通过指导小组成员展开合作，形成"组内成员合作，组间成员竞争"的学习模式，发挥群体的积极功能，提高个体的学习动力和能力，达到完成特定的教学任务的目的。它强调学生要有合作意识和个人责任感。

（5）分层教学法（补充知识点）。★

分层教学法是指教师根据学生现有的知识、能力和潜力把学生科学地分成水平相近的群组并进行有区别的教学，这些群组在教师恰当的分层策略和相互作用中得到最好的发展和提高。分层教学又称能力分组，它是将学生按照智力测验分数和学业成绩分成不同的群组，教师根据不同群组的实际水平进行教学。分层教学的实质是尊重学生的个别差异，使学生个性特长得到充分发挥。

（6）走班制。★（名：20 华东师大，22 曲阜师大，23 杭州师大）

走班制又称"跑班制"，是指学科教室和教师固定，学生根据自己的能力水平和兴趣愿望选择适合自身发展的班级上课，不同的班级，其教学内容和程度要求不同，作业和考试的难度也不同。在这种教学组织形式中，每个学生都有一张自己的课程表，但没有固定的教室，可以同时在几个不同年级学习不同的课程。它以学生的个别差异为出发点，让学生的各个方面都得到充分的发展。

（7）慕课（补充知识点）。★

慕课（MOOC）是近年涌现出来的一种在线课程开发模式，它发源于过去的那种发布资源、学习管理系统，以及将学习管理系统与更多的开放网络资源综合起来的旧的课程开发模式。简言之，慕课是大规模的网络开放课程，是为了增强知识传播而由具有分享和协作精神的个人或组织发布的、散布于互联网上的开放课程，是"互联网＋教育"的产物。

（8）翻转课堂（补充知识点）。★

翻转课堂（Flipped Classroom）是指学生在家中或课外观看教师的视频讲解，自主学习，教师不再占用课堂的时间来讲授信息，在课堂上，师生有更多时间面对面互动交流、答疑解惑、合作探究、完成作业的教学组织形式。

（9）泛在学习（补充知识点）。★

泛在学习是指利用信息技术为学生提供一个可以在任何地方、随时使用手边可以取得的科技工具来进行学习活动的学习，即任何人可以在任何时间、任何地方进行学习，这是一种每时每刻的沟通、无处不在的学习。

（10）混合教学（补充知识点）。★★★

广义的混合教学是把多种教学组织形式结合起来的一种新的教学组织形式。狭义的混合教学特指"线上"＋"线下"的教学，不涉及教学理论、教学策略、教学方法、教学组织形式等其他内容。也就是说，混合教学将在线教学与传统教学各自的优势结合起来，通过两种教学组织形式的有机结合，可以把学习者的学习由浅到深地引向深度学习。

"线上"的教学不是整个教学活动的辅助或者锦上添花，而是教学的必备活动；"线下"的教学也不是传统课堂教学活动的照搬，而是基于"线上"的前期学习成果而开展的更加深入的教学活动。

（11）小队教学（补充知识点）。

小队教学又称"协同教学"，是由两个或两个以上的教师组成教学小队，在教学过程中，分工合作，充分利用各种教学资源，共同制订教学计划，开展教学活动并且进行教学评价的一种组织形式。

凯程拓展

习明纳是"seminar"一词的音译，是指在教授指导下，由高年级学生和优秀学生组成研究小组，定期集中在一起，共同探索新的知识领域。它是一种专题讨论式的教学方式。其最早由德国史学家兰克发明，如今成为德国大学的一种教学和研究制度，是德国大学改革与发展的必然。其发展是政府在经济等方面大力支持的结果。

常见的教学组织形式

教学组织形式	简介
个别教学制	适应学生个别差异，可以一对一教学，也可以一对多教学
班级授课制	集体教学，教师、学生、内容、场所、时间固定
分组教学制	同质分组，常见的有能力分组和作业分组、内部分组和外部分组
小组合作学习	异质分组，组内成员合作，组间成员竞争
分层教学法	学习水平相近的群体为一组，即分组教学中的能力分组
走班制	自由选课，走班上课
泛在学习	利用信息技术随时随地学习
慕课	大规模的网络开放课程，是"互联网＋教育"的产物
翻转课堂	课下学生依据教学视频进行自主自学，课上师生交流讨论，深化学习
混合教学	"线上"＋"线下"两种教学组织形式交互
小队教学	多个教师协同管理一个班级

凯程提示

凯程补充了当下教学前沿的教学组织形式，虽然旧大纲中没有，但是24年统考有可能涉及。

经典真题

›› 名词解释

1. 教学组织形式（10山西师大、聊城，12安徽师大，15扬州、河南师大、闽南师大，15、19中国海洋，17哈师大，21沈阳、东华理工、陕西科技，23上海师大）

2. 班级授课制（10、16 西北师大，10、16、17 杭州师大，10、20 聊城，10、22 辽宁师大，11 鲁东，11、15、16、18、21 江西师大，11、19 南京师大，12 中山、北京航空航天，12、14、16、21 西华师大，13 东北师大、重庆师大，13、15、16、19、20、23 哈师大、陕西师大，14、15、21 四川师大，15 苏州，16 华东师大，16、17 北师大，16、18 扬州，16、20 贵州师大，17 河南师大，17、21 温州，18 齐齐哈尔、江汉，18、19 淮北师大，20 华南师大、江苏、赣南师大、沈阳师大、天水师范学院、南京、云南，21 黄冈师范学院、临沂、湖南，22 信阳师范学院，23 安徽师大、新疆师大、合肥师范学院、西安外国语、青海师大）

3. 分组教学制（11、12 华中师大，16 鲁东，18 中央民族、南宁师大，20 中国海洋，22 四川师大、江西师大，23 阜阳师大）

4. 走班制（20 华东师大，22 曲阜师大，23 杭州师大、江苏师大）

5. 课堂教学（21 西南）

>> **辨析题** 班级授课制是忽视个性发展、低效的教学组织形式。（23 西南）

>> **简答题**

1. 简述教学组织形式的类型。（12 中南，14 陕西师大、北京航空航天、四川师大，15 浙江师大，16 海南师大，19 山东师大）

2. 简述班级授课制的内涵并做简要评价。/ 简述班级授课制的优缺点。（14 福建师大，16 陕西师大、东北师大，18 浙江师大、上海师大、沈阳师大，19 西安外国语，20 江西师大，21 深圳、大理，23 杭州师大）

3. 简述班级授课制及其改革。（10 江苏师大、南京师大，14 重庆师大、延安、福建师大，16 东北师大、深圳，17 河北，18 上海师大、沈阳师大，19 宁夏，20 内蒙古师大）

4. 探究教学是什么？有哪几个阶段？每个阶段教师和学生的行为是怎样的？（23 中国海洋）

5. 简述问题教学法的内涵及基本要求。（23 沈阳师大）

>> **论述题**

1. 试论述个别教学制、班级授课制、分组教学制的优缺点。（19 天津，19、22 山东师大，22 内蒙古师大）

2. 针对班级授课制的优缺点探讨教学组织形式的改革方向。（10 青岛，11 华东师大，16 聊城）

3. 论述教学组织形式的现代改革。（11 华东师大，14、15 四川师大，17 中国海洋、同济、江西师大、贵州师大）

4. 论述班级授课制。（10 北师大，11 华东师大，12 聊城，13 曲阜师大、河南师大，14 重庆师大，16 哈师大、西南，19 福建师大、天津，21 陕西科技）

5. 如何看待班级授课制？（13 天津师大）

6. 论述班级授课制的时代局限性和变革趋势。（14、15 四川师大，19 山东师大，20 北师大、天津外国语）

7. 论述中小学的主要教学组织形式。（20 东北师大）

8. 结合实际，论述不同教学组织形式的特点。（20 天津外国语）

9. 就停课不停学的线上教学进行论述。（21 贵州师大）

10. 论述五种在历史上有影响的教育组织形式和线上教学的优缺点。（23 曲阜师大、苏州）

11. 根据班级授课制的局限性，谈谈如何更好地选择教学组织形式。（23 沈阳）

考点 2　教学的基本组织形式和辅助组织形式 5min搞定

1. 教学的基本组织形式
教学的基本组织形式就是班级授课制，内容同上述的"班级授课制"部分。

2. 教学的辅助组织形式
现代教学，除了班级授课制以外，还要采用多种辅助的教学组织形式，以巩固、加深和补充课堂教学的知识，弥补班级授课制在照顾学生个别差异、进行因材施教方面的不足。这些教学的辅助组织形式各有特点，主要有作业、参观、讲座、辅导等。

（1）**作业：** 又称课外作业或家庭作业，指学生在课外或家中独立完成教师布置的，为理解、掌握知识和技能而进行的学习或练习任务。它是教学重要的、不可或缺的辅助形式。

（2）**参观：** 指根据一定的教学目的组织学生到一定的现场，通过对实际事物或活动进行观察、询问，以获取知识的教学组织形式。

（3）**讲座：** 由教师或有关专家不定期地向学生讲述与学科有关的知识趣闻或新的发展，以扩大他们的科学视野的一种教辅活动。

（4）**辅导：** 根据学生的需要，由教师给予指导的一种教辅形式。它包括对学生做必要的启发、诱导、示范，解答他们的疑难，指出他们存在的问题及背后的原因，并给出纠正办法，使学生不断进步。

第四节　教学原则和教学方法[①]　（论：21陕西师大）

考点 1　教学原则和教学方法及其相关概念的概述 10min搞定　（简：21淮北师大）

1. 教学原则的含义　（名：22哈师大）
教学原则是有效进行教学必须遵循的基本要求。 它是人们在长期的教学实践中对教学经验的总结和概括，反映了学生的身心发展特点和教学过程的规律性，体现了教学目的的要求，既指导教师的"教"，也指导学生的"学"，应贯穿了教学过程的各个方面和始终。

2. 教学方法　（名：5+学校）
（1）**含义：** 教学方法是指为完成教学任务而采用的方法。它包括教师"教"的方法和学生"学"的方法，是教师引导学生探讨与掌握知识技能、获得身心发展而共同活动的方法。教学方法具有双边性和目的性。

（2）**教学方法的选择。** （论：18、19天津师大，19南京师大）

现代教学对教学方法的要求日益提高，提倡以系统的观点为指导来选择和使用教学方法和教学手段，以便优化教学，提高教学质量。教学方法选择的主要依据有以下几个方面：

①**社会的依据。** 具体表现为经济与信息发展对教学方法的要求。现代化社会的飞速发展，教学中主张对信息技术的广泛应用，主张采取促进学生自主学习的新式教学法，讨论法、探究法等新型教学方法更符合这个时代培育创新型人才的上流趋势。

②**学生的依据。** 第一，依据学生的兴趣、可接受水平、智能的发展状况、学习态度、学风与习惯等选择教学方法。第二，依据学生参与教学过程中的答问、讨论、作业、评析的积极性与水平选择教学方法。

[①] 本节内容主要参考王道俊、郭文安的《教育学》(第七版)。

③教育内部的依据。

第一，依据教学理论。如教学过程、教学原则和班级上课的特点，以及班、组活动与个人活动结合的状况，课堂教学、课外作业或课外活动结合的状况与质量。

第二，依据课题的教学目标与内容。如课题（或单元）与课时的教学目的和任务，学科的任务、内容和教学法特点。

第三，依据教师本身的条件。包括思想业务水平、实际经验与能力、个性与特长。

第四，依据师生关系与配合程度。如教师与学生双边活动的配合、互动的状况与质量。

第五，依据教学条件和时间。学校与地方可能提供的条件，包括社会条件、自然环境、物资设备等。教学的时限，包括规定的课时以及其他可利用的时间，如早自习、晚自习等。

第六，对即将使用的教学方法的预测。如对可能取得的效果的慎重预计与意外状况出现时的应对措施。

3. 教学手段

教学手段是指为完成教学任务，配合某种教学方法而采用的器具、资料与设施。它的范围很广，主要包括教学用书、教学资料、直观教具、现代化教学手段。

4. 教学模式

教学模式是指在教学实践中形成的具有一定指导性的简约理念和可照着做的标准样式。它具有为完成某一任务而活动的方法特性，也属于方法论范畴。但教学模式又不同于单一因素的某种方法，它是在一定理念指导下的多种方法的特定组合。

5. 教学策略 （名：23辽宁师大）

教学策略是指为达成教学的目的与任务，组织与调控教学活动而进行的谋划。教学策略具有目的性和个人的主观性、能动性、选择性以及调控性。

6. 教学方式

教学方式有广义与狭义之分。广义的教学方式外延很广，包括教学方法和教学形式，甚至涉及教学内容的组合与安排。狭义的教学方式通常是指构成教学方法运用的细节或形式。

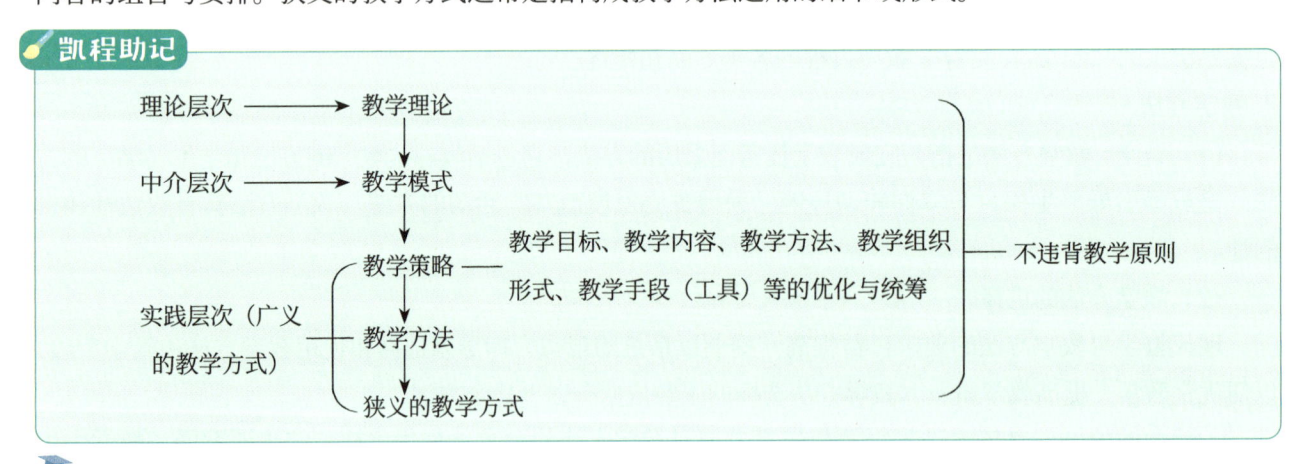

> **凯程助记**
>
> 理论层次 ——→ 教学理论
>
> 中介层次 ——→ 教学模式
>
> 实践层次（广义的教学方式） ┬ 教学策略 ── 教学目标、教学内容、教学方法、教学组织形式、教学手段（工具）等的优化与统筹 ┐
> ├ 教学方法 │ 不违背教学原则
> └ 狭义的教学方式 ┘

经典真题

» 名词解释

教学方法（13华南师大，13、19、21哈师大，14北京航空航天，15曲阜师大，17上海师大，18杭州师大，20宝鸡文理学院，21华东师大、云南，21、23沈阳，22山西师大）

>> 简答题

1. 简述教学方法的选择。（18、19 天津师大，19 南京师大，21 江西师大、西华师大）
2. 简述教学原则及其要求。（21 淮北师大）
3. 简述教学艺术的功能。（23 河南）

考点 2　中小学常见的教学原则 ★★★★ 40min搞定　（名：10+ 学校；简：20 西安外国语，20、23 陕西师大；论：10+ 学校）

1. 直观性原则 ★★★★　（名：5+ 学校；简：5+ 学校；论：16 贵州师大，17 山西，18 华中师大，20 上海师大）

（1）**含义**：直观性原则运用于教学中就是指在教学中要通过引导学生观察所学事物或教师语言的形象描述，形成对所学事物、过程的清晰表象，丰富他们的感性认识，从而使他们能够正确理解书本知识并发展认识能力。

（2）**基本要求**。

①**正确选择直观教具和现代化教学手段**。直观教具包括实物直观（如实物、标本）、模象直观（如图片、模型）和多媒体教学三类，无论选择哪种直观教具，都要注意其代表性、典型性、科学性和思想性。

②**直观要与讲解相结合**。教学中的直观不是让学生自发地看，而是要在教师的指导下有目的地观察，或配合讲解边听边看。

③**重视运用语言直观**。教师用语言做生动的讲解、形象的描述、通俗的比喻，这些都能起到直观的作用。

④**防止直观的不当和滥用**。一节课是否运用直观，以什么方式、怎样运用直观，都应当根据教学的需要来决定。也就是说，不能把直观当作目的，不能为直观而直观。一味追求直观和多媒体的使用，必然导致直观过多或直观不当。其后果不仅无助于教学，而且将影响学生抽象思维、创造性想象力的发展。

凯程助记　直观教具需讲解，语言直观不滥用。

2. 启发性原则 ★★★★　（名：10+ 学校；简：20+ 学校；论：5+ 学校）

（1）**含义**：启发性原则反映了学生的认识规律。教师要对学生进行启发，而不是告诉学生现成的答案，这样有利于调动学生的主动性，促使学生在教师的引导下积极思考，自觉地掌握科学知识，提高分析问题和解决问题的能力。

（2）**基本要求**。

①**调动学生学习的主动性**。调动学生内在的学习主动性是启发的首要问题。教师要善于运用发人深思的提问、令人心动的讲述，充分显示教学内容的吸引力，以便激起学生的求知欲和积极性，全神贯注地投入学习。

②**启发学生独立思考或者善于提问激疑，引导教学步步深入**。优秀的教师在教学中均善于提问激疑，使学生茅塞顿开，思想活跃起来。常言道"问则疑，疑则思"，一石激起十重浪，只要提问切中要害，发人深思，学生的思想一激活，课堂一下子便活跃起来。

③**注重通过解决实际问题启发学生获取知识**。组织和引导学生观察、操作、动手解决实际问题，也是启发教学的一个重要途径。接触实际问题，对学生更具诱惑力、挑战性，会使他们更积极主动地进行学习和完成任务。

④**引导学生反思学习过程**。教学要引导学生反思学习过程，了解学习过程的程序和方法，分析学习

过程中的顺利与障碍、长处与缺点，寻找形成障碍与缺点的原因，注重积淀适合于自己的良好的学习方式，从学习中学会学习。

⑤**发扬教学民主**。要创造宽松、和谐、民主、平等、坦率、活跃的课堂教学氛围，这是启发教学的重要条件。只有这样，学生的心情才会感到放松，他们的聪明才智才能充分发挥出来。

凯程助记 越主动越思考，越动手越实际，越反思越进步，越民主越质疑。

3. 系统性原则（循序渐进原则） ★★★★★ （名：14、20扬州，19天津师大，23哈师大；简：5+学校）

（1）含义：系统性原则是指教学要依据所传授的学科知识的内在逻辑结构、学生能力发展水平和掌握知识的顺序，循序渐进地进行，又称循序渐进原则。

（2）基本要求。

①**按教材的系统性进行教学**。按课程标准和教科书的逻辑体系进行教学，要求教师深入领会教材的系统性，结合学生的认识特点和本班学生情况，编写一个讲授提纲或设计一个教学双边活动过程计划，以组织、指导教学的进程。

②**抓主要矛盾，解决好重点和难点**。教学循序渐进并不意味着教学要面面俱到，平均使用力量，而是要求教师区分主次、分清难易、有详有略地教学。

③**由浅到深，由易到难，由简到繁**。这是循序渐进应遵循的一般要求，是行之有效的宝贵经验。不能一味搞突击、求速成，欲速则不达。

④**将系统连贯性与灵活多样性结合起来**。教学是一种复杂的艺术。为了使学生掌握系统而精确的学科知识，教师必须认真备课，吃透教材的重点和难点，确定教学的具体目的与任务，做好教学设计，以便系统而有效地进行教学。

凯程助记 系统教学抓重难点，三由三到循序渐进，系统连贯还很灵活。

4. 巩固性原则 （简：23安徽师大；论：21上海师大）

（1）含义：巩固性原则是指教学要引导学生在理解的基础上牢固地掌握知识和技能，长久地将知识保持在记忆中，并能根据需要迅速再现出来，有效地运用。

（2）基本要求。

①**在理解的基础上巩固**。理解知识是巩固知识的基础。要使学生牢固地掌握知识，教师在教学中首先要使学生深刻理解知识，并通过剖析、理解、重构来记忆概念、原理。

②**重视组织各种复习**。复习就是重温已经学过的知识。它可以使知识在记忆中强化、熟练，加深学生对知识的理解，提高学生的再造与创造能力。

③**在扩充、改组和运用知识中积极巩固**。复习是巩固的主要方法，但不是唯一的方法。在教学中，教师要引导学生在学习新知识的动态过程中，不断联系、运用已有知识以达到更深刻、更熟练的巩固。

④**把握巩固的度**。一是厘清哪些知识需要牢记，哪些知识了解就可以；二是区分知识的精确度，教材中主要的定义必须记准确，有些知识则允许甚至鼓励学生用自己的语言表达；三是作业量要适度。

凯程助记 在理解上巩固，在复习里巩固，在运用里巩固，别忘记巩固有度。

5. 量力性原则（发展性原则） ★★★ （名：13鲁东，15福建师大，19、23华中师大；简：10华东师大，15云南师大）

（1）含义：量力性原则是指教学的内容、方法和进度要适合学生的身心发展水平，是他们能够接受的，但又要有一定的难度，需要学生经过努力才能掌握，以促进学生的身心发展。

(2) **基本要求**。

①**了解学生的发展规律和水平，从实际出发进行教学**。第斯多惠指出："学生的发展水平是教学的出发点。"教师在教学过程中，随时要了解学生的发展规律和水平、已有的知识与能力状况。这是教学的基点与起点，也是学生知识的生长点。

②**考虑学生认识发展的时代特点**。对学生发展水平的评估要与时俱进，不能永远停留在早已过时的估计上，要考虑学生认识发展的时代特点。

凯程助记 发展规律性与时代性。

6. 思想性和科学性统一的原则 ★★★ （简：16 辽宁师大，19 湖北师大，20 北师大、西华师大；论：11 北师大、天津，23 天津师大、内蒙古师大）

(1) **含义**：思想性和科学性统一的原则是指教学要以马克思主义为指导，教授学生科学知识，并结合知识教学对学生进行社会主义品德和核心价值观教育。

(2) **基本要求**。

①**保证教学的科学性**。在教学中，教师要以马克思主义的观点和方法来分析教材，使选择和补充的教学内容都能切合时代的需要，反映学科的进步；力求传授给学生的知识、方法与过程都是科学的、准确无误的、富有教益的。

②**发掘教材的思想性，注意在教学中对学生进行思想品德教育**。人文社会学科具有鲜明的思想性，如语文、历史、政治等都是提高学生思想修养、进行人生观教育的重要教材；自然学科也蕴含着丰富的人文精神，尤其是它所运用的研究方法、经历的艰辛过程和所揭示的客观规律，均有利于养成学生实事求是的科学态度。在教学中教师要发掘教材的思想性，避免对学生空洞地说教。

③**要重视补充有价值的资料、事例或录像**。在教学中，教师要深入领悟、吃透教材，补充有价值的资料，包括生动的故事与实例、经典的格言、动人的录像，从而开启学生的心智，震撼学生的心灵，使他们获益匪浅。

④**教师要不断提高自己的专业水平和思想修养**。教学的科学性和思想性主要靠教师来保障，因而，教师要不断提高自己的专业水平和思想修养。

凯程助记 教学要有科学性，教材要有思想性，补充资料也可以，关键还要靠教师。

7. 理论联系实际原则 ★★★ （名：17 西华师大，19 广东技术师大、山西师大；简：13 云南师大，18 山东师大，21 江西科技师大，23 扬州；论：21 浙江师大）

(1) **含义**：教学要以学习基础知识为主导，从理论与实际的联系上理解知识，注意学以致用，发展动手能力，领悟知识的价值。

(2) **基本要求**。

①**书本知识的教学要注重联系实际**。教师要善于通过演示、举出具体事例、回忆生活体验，想方设法联系学生的生活实际，这样才能让他们生动活泼、主动地理解和掌握抽象、难懂的学科概念与原理。

②**重视引导学生运用知识**。第一，要重视教学中知识的应用，如解决实际问题的讨论、作业、实验等教学性实践。第二，要组织学生开展一些实际的学习活动。

③**逐步培养并使学生形成综合运用知识的能力**。在教学中坚持理论与实际相结合的原则，培养学生学以致用的能力，是学生综合运用知识的过程。

④**面向生活现实，培养学生解决实际问题的能力**。问题来源于生活。在教导学生向书本学习时，还需要把学生的目光引向现实，培养其解决实际问题的能力。

> 🖌 **凯程助记** 书本联实际，知识要运用，知识要综合，才能转化为能力。

8. 因材施教原则 ⭐⭐⭐⭐⭐ （名：5+ 学校；简：5+ 学校；论：23 哈师大）

（1）**含义**：因材施教原则是指教师要从学生的实际情况和个性特点出发，有的放矢地进行有差别的教学，使每个学生都能扬长避短、长善救失，获得最佳发展。

（2）**基本要求**。

①**针对学生的特点进行有区别的教学**。了解学生的特点是因材施教的基础。教师应了解每个学生德、智、体、美和综合实践能力等各方面的特点，包括认知、情趣、价值取向与不足之处，以便有目的地因材施教。

②**采取灵活多样的有效措施，使有才能的学生得到充分的发展**。现行的班级上课重面向全体，大家齐步走，而难于照顾学生的特点，使许多学生的特殊才能的发展受到局限。而现代科技的发展，国际竞争的加强，都要求学校注意从小培养有特殊才能的人，探索和采用一些特殊措施，以保证早出人才、快出人才。

> 🖌 **凯程助记**
>
> 教学要有针对性，教学要有灵活性。

> 💡 **凯程提示**
>
> 考生不能忽略各种教学原则的基本要求，它们固然烦琐，却都要记下来。这些基本要求往往在作答论述题时可以用到。

> 🖌 **凯程助记**
>
> 所有教学原则怎么背？
> 直观启发巩固性，系统掌握还量力，科学思想相统一，理论一定联实际，因材施教不忘记。

🎓 **经典真题**

>> **名词解释**

1. 教学原则（11 闽南师大，12 江苏师大，13 沈阳师大，13、16、19 内蒙古师大，13、22 哈师大，15 山西师大，17 广东技术师大，18 郑州，19 聊城、云南师大，20 西南，21 江苏、郑州、佛山科学技术学院）
2. 理论联系实际原则（17 西华师大，19 广东技术师大、山西师大）
3. 直观性原则（12 延安，13 东北师大，20 山东师大、四川轻化工，23 合肥师范学院）
4. 启发性原则（12、20 辽宁师大，15 江苏师大，17 沈阳师大、扬州、华中师大，18 陕西师大、聊城，19 太原师范学院、中国海洋，21 温州，23 闽南师大）
5. 发展性原则（13 鲁东，15 福建师大，19、23 华中师大）
6. 循序渐进原则（14、20 扬州，19 天津师大，23 哈师大）
7. 因材施教原则（10 东北师大，11 哈师大，12 天津师大，19 湖北师大，23 浙江）
8. 有教无类（23 天津外国语）

›› 简答题

1. 简述理论联系实际原则。（13 云南师大，18 山东师大，21 江西科技师大，23 扬州）
2. 简述直观性原则的含义及特点。（15、18 华中师大，16 西华师大，17 杭州师大，18 河北，20 山东师大、太原师范学院，23 华南师大、沈阳）
3. 简述启发性教学原则的基本要求及应用。（10、17 杭州师大，12 渤海、北师大，14 安徽师大，14、17 沈阳师大，15 青岛、鲁东，16 福建师大，17 赣南师大、华中师大，18 云南师大、中国海洋、贵州师大，18、19 西北师大，19 山东师大，20 江西科技师大，21 广西师大、江西师大，22 齐齐哈尔、长江、宝鸡文理学院）
4. 简述循序渐进教学原则的含义和要求。（14 闽南师大，15 沈阳师大，16 鲁东、南京师大，18 集美，21 安徽师大）
5. 何谓发展性教学原则？在教学中遵循发展性教学原则有哪些基本要求？（10 华东师大，15 云南师大）
6. 简述因材施教原则。（12 扬州，13 内蒙古师大，19 华东师大，20 湖南理工学院、青岛、湖州师范学院）
7. 简述教学原则。（20 西安外国语，20、23 陕西师大，23 信阳师范学院）
8. 简述科学性与思想性相统一原则。（16 辽宁师大，19 湖北师大，20 北师大、西华师大、安庆师大）
9. 简述巩固性教学原则的内涵和基本要求。（23 安徽师大）
10. 简述在教学中如何贯彻循序渐进原则。（23 河南师大）

›› 论述题

1. 教学过程中的教学原则有哪些？并说明每个原则的要求。（10、16 青岛，11 华南师大，11、14 山西师大，15 江西师大、福建师大、中国海洋，18 四川师大、东北师大、苏州，19 集美、广西师大、湖南师大）
2. 论述科学性和思想性统一的原则。（11 北师大、天津，22 四川师大，23 天津师大、集美）
3. 什么是启发性教学原则？结合自己的任教学科谈谈如何在课堂教学中贯彻启发性教学原则。（11 扬州，12、13、16 陕西师大，13 华中师大，16、18 闽南师大，19 贵州师大、湖南科技，23 青海师大、海南师大）
4. 结合教育实际，论述启发性原则的内涵及要求。（14 江西师大，16 江苏师大，19 贵州师大、湖南科技，20 华中师大、哈师大，21 齐齐哈尔）
5. 结合实际，说明直观性教学原则的含义与实施要求。（16 贵州师大，17 山西，18 华中师大，20 上海师大，21 东华理工，22 华东师大）
6. 论述因材施教原则。（13 闽南师大，19、20 湖南，21 青岛）
7. 论述巩固性原则及其要求。（21 上海师大）
8. 结合教学实际谈谈循序渐进原则及要求。（17 福建师大、闽南师大）
9. 材料：教学原则是教师教学过程中的重要原则。理论与实际相结合的教学原则是其中一大原则。（此为材料大意）
(1) 谈谈你对理论联系实际原则的理解。
(2) 请结合课程改革，谈谈如何贯彻落实理论联系实际的原则。小学二年级的数学课，在对数有基本的理解之后，需要学习"千"和"万"的运算等。（21 浙江师大）
10. 论述教学中理论联系实际原则的内涵，并结合实例分析如何贯彻此原则。（22 闽南师大）
11. 请举例说明如何在教学中贯彻因材施教原则。（23 哈师大）
12. 结合实际，谈一谈应该如何贯彻科学性与思想性统一的教育原则。（23 内蒙古师大）
13. 如何理解教学的伦理性原则？（23 北师大）
14. 论述有哪几种教育原则，并结合实际谈谈如何应用其中一种教育原则。（23 石河子）

考点3 　中小学常用的教学方法 ☆☆☆☆☆ 30min搞定　（简：5+学校；论：13、15江西师大，15中央民族，20湖北、江苏师大）

1. 讲授法 ☆☆☆☆☆　（名：10+学校；简：5+学校；论：14杭州师大，19江西师大）

（1）含义：讲授法是教师通过语言系统连贯地向学生传授知识，促进学生智能和品德发展的方法。它又可分为讲读、讲述、讲解、讲演。

（2）基本要求。

①**精炼讲授内容**。教学内容要有科学性、思想性、启发性、趣味性和系统性，使学生掌握准确的概念、原理。

②**注意讲授的策略与方式**。讲授应针对任务内容做深入具体的研究与决策。

③**注意启发性**。教师在讲授过程中要注意对学生循循善诱。

④**讲究语言艺术**。力求语言清晰、准确、简练、形象、条理清楚、通俗易懂；讲授的音量、速度要适中，注意抑扬顿挫；以姿势助说话，提高语言的感染力。

> **凯程助记**　讲授精炼有策略，启发具有艺术性。

2. 谈话法 ☆☆☆☆☆　（名：5+学校）

（1）含义：谈话法又称问答法，是教师根据学生的已有知识和经验，通过师生间的问答、对话而使学生获得知识、发展智力的教学方法。

（2）基本要求。

①**准备好谈话计划**。善于引导学生从一个问题过渡到另一个问题，以实现教学目的。

②**善于提问**。向学生提出的问题要明确，有趣味性和挑战性，能激活与深化学生的思考。

③**善于启发诱导**。让学生探究问题或矛盾所在，循循善诱，一步一步获取新知。

④**做好归纳与小结**。要纠正一些不正确的认识，帮助学生掌握正确的认识，力求简明科学。

> **凯程助记**　准备计划→提问启发→归纳总结。

3. 讨论法 ☆☆☆☆☆　（名：10青岛，14哈师大；简：12福建师大，19河北，23中央民族；论：18华东师大）

（1）含义：讨论法是学生在教师指导下为解决特定问题而进行探讨，以辨明是非、获取知识、锻炼思维和独立思考能力的方法。

（2）基本要求。

①**讨论的问题有吸引力**。能激发学生的兴趣，要有讨论、辨析的价值。

②**在讨论中善于启发诱导**。要鼓励学生独立思考，勇于发表个人见解，把大家的注意力集中到争论的焦点上，向纵深发展，使问题得到深化、解决，切忌暗示问题的结论。

③**做好讨论小结**。讨论结束前，教师要简要概括讨论情况，使学生获得正确的观点和系统的知识，并肯定学生的独立思考，允许保留个人的质疑。

> **凯程助记**　问题吸引→讨论启发→讨论小结。

4. 实验法 ☆

（1）含义：实验法是在教师指导下，学生运用一定的仪器设备进行独立的实验作业，探求事物的规律，以获得知识或验证知识，培养操作能力和科学精神的方法。实验法是自然科学教学最重要的方法。

(2) 基本要求。

①**做好实验前准备**。制订好实验计划；备好实验用品，分好实验小组；让学生做好预习。

②**明确实验的目的、要求和做法**。让学生懂得实验的原理、过程、方法和注意事项，提醒学生注意安全和爱护仪器，提高学生实验的自觉性。

③**注意实验过程中的指导**。要巡视全班实验情况，发现问题要及时向全班学生做指导，或组织经验交流，对困难较大的小组或个人要给予帮助，使每个学生都积极投入实验。

④**做好实验小结**。指出实验优缺点，分析问题产生的原因，提出改进意见，布置学生写好实验报告。

5. 实习作业法 （名：11哈师大，11、15淮北师大）

(1) **含义**：实习作业法是学生在教师指导下进行的学科实践活动，以培养学生专业操作能力的方法。

(2) 基本要求。

①**做好实习作业的准备**。教师要制订计划，确定地点，准备仪器，编好实习作业小组。

②**做好实习作业过程的动员**。使学生明确实习作业的目的、任务、注意事项，提高自觉性。

③**做好实习作业中指导**。要认真巡视，掌握全面情况，发现问题和经验，及时进行辅导与交流，以保证质量。

④**做好实习作业的总结**。由个人或小组做出全面或专题的总结，以巩固收获。

6. 演示法 （名：16哈师大；简：10安徽师大，19青岛）

(1) **含义**：演示法是教师向学生展示各种直观教具、实物，或让学生观察教师的示范实验，或让学生观看幻灯片、电影、录像等，从而使学生认识事物、获得知识或巩固知识的方法。

(2) 基本要求。

①**做好演示前的准备**。要根据教学需要，选择典型的实物、教具，放大或用色彩显示要认真观察的部分，还要考虑好演示的方法与过程。若是演示实验，教师应先试做一遍。

②**让学生明确演示的目的和要求**。让学生知道看什么、怎样看，主动投入观察与思考。

③**讲究演示的方法**。要紧密配合教学，过早拿出直观教具、演示完没有及时收好教具，都会分散学生注意力；演示过程中，要适当提问、指点，引导学生边看边思考，以获取最佳效果。

7. 练习法

(1) **含义**：练习法即学生在教师指导下运用知识反复完成一定的操作，以形成技能、技巧的方法。

(2) 基本要求。

①**提高练习的自觉性**。只有明确目的，掌握原理、要领、步骤与方法，才能提高练习的自觉性，保证练习的质量。

②**循序渐进，逐步提高**。引导学生由易到难，逐步提高其掌握原理与技能的理解力与熟练度。

③**严格要求**。无论是口头练习、书面练习或动作练习，都要求学生一丝不苟、精益求精。

8. 研究法 （名：10西北师大）

(1) **含义**：研究法是学生在教师的指导下通过独立的探索，创造性地解决问题，获取知识和发展科研能力的方法。

(2) 基本要求。

①**正确选定研究课题**。课题应当有一定难度和研究价值。

②**提供必要的条件**。包括仪器、药品、图书资料、工具以及其他必要的条件。

③**让学生独立思考与探索**。应以学生为主体，教师适当给予指导，让每个学生都受到锻炼。

④**循序渐进，因材施教**。一般要从半独立研究逐步过渡到独立研究；从单一问题的研究过渡到复杂问题的研究；从参与局部的研究过渡到较全面的研究。

9. **问题教学法** ☆

（1）**含义**：问题教学法就是教材的知识点以问题的形式呈现在学生的面前，让学生在寻求、探索解决问题的思维活动中，掌握知识、发展智力、培养技能，进而培养学生自己发现问题、解决问题的能力。

（2）**基本要求**。

①**提出疑问，启发思考**。找到好的提问方式和提问句，是问题教学的关键。

②**边读边议，讨论交流**。问题教学重在学生之间的讨论交流，互相启发，才能深化教学，体现学生的主体性。

③**解决疑难**。当学生们面对问题，想办法解决问题时，就是掌握知识的过程。

> **凯程助记** 启发→讨论→解决疑难。

10. **读书指导法（补充知识点）** ☆

（1）**含义**：读书指导法是教师指导学生通过阅读教科书、参考书以获取知识或巩固知识的方法。

（2）**基本要求**：①提出明确的目的、要求和思考题；②教给学生读书的方法；③善于在读书中发现问题与解决问题；④适当组织学生交流读书心得。

> **凯程助记** 所有教学方法怎么背？讲授谈话讨论法，实验演示实习法，练习研究问题法，还有读书指导法。

经典真题

▶▶ 名词解释

1. 讲授法（10、12、16 华中师大，13 湖南科技、中南，17 郑州、赣南师大、陕西师大，18 南宁师大、广西师大，19 山西师大）
2. 谈话法（13 西北师大，14 山西，15、22 哈师大，17 华中师大）
3. 实习作业法（11 哈师大，11、15 淮北师大）
4. 演示法（16 哈师大）   5. 讨论法（10 青岛，14 哈师大）
6. 研究法（10 西北师大）   7. 教学方法（22 山西师大）
8. 教学策略（23 辽宁师大）

▶▶ 简答题

1. 简述中小学教学方法的内涵和主要类型。（13、15 江西师大，15 北京航空航天、西北师大，15、17 中央民族，17 南宁师大，18 北师大、郑州，20 天津外国语，21 湖北师大）
2. 简述讲授法的含义及要求。（10 聊城，14 陕西师大，17 湖南）
3. 简述演示法。（10 安徽师大，19 青岛）
4. 简述讨论法。（12 福建师大，19 河北，23 中央民族）
5. 简述中小学常用的教学方法并说明选择的依据。（21 阜阳师大，23 闽南师大）

6. 怎么看教学有法，教无定法？（23 湖南）

7. 结合例子说明教师如何选择教学策略以及教学策略的影响因素。（23 山西）

>> 论述题

1. 论述在教学中如何使用讨论法。（18 华东师大）

2. 论述启发式教学和讲授法的异同。（19 江西师大）

3. 有人说："讲授法就是注入式教学，发现法就是启发式教学。"请运用教学的有关原理评析这一观点。（14 杭州师大）

4. 列举四种教学方法及其应用。（13 江西师大，15 中央民族，20 湖北）

5. 有人说："教学有法，教无定法。"谈谈你对这句话的理解。（20 江苏师大，22 湖北）

6. 举例论述谈话法的含义、具体方法、基本要求。（22 上海师大）

7. 谈谈讲授法的有效性。（17 湖南师大）

8. 依据中小学常见的教学方法，评价在线教育以及未来教育方法的发展趋势。（21 西北师大）

9. 结合实际论述讨论法的要求。（23 齐齐哈尔）

10. 论述中小学教学方法。（23 天水师范学院）

第五节 教学评价

考点 1 教学评价概述　15min搞定

1. 教学评价的概念（名：30+ 学校）

教学评价是指依据一定的客观标准，对教学活动及其结果进行测量、分析和评定的过程。它以参与教学活动的教师、学生、教学目标、内容、方法、教学设备、场地和时间等因素的优化组合的过程和结果为评价对象，是对教学活动的整体功能所做的评价。它包括教师教学评价、学生学业评价以及课程和教材评价。

2. 教学评价的意义（论：19 福建师大）

（1）**对学校来说，**可以记载和积累学生学习情况的资料，定期向家长报告他们子女的成绩，并作为学生升、留级和能否毕业的依据，同时便于发现教学问题，积累教学经验，改进教学。

（2）**对教师来说，**可以及时了解学生的学习情况，获得教学效果的反馈信息，以分析自己教学的优缺点，更好地提高教学水平。

（3）**对学生来说，**可以及时得到学习效果的反馈信息，明确自己学习中的长处与不足，从中受到激励与警示，以扬长避短。

（4）**对家长来说，**可以了解子女的学习情况及其变化，便于配合学校进行教育。

经典真题

>> 名词解释

教学评价（10 陕西师大、山西师大、江苏师大、江西师大、扬州，11、13、17、19 辽宁师大，

---

① 本节内容主要参考《教育学基础》（第 3 版）。

11、15、21 沈阳师大，12 渤海，12、14 北京航空航天，13 聊城、华东师大，13、15、22 杭州师大、14、21 中央民族，15 北师大、东北师大、天津、上海师大，16 西南，17 山东师大，18 四川师大、聊城、青海师大、河南师大、南宁师大，19 华南师大、曲阜师大、云南，20 北华，20、23 宝鸡文理学院、新疆师大、内蒙古师大，21 天津师大、中国海洋、湖北师大，23 苏州科技、天津外国语、扬州）

▶▶ 简答题

1. 简述教学评价的意义。（19 福建师大）
2. 简述学生综合素质评价的内容和方法。（21 重庆师大）

3. 教学评价的种类 ★★★★★ （简：5+ 学校；论：11 首师大、辽宁师大，20 西安外国语）

（1）根据评价在教学过程中的作用不同，可分为诊断性评价、形成性评价和终结性评价。（论：11 北师大、天津师大）

①**诊断性评价**。（名：5+ 学校）

a. 含义：诊断性评价一般是在教育、教学或学习计划实施前期开展的评价，旨在对学生现有的知识、能力、情感等发展情况做出合理的评价，为计划的有效实施提供可靠的信息资源，以获得良好的教学效果。

b. 主要方法：摸底考试、问卷调查、小组座谈、个别访谈等。

②**形成性评价**。（名：20+ 学校；简：17 华东师大）

a. 含义：形成性评价是在教学过程中为了改进和完善教学活动而进行的对学生学习过程的评价，通过及时反馈信息来调控教学过程，激励学生学习。

b. 主要方法：形成性测验、随堂测试与提问、观察、作业批改等，侧重质的评价方式。

③**终结性评价**。（名：16 苏州，22 鲁东，23 中央民族）

a. 含义：终结性评价是在一个大的学习阶段、一个学期或者一门课程结束时对学生学习结果的评价，也称总结性评价。

b. 主要方法：期中测试、期末测试等量的评价方式。

（2）根据评价所运用的方法和标准不同，可分为相对性评价和绝对性评价。

①**相对性评价**。（名：5+ 学校）

相对性评价是用常模参照性测验对学生成绩进行评定，它依据学生个人的成绩在该班学生成绩序列中或常模中所处的位置来评价和决定成绩优劣，而不考虑是否达到教学目标的要求，故相对性评价也称常模参照性评价。

②**绝对性评价**。（名：19 福建师大，23 山东师大、云南师大）

绝对性评价是用目标参照性测验对学生成绩进行评定，它依据教学目标和教材编制试题来测量学生的学业成绩，判断其是否达到了教学目标的要求，而不以评定学生之间的差别为目的，故绝对性评价也称目标参照性评价。

（3）根据评价的主体不同，可分为教师评价和学生自我评价。

①**教师评价**主要是指任课教师与班主任对学生的学习状况与成果进行的评价。

②**学生自我评价**是指在教师的引导下学生对自己做的作业、试卷及其他学习成果进行的评价。

凯程拓展

CIPP 模式

（名：17 内蒙古师大；简：20 东北师大；论：13 西南，19 中央民族）

(1) 含义：CIPP 模式是由斯塔弗尔比姆提出的，主张评价是一项系统工具，包括背景评价（Context Evaluation）、输入评价（Input Evaluation）、过程评价（Process Evaluation）和结果评价（Product Evaluation），强调课程评价不仅是对课程目标实现的状况做出判断，而且应当为课程改革服务。

(2) 具体介绍。

①**背景评价**。确定课程计划实施单位的背景；明确评价对象及其需要，明确满足需要的机会；诊断需要的基本问题；确定一般和具体的目标；判断目标是否反映了这些需要。

②**输入评价**。在背景评价的基础上，帮助决策者选择达到目标的最佳手段，其实质是对各种可供选择的课程计划的可行性和效用性进行评价。

③**过程评价**。过程评价主要有三个目标，即为决策者提供反馈信息、预测课程在实施过程中可能出现的缺点并为修订提供指引以及记录课程的实施过程。

④**结果评价**。测量、解释和评判课程计划的成绩，帮助决策者决定是否应当终止、修订或继续课程计划；评价要收集与结果有关的各种描述和判断，把它们与目标以及背景、输入和过程方面的信息联系起来，对它们的价值和优点做出解释。

(3) 评价。

①**优点**：突出了评价的发展性功能，整合了诊断性评价、形成性评价和终结性评价；提高了人们对评价的认可程度；强调评价为教育决策、改进工作服务。

②**局限**：缺乏价值判断，评价人员的作用受到限制。

凯程助记

教学评价

根据	分类	含义
根据评价在教学过程中的作用不同	诊断性评价	在教育、教学或学习计划实施前期开展的评价
	形成性评价	在教学过程中为了改进和完善教学活动而进行的对学生学习过程的评价
	终结性评价	在一个大的学习阶段、一个学期或者一门课程结束时对学生学习结果的评价
根据评价所运用的方法和标准不同	相对性评价	用常模参照性测验对学生成绩进行的评定
	绝对性评价	用目标参照性测验对学生成绩进行的评定
根据评价的主体不同	教师评价	任课教师与班主任对学生的学习状况与成果进行的评价
	学生自我评价	在教师的引导下学生对自己做的作业、试卷及其他学习成果进行的评价

经典真题

》名词解释

1. 诊断性评价（13 首师大，18 河北，19 中央民族，20 福建师大、青岛，21 阜阳师大、淮北师大、苏州，22 山东师大，23 西安外国语）

2. 终结性评价（16 苏州，22 鲁东，23 中央民族）

3. 形成性评价（11 四川师大，11、21 云南师大，13、21 华中师大，14 湖北、山西师大，15、18 中国海洋，16 福建师大、湖南科技，17 广东技术师大，17、19 鲁东，18 内蒙古师大，18、22 天津师大，19 青岛、浙江，20 太原师范学院、安徽师大，21 河南师大、山东师大、广州，22 宁波、温州、吉林师大、苏州，23 华南师大、陕西师大、江西师大）

4. 相对性评价（14 江苏师大，17 中央民族，18、20 辽宁师大，21 临沂、青岛，22 华中师大、聊城，23 河南师大、集美）

5. 绝对性评价（目标参照性评价）（19 福建师大，23 山东师大、云南师大）

6. 发展性评价（23 西南）

>> 简答题

1. 简述教学评价的种类。（11 首师大，13 福建师大，14 扬州，18 南宁师大，19 西北师大，20 闽南师大）
2. 简述形成性评价在教育中的作用。（17 华东师大）
3. 简述教学过程的基本环节以及如何处理好这些环节。根据评价在教学过程中的作用不同，教学评价可以分为哪三种评价？请分别加以解释。（23 天津外国语、浙江）
4. 简述教学评价的功能。（23 苏州科技）

>> 论述题

1. 试述诊断性评价、形成性评价、终结性评价的内涵。（11 北师大、天津师大）
2. 论述教育评价中的 CIPP 模式。（19 中央民族，20 东北师大简）
3. 什么是教学评价？教学评价有哪些类型？分析我国目前教学评价中存在的问题。（11 辽宁师大，20 西安外国语）
4. 教育部发表的《深化新时代教学评价改革方案》要求开展多元性教学评价，请以基础教育的某一单元或一节课为例，对教学评价进行设计，要求至少包含三种评价类型。（22 中国海洋）

考点 2　教学评价的原则和方法 (10min搞定) （简：5+学校）

1. 教学评价的原则 （简：5+学校；论：16 鲁东）

（1）**客观性原则**。教学评价要客观公正、科学合理，切实反映教师的教学质量和学生的学业水平，不能掺杂个人情感，不能主观臆断，这样才能使人信服。客观性是教学评价是否发挥其功能的基础，违反客观性原则就会丧失评价的意义。

（2）**发展性原则**。教学评价应着眼于学生的学习成绩的进步与能力的发展，其目的在于激励学生的积极性和创造性，而不是压抑和扭曲学生的发展。

（3）**指导性原则**。教学评价应在指出师生的长处与不足的基础上提出建设性意见，以便他们扬长避短，不断前进。

（4）**计划性原则**。教学评价应当全面规划，使每门学科都能依据制度与教学进程的要求，有计划、规范地进行教学评价，以确保其效果和质量。

2. 教学评价的方法 （简：14、15 北京航空航天，19 西北师大）

（1）**观察法**。（名：20 浙江）

①**含义**：观察法是直接认知被评价者行为的最好方法。它适用于在教学中评价那些不易量化的行为表现（如兴趣、爱好、态度、习惯与性格）和技艺性的成绩（如唱歌、绘画、体育运动和手工制成品）。

②**要求**：为了提高观察的精确度和可靠性，一方面应使观察经常化，记录一些学生的行为日志或轶事报告，使评价所依据的资料更全面；另一方面，可采用等级量表，以力求观察精确。

(2) **测验法**。

①**含义**：测验法主要以笔试方式进行，是考核、测定学生成绩的基本方法。它适用于对学生学习文化科学知识的成绩评定。但是测验法难以测定学生的智力、能力和行为技能的水平。

②**指标**：测验的质量指标有信度、效度、难度和区分度。信度指测验结果的可靠程度，如果一个测验经反复使用或以不同的方式使用，都能得到大致相同的可靠结果，那么这个测验的信度就高。效度指测验能够达到测验目的的程度，即能否测出人们想要测出的东西。难度指试题的难易程度，一般的测试要做到难度合适。区分度指测验对学生的不同水平能够区分的程度。

(3) **调查法**。（名: 15 淮北师大）

为了解学生的学习情况进行学生成绩评定而搜集资料的一种方法。如果教师对学生的成绩有疑问，则需要经过调查解决，特别是要了解学生的学习态度、方法和习惯，更需要调查。调查一般通过问卷、访谈进行。

(4) **自我评价法**。

在教学评价中，自我评价十分重要。它可以帮助学生更好地理解教学目标，正确地评价自己，从而自觉提升学习水平。自我评价的具体方法有运用标准答案、核对表，以及用录音机、录像机等进行记录、比较。

经典真题

>> 名词解释

1. 观察法（20 浙江） 2. 调查法（15 淮北师大）

>> 简答题

1. 简述教学评价的原则和方法。（11 北京航空航天，15 辽宁师大，16 中国海洋、中央民族，17 渤海、南宁师大，21 华南师大）
2. 简述教学评价的原则。（10 福建师大，11 陕西师大，12 上海师大，15 聊城，20 闽南师大，21 鲁东）
3. 简述教学评价的方法。（14、15 北京航空航天，19 西北师大）

考点3 学生学业成绩的评价 3min搞定（简: 17 安徽师大、浙江）

(1) **含义**：学生学业成绩的评价实质上就是判断学生是否达到或在何种程度上达到了教学目标的要求。

(2) **意义**：学校通过对学生学业成绩的评价，检查教学的完成情况，从中获得反馈信息，指导和调节教学过程和学习过程，从而改善并提高教学质量。

(3) **教学目标在学生学业成绩评价中的作用**。教学目标规定了通过教学应当使学生达到掌握一定知识、技能和发展一定能力、品质的要求，因而教学目标是评价学生学业成绩优劣的唯一质量标准。

(4) **学生学业成绩评价的方式**。

①**考查**。一般指对学生的学习情况和成绩进行一种经常性的、小规模的或个别的、非正规的检查和

评定，包括口头提问、检查书面作业和书面测验等形式。

②**考试**。一般是指对学生学业成绩进行阶段性的或总结性的检查和判定，包括期中考试、学期考试、毕业考试等形式。考查和考试一般均量化为分数。考试的一个主要方式是测验，除此之外，还有口试、提问、目测操作或动作等。

考点 4　教师教学工作的评价　（10min搞定）（论：5+ 学校）

1. 评教的意义　（简：15 山西师大）

教师教学工作的评价，亦称"评教"，是对教师教学质量的分析和评价。它对教学工作具有重要意义，可以使教师更清楚地了解自己教学的长处与不足，可以增进教师之间的相互了解、切磋与学习，可以使学校领导深入第一线，了解教学的情况、经验与问题。

2. 评教的要求　（简：15 山西师大）

评教除了应遵循教学评价的原则外，还须注意以下要求：（1）着重分析教师的教学质量，而不是评价其专业水平；（2）根据学生的成绩来评价教师的教学质量；（3）注意教学的系统性与完整性。

3. 教学的几种水平

（1）**记忆水平**。这是一种低水平的教学。它的主要特点是教师照本宣科、一味灌输，不会引导、启发，学生则停滞在死记硬背、机械掌握、一知半解上，不能保证教学质量。

（2）**理解水平**。它的主要特点有教师认真详细地讲解教学内容，学生通过认真听讲、思考与练习，能较好地理解和运用所学知识技能，完成教学任务。但这种水平的教学，重教而不重学，重教师主导作用而不重发挥学生主动性，重教师讲解、学生理解而不重学生独立思考与探索。

（3）**探索水平**。这是教学的较高境界。它的主要特点是教师注重引导、启发、讲解、示范，善于提出发人深思、能挑战学生智慧的问题；善于激励学生积极思考，充分发挥学生的主动性、创造性。

4. 评教的方法

（1）**分析法**。这是根据一定教学目的、原则或标准来分析和评价教师教学质量的方法。这是一种常用的评教方法，评价一节课，大多采用分析法。

（2）**记分法**。这是通过量化的分项记分来评价教师教学质量的方法。它先将教学的整体活动分为若干项目，并规定每个项目的分数和评分标准，要求评价者分项记分和得出总分，然后通过统计，计算出被评教师个人所得的分数，用分数高低来显示教学质量的优劣。

考点 5　教学评价的改革（补充知识点）★★★★（10min搞定）（论：5+ 学校）

1. 在评价功能上，从侧重评价的选拔性功能转向选拔性、发展性与激励性功能相结合

以往我国很重视鉴定质量、区别优劣、选拔淘汰，现在，我们主张教育评价应转向重视诊断、反馈、激励、改进，即强调教学评价的发展性和激励性功能，强调通过评价促进学生主动、全面、可持续发展。

2. 在评价内容上，从侧重学生的智育评价转向"五育"并举的评价

过去我国更突出对学生的智育评价，导致评价的指挥棒偏向智育，促使教育实践重智轻德，忽视了美育、体育和劳动教育。当下，我们正加强关于学生的"五育"并举的评价，让综合性的评价观引导学校教育抓"五育"，促进学生的全面发展。

3. 在评价方法上，从侧重量化评价转向量化与质性评价相结合

量化评价方法科学、客观，但不能测量许多难以量化的内容，如鉴赏力、创造力等。质性评价方法较好地弥补了量化评价方法的不足，是对量化评价方法的一种反思、批判和革新。从根本上讲，质性评价方法是为了更逼真地反映教育现实。

4. 在评价主体上，从侧重一元性评价转向多元化评价

各国在评价对象的确定上都主张评价的开放化和多元化。以往我国评价对象较为单一，只评价学生，现在我们除了评价学生，还要评价教师教学、课程设置、学生学业成绩、学校管理等，促进评价对象多元化。以往我国侧重领导对学生的评价，现在我们也主张评价主体多元化，学生可以评价课程和教师教学，教师可以互评教学以及课程，家长也可以评价学校教学与课程，展现出教育治理的新局面。

5. 在评价时间上，从侧重终结性评价转向终结性评价与过程性评价相结合的评价

我国惯用的终结性评价单纯以分数的方式区分学生的发展水平，这种评价主要发挥的是筛选功能。而过程性评价是促进学生发展的有效手段，更关心学生的学习过程，更侧重鼓励学生，给予学生信心。终结性评价与过程性评价相结合能够全方位地评价学生的发展过程与发展结果。评价不是为了揭示学生在群体中的位置，而是为了让学生展示个性、追求卓越、谋求发展。评价的实质是"创造适合于儿童的教育"。

总之，教学评价是不断发展和完善的，并且朝着综合性、多元化、发展性方向发展，是辩证多样的综合过程。

经典真题

简答题

1. 简述学生学业成绩的评价。（17 安徽师大）
2. 简述学生学业成绩评价的含义与意义。（17 浙江）
3. 简述评教的意义及要求。（15 山西师大）
4. 简述教学评价应遵循的基本原则。（23 哈师大、上海师大）

论述题

1. 论述教师教学工作的评价。（10 安徽师大）
2. 论述教学评价改革的趋势。（14 闽南师大，16、17 聊城，20 深圳，21 青岛、湖南，22 湖南师大，23 石河子、广东技术师大）
3. 举例说明教学观的变革。（19 首师大）
4. 论述移动设备进课堂的利与弊。（19 陕西师大）
5. 有学生向教师提问："我家出租房收多少钱我心里都有数，那些钱够我吃三辈子了，为什么还要上学？我只要会收房租就行了。"分析该学生的话，如果你是教师，你会如何引导该学生？（19 北师大）
6. 教学评价应该遵循哪些原则？中小学教学评价的走势是怎么样的？（16 鲁东）

第十章 德育

考情分析

第一节 德育概述
- 考点1 德育的概念
- 考点2 德育的特点
- 考点3 德育的功能
- 考点4 德育的任务
- 考点5 德育的内容

第二节 德育过程
- 考点1 德育过程的规律

第三节 德育原则与德育方法
- 考点1 德育原则
- 考点2 德育方法

第四节 德育途径
- 考点1 德育课程与直接的道德教育
- 考点2 间接的道德教育与全方位德育

第五节 立德树人是教育的根本任务
- 考点1 立德树人

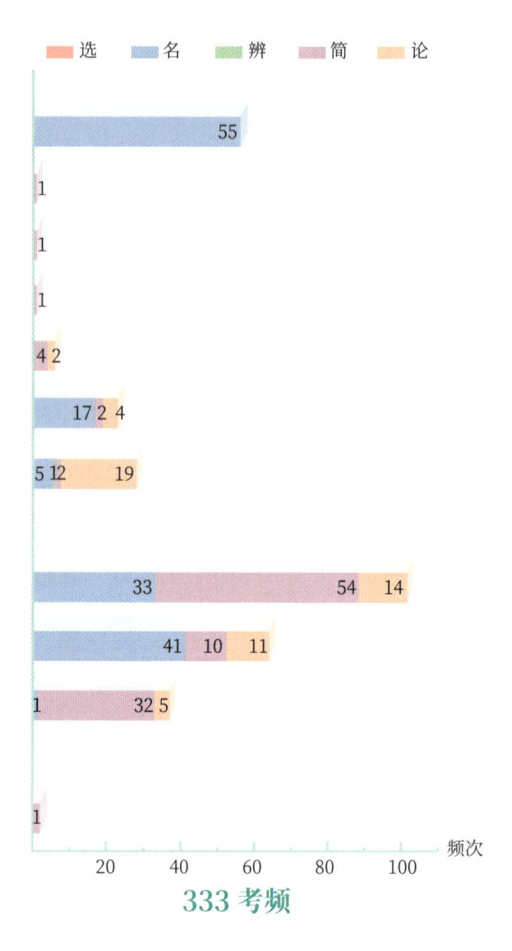

知识框架

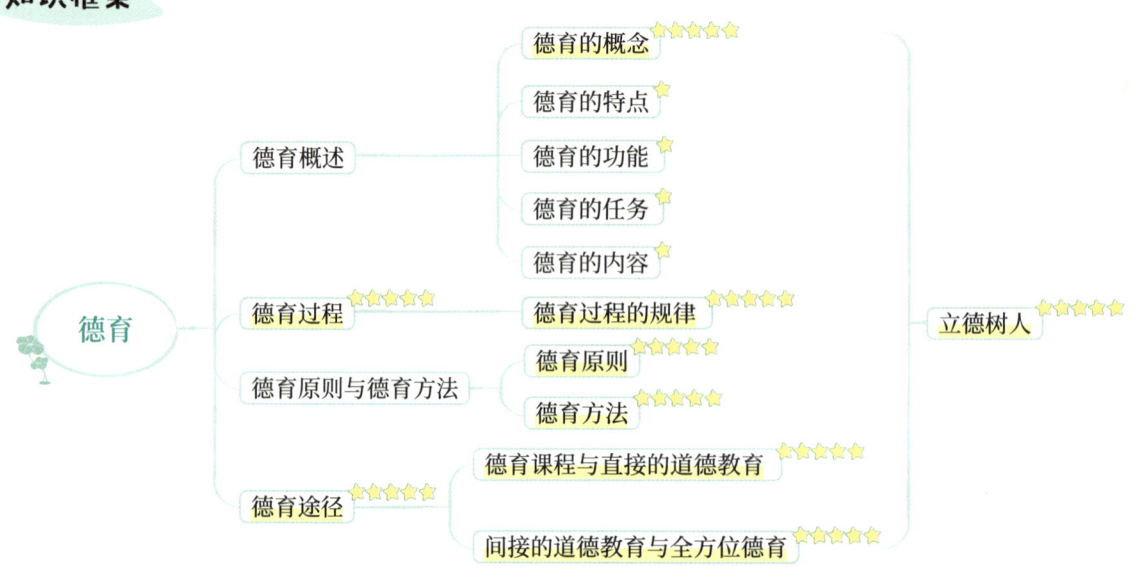

德育
- 德育概述
  - 德育的概念
  - 德育的特点
  - 德育的功能
  - 德育的任务
  - 德育的内容
- 德育过程
  - 德育过程的规律
- 德育原则与德育方法
  - 德育原则
  - 德育方法
- 德育途径
  - 德育课程与直接的道德教育
  - 间接的道德教育与全方位德育
- 立德树人

---

① 本章主要参考王道俊、郭文安的《教育学》(第七版) 第十章。

第一节 德育概述

考点1 德育的概念

德育的概念有广义和狭义之分。

(1) **广义的德育**是指教育者根据一定社会的要求和受教育者身心发展的规律，有目的、有计划、有组织地在受教育者身上培养出所期望的政治素质、思想素质、道德素质、法律素质等，以促使他们成为合格的社会成员的过程。它包括政治教育、思想教育、道德教育、法治教育和心理健康教育。

(2) **狭义的德育**专指道德教育，即教育者根据一定历史时期社会的道德要求和个体的品德心理发展规律，有目的、有计划、有组织地在受教育者身上培养所期望的道德素质，使他们具有正确的道德观念、丰富的道德情感、坚强的道德意志和较高的道德实践能力，不断提升他们道德境界的教育过程。简而言之，德育就是教师有目的地培养学生品德的活动。

> **凯程拓展**
>
> 关于德育的概念，不同版本的教材对此的解释略有不同，以下提供另一种解释[3]供大家参考学习。
> (1) **广义的德育**是有目的、有计划地对社会成员施加道德、思想与政治影响的教育活动，包括社会德育、学校德育和家庭德育等。
> (2) **狭义的德育**专指学校德育，即教育者依据一定社会或阶级的要求和德育规律，有目的、有计划、有组织对受教育者施加道德、思想与政治影响，并通过受教育者积极的感受、认识、判断、体验，以培养他们特定的政治思想意识和道德品质的教育活动。

考点2 德育的特点

(1) **德育培养人的道德**。德育旨在培养学生的道德信念和人生观，帮助学生形成良好的道德行为习惯，主要属于伦理领域。

(2) **德育追求善良与生活的意义**。德育要解决的矛盾主要不是求真，不是学生对事物的知与不知，以回答"世界是什么"的问题；而是求善、知善、行善，以回答"人应当怎样生活才有意义"的问题。

(3) **德育培育人的个性**。品德是个性素质结构的重要因素，在个性素质结构中起着价值定向的作用。

考点3 德育的功能

1. 学校德育对学生品德发展有育德功能

德育的功能，简单地说就是"育德"，即满足学生的道德成长需要，启发学生的道德觉醒，规范学生的道德实践，引导学生的道德成长，培养学生的健全人格，提升学生的人生幸福感。

---

① 细心的考生会发现此德育的概念并非来自王道俊、郭文安的《教育学》（第七版）中的描述，该书中对德育概念的描述没有广义的概念，与目前学术前沿对德育的认识相比，其内涵范围大大缩小，而且对狭义的德育描述非常细碎，不利于考生记忆，凯程建议考生使用解析的说法，这符合多数学者对德育的最新认识。
② 此说法参考冯建军的《现代教育学基础》（第四版）与柳海民的《教育学原理》（第2版）等教材。
③ 此说法参考马工程版《教育学原理》。

2. 学校德育对社会发展体现出社会功能

学校德育的社会功能正是通过所培养的学生积极参与日常生活、人际交往和社会实践，对社会发展和改革发挥出巨大作用，这种作用也就是德育对社会的文化功能、经济功能、政治功能。

3. 学校德育不仅有正功能，还有负功能

德育的负功能指由于德育方向或方法不对，阻碍了社会发展和学生发展。例如，当今社会往往诱导学生产生个人崇拜、金钱崇拜、享乐主义，把庸俗当神奇，把时尚当创新，把抄袭当创作，那么德育方向就值得怀疑了。又如，对学生强制说教、高压管束、溺爱迁就、过度呵护，那么德育方法也就值得怀疑了。为了增进德育的正能量，避免德育的负面后果，我们有必要对德育自身下一番长善救失、兴利除弊的功夫。

考点4　德育的任务 2min搞定

德育任务是指德育要实现的目标，是对德育活动结果的期望。我国德育任务有三个层次，三个层次的德育任务最早来自《中共中央关于改革和加强中小学德育工作的通知》（1988年）。其内容如下：

（1）**培养合格公民。**

（2）**培养具有正确世界观和人生观，具有较高思想觉悟的社会主义者。**

（3）**使少数优秀分子成为共产主义者。**

考点5　德育的内容 10min搞定　（简：10 首师大、青岛、聊城，22 河南）

1. 从广义的德育看德育内容

德育内容是指用什么样的道德规范和人生观、价值观、世界观等来培养学生。我国学校德育的基本内容主要包括：道德教育、思想教育、政治教育、法治教育和心理健康教育。

（1）**道德教育**。我国学校的道德教育主要是以共产主义、社会主义道德理想为基础，培养青少年学生良好的道德品质和行为习惯。

（2）**思想教育**。在我国，思想教育特指科学世界观教育，尤其是要引导青少年逐步掌握辩证唯物主义和历史唯物主义的基本观点，逐渐形成科学的世界观和人生观。

（3）**政治教育**。政治教育强调对学生政治思想、政治立场和政治观点的培养，主要是培养青少年对社会主义祖国、中国共产党及劳动人民的热爱，把他们培养成为社会主义事业的建设者和接班人。

（4）**法治教育**。我国学校法治教育主要指社会主义民主、法治与纪律教育，培养学生民主参与的意识、遵纪守法的意识、维护宪法和法律的意识等。

（5）**心理健康教育**。根据学生生理、心理发展的规律和特点，运用心理学的教育方法和手段，培养学生良好的心理素质，促进学生整体素质全面提高的教育。它包括学生心理健康维护和学生心理行为问题矫正两个方面。

2. 从狭义的德育看德育内容

我国德育内容包含基本文明习惯和行为规范教育、基础道德品质教育、爱国主义教育、集体主义教育、民主法治教育和理想信念教育等。在德育内容中，起主导作用的是社会主义核心价值观，即2012年的党的十八大提出的"倡导富强、民主、文明、和谐，倡导自由、平等、公正、法治，倡导爱国、敬业、诚信、友善，积极培育和践行社会主义核心价值观"。

3. 我国德育内容需要注意的问题

（1）学生生活与德育内容的问题。

我们不仅强调生活与道德的本质联系，而且要指出学生的实际生活也是德育的重要内容。所以，如何优化校园生活、组织学生参与社会生活，如何引导学生的道德知识学习与实际生活的互动，就成为德育生活化的重要课题。

（2）德育内容的层次问题。

①**德育内容的先进性和广泛性层次**。关于这个问题，人们的认识和选择是有分歧的，有人认为应该着力于基本道德规范和要求，在做好基本道德教育的基础上倡导追求更高层次的德育目标，即所谓确保"底线"，向往"顶线"。有人则认为，应当着力于理想道德的教育，只有抓紧抓好理想道德的教育，才能统摄和提升基本道德，即所谓拔高"顶线"，带动"底线"。对于后者的观点，在我国德育实践中是有过教训的。如果不顾及社会现状，追求"高、大、全"，往往连"底线"都保不住。

②**每个德育内容都有系列层次性**。正如学生的认知发展是从低级到高级不断发展一样，人类的道德体系也是多层次的。如果对这个问题的认识和处理不当，就会出现对小学生大谈共产主义，对大学生却谈文明礼貌的"德育错位"。

（3）德育内容的"古今中外"问题。

所谓德育内容的"古今中外"问题，是指如何对待中国传统道德，如何处理本土道德文化和外来道德文化的关系问题。

①**关于如何继承我国传统道德的问题**。我们认为，全盘抛弃和全盘复古两者都是片面的，是不切合实际的，对于传统道德中所积累的民族的、人民的、大众性的道德智慧和内容，我们应该认真学习和批判继承。

②**关于如何对待外国道德文化的问题**。我们应该理性地对待外国文化，既反对崇洋媚外，也不赞成给外国文化随意贴上意识形态的标签，一概拒斥。在现代化的道路上，我们要虚心学习，多加思考和辨别，还要创造性地运用和超越。

特别指出，对于那些经过不同国家与不同民族千百年来生活检验的、比较稳定的基本的道德观念，对于那些跨时代、跨文化的具有一定普遍意义的道德观念，比如"正义、善良、勇敢"等，我们应该吸纳和提倡。

凯程助记

德育概述

概念	广义与狭义
特点	（1）德育培养人的道德；（2）德育追求善良与生活的意义；（3）德育培育人的个性
功能	（1）育德功能；（2）社会功能；（3）正功能和负功能
任务	（1）培养合格公民；（2）培养社会主义者；（3）使少数优秀分子成为共产主义者
内容	广义的内容：道德教育、思想教育、政治教育、法治教育和心理健康教育。 狭义的内容：道德教育，尤其是社会主义核心价值观。 需注意的问题：（1）学生生活与德育内容的问题。（2）德育内容的层次问题。①先进性和广泛性层次；②系列层次性。（3）德育内容的"古今中外"问题。①继承我国传统道德；②理性对待外国道德文化

经典真题

名词解释

1. 德育（10 湖北，10、15 杭州师大，11、15、18 西北师大，11、18 西华师大，12 山东师大、鲁东、河南师大、中山、内蒙古师大，12、14、18、20 哈师大，13 渤海，13、15 江西师大，13、15、16、17、18 华南师大，14 湖南科技、吉林师大，15 上海师大，15、18 中央民族，16 山西师大、天津师大，18 聊城、南宁师大、中国海洋，19 北华、广西师大，20 宁夏、四川轻化工，20、23 石河子，21 太原师范学院、同济、合肥师范学院、佛山科学技术学院，21、23 扬州，22 湖州师范学院、闽南师大，23 哈师大、天津外国语）
2. 道德教育（13 华南师大，16 东北师大）
3. 学校德育（10、15 福建师大，15 辽宁师大，16 云南师大、中央民族，18 西北师大，21 扬州）
4. 体谅模式（23 西北师大）

简答题

1. 简述德育的途径与方法。（14 天津师大）
2. 简述德育课程内容的主要特点。（10 青岛）
3. 简述德育的功能。（13 聊城）
4. 简述德育的内容与过程。（10 首师大）
5. 简述德育的内容。（10 聊城，21 天水师范学院，22 河南）

论述题

1. 制定德育目标的主要依据是什么？我国中小学德育目标的要求主要体现在哪些方面？（15 湖南师大）
2. 试分析论证教学、教育及德育的关系。（10 陕西师大，22 北师大）
3. 试述德育的社会学习模式。（23 东北师大）

第二节 德育过程

（名：15+ 学校；简：10 首师大，19 北师大；论：16 沈阳师大、南京师大，19 浙江师大）

考点 1 德育过程的规律

15min搞定（名：12 河南；简：5+ 学校；论：10+ 学校）

1. 德育过程是学生在教师引导下的个体品德的自主建构过程

（简：15 华东师大；论：14 扬州，15 华中师大，16 河南师大）

（1）**学生对环境影响的主动吸收**。学生在积极吸收社会和教育影响的活动中，不完全是被动的教育客体，也是能动地选择、吸收环境与教育影响的主体。外界的影响，只有通过学生自己的理解、选择、吸取与践行，才能内化成他们自己的观点、立场，成为他们的品德习性。

（2）**教师对学生的积极教导**。教师的教导是使学生品德健全发展必不可少的指针和动力。教师有目的地组织、引导学生积极参与各种丰富多彩的群体活动，是德育最有效的方式。

（3）**外部活动与内部活动相互促进**。学生思想道德的形成和发展是在德育的活动中进行的，具体包含两种活动：一是学生的学习、研讨、劳动等外显的实践活动；二是学生在思想认识、情感、意志上展开的内隐心理活动。学生外显的活动是可以直接观察的，内隐的活动却不易察觉与控制。而这两种活动是相互连接、相互促进的。所以，在德育过程中，一方面，我们要组织好各种外显的实际活动，来引导和激发学生开展内隐的心理活动；另一方面，当学生内隐的心理活动一旦发动起来，又会表现出巨大的能动力量，我们要把他们的能动性引导到道德实践活动中去，进一步推动学生思想品德的发展与提升。

> **凯程提示**
>
> 目前，国际德育的主流之所以反对强制灌输、粗暴规训，其根本原因就在于这样的德育模式与学生是品德建构主体的理念相悖。其实，这一模式对学生的思想道德培养至多只有短期效果，不能真正形成和提高他们的品德。

2. 德育过程是培养学生知、情、意、行整体和谐发展的过程（简：13安徽师大，23江苏师大；辨：23陕西师大；论：15+学校）

学生的品德包含知、情、意、行四个要素，所以德育过程也是培养学生知、情、意、行整体和谐发展的过程。

（1）**思想道德发展具有整体性**。个体思想品德结构中的知、情、意、行等要素是相互制约、相互促进的，共同推动着个体思想品德的发展。教育者要注意四者各自的特点和作用，并将其统一起来，发挥品德结构的整体功能。教育过程中应该晓之以理，动之以情，导之以行，持之以恒，全面关心学生品德中知、情、意、行的培养，使他们全面而和谐地发展。

（2）**德育过程具有多开端性**。强调知、情、意、行的整体和谐，并不是说进行德育活动必须严格按照知、情、意、行的固定程序来进行。恰恰相反，开展德育可以有多种开端，既可以从知或情的培养入手，也可以从行的锻炼开始。这就要求我们必须针对不同情况加以灵活处理，有的放矢，因材施教。

（3）**德育实践具有针对性**。在思想品德的发展过程中，知、情、意、行的发展往往是不平衡的，这就导致各因素间不协调或者严重脱节，如"言行不一"，所以教师要有的放矢，抓薄弱环节，有效地调节品德的结构。

3. 德育过程是提高学生自我教育能力的过程（论：5+学校）

（1）培养自我教育能力的意义。

①**自我教育能力是德育的一个重要条件**。只有注重培养和提高学生的这种能力，德育才能进行得更顺利、更有效。

②**自我教育能力是德育的一个重要标志**。德育的任务就在于把学生逐步培养成具有自我教育能力的、能独立自主地进行思想道德实践的主体。

③**自我教育能力体现学生的自主性、能动性和创造性**。只有能够激发学生进行自我教育的教育，才是真正发挥了学生自主性、能动性和创造性的教育，这在学生成长中意义重大。

（2）**自我教育能力的构成因素**。自我教育能力主要由自我期望能力、自我评价能力、自我调控能力构成。

①**自我期望能力**是个体设定自我发展愿景的能力，是自我教育的内在目的和动力。

②**自我评价能力**是个体对自我发展现状与趋势的评判能力，是进行自我教育的认识基础。

③**自我调控能力**是在自我评价的基础上建立起来的自觉调节、控制自己思想和行为的能力，是进行自我教育的重要机制。

（3）**自我教育能力的发展应顺应德育发展的规律**。学生自我教育能力的发展是有规律的，大致是从自我中心发展到他律，又从他律发展到自律。教师应该依据这一规律，从实际出发，因势利导，有目的地培养学生的自我意识，提高学生的自我期望、自我评价和自我调控能力，形成和发展他们的自我教育能力。

4. 德育过程是学生德育矛盾积极转化的过程

德育过程的主要矛盾是社会通过教师向学生提出的道德要求与学生已有思想品德水平之间的矛盾。所以，德育活动是将外部道德要求转化为学生内在思想品德的过程。

> **凯程提示**
> 学习德育过程必须了解教育的要素和规律。

> **凯程助记**
>
> 德育过程的规律
> - 学生在教师引导下的个体品德的自主建构过程
>   - 学生对环境影响的主动吸收
>   - 教师对学生的积极教导
>   - 外部活动与内部活动相互促进
> - 培养学生知、情、意、行整体和谐发展的过程
>   - 整体性
>   - 多开端性
>   - 针对性
> - 提高学生自我教育能力的过程
>   - 意义：条件、标志、自主性、能动性、创造性
>   - 构成：自我期望能力、自我评价能力、自我调控能力
>   - 规律：从自我中心到他律，从他律到自律
> - 学生德育矛盾积极转化的过程

> **凯程拓展** 关于德育规律与阶段研究的理论
>
> （1）皮亚杰的道德认知发展理论。皮亚杰发现儿童的道德判断发展水平与其智慧发展水平是相互平行的，每个人都是通过与环境的积极作用来建构自己的道德判断水平的。他归纳了儿童道德发展需经历的四个阶段：前道德无律阶段（2～5岁）、他律道德阶段（5～8岁）、初步自律道德阶段（9～12岁）、公正阶段或自律阶段（12岁以后）。
>
> （2）科尔伯格的道德认知发展阶段理论。依据皮亚杰的儿童道德判断发展理论，科尔伯格经过长达20年的实验研究，提出了三水平六阶段理论。

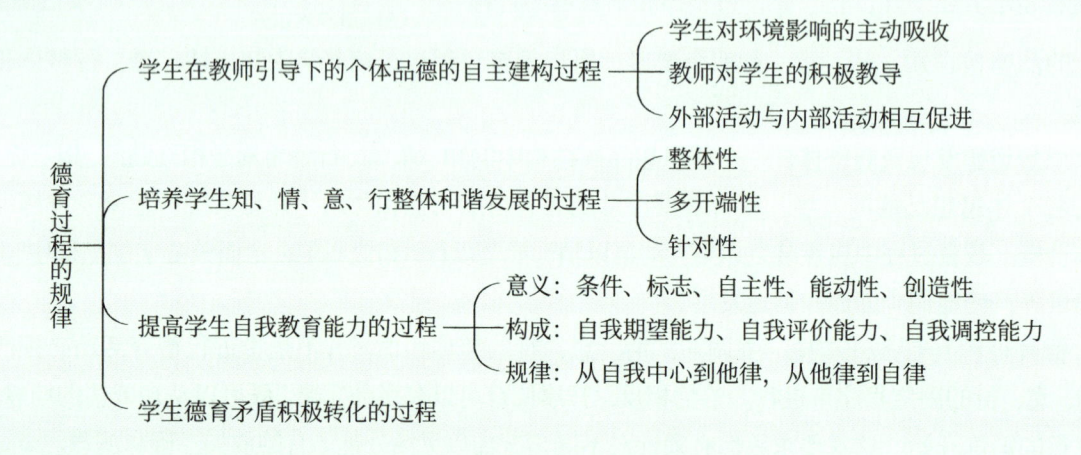

经典真题

›› 名词解释

1. 德育过程（11 北京航空航天，11、15 沈阳师大，12、16、18 上海师大，12、17 聊城，14 华东师大、河南师大，15 天津师大，18 山西师大、闽南师大，19 扬州，20 江西师大、云南，21 西北师大，23 集美、广东技术师大）

2. 德育的规律（12 河南）

›› 辨析题 德育的起点是提高道德认识。（23 陕西师大）

›› 简答题

1. 简述德育过程中教师指导下学生的能动作用。（15 华东师大）

2. 简述德育过程的定义和规律。（19 北师大，22 四川师大、江西师大）

3. 简述自我教育能力的构成要素及其在德育过程中的作用。（11 福建师大）

4. 简述德育过程的性质。（10 陕西师大，13、14 苏州，14、18 鲁东，15 河南，16 天津师大，17 云南师大）

5. 简述德育过程是培养学生知情意行的过程。（23 江苏师大）

▶▶ 论述题

1. 论述德育过程中教师引导下的学生能动的道德活动课程。（14 扬州，15 华中师大，16 河南师大，21 黄冈师范学院）

2. 结合实际，论述德育是培养学生知、情、意、行的过程。（10、14 沈阳师大，11 渤海，12 内蒙古师大，12、14 杭州师大，13 安徽师大简，13、19、20 辽宁师大，14、20 中央民族，15 北师大，16、20 华中师大，20 湖南科技、湖南理工学院、鲁东，21 浙江海洋，22 东北师大、大理，23 温州）

3. 论述德育过程是提高学生自我教育能力的过程。（12 北师大，16 辽宁师大，17 河南师大，20 福建师大，22 华中师大、长江、温州）

4. 结合实际，谈谈你对德育过程的认识。（19 浙江师大，20 华东师大）

5. 论述德育过程的规律。（12 辽宁师大，12、17 四川师大，14 苏州，14、18 鲁东，15 江西师大，16 南京师大、湖北，17 云南师大、渤海，18 山西、曲阜师大，20 华东师大、天津师大，21 湖州师范学院，22 湖南师大、海南师大）

6. 结合实际，论述教师指导学生的德育过程。（16 沈阳师大）

7. 依据德育过程包含的基本规律，分析我国中小学德育存在的主要问题及相应的工作要求。/ 分析我国的德育现状。（11 重庆师大，17 哈师大）

第三节 德育原则与德育方法

考点 1 德育原则 40min搞定 （名：5+学校，简：15+学校；论：5+学校）

1. 在集体中进行教育原则 （简：11 华东师大，16 沈阳师大）

（1）**含义**：在集体中进行教育原则是指进行德育有赖于学生的社会交往、共同活动，注意依靠学生集体，通过集体活动进行教育，充分发挥学生集体在教育中的巨大作用。

（2）**基本要求**。

①**引导学生关心、热爱集体，重视培养学生集体**。要发挥学生集体的教育作用，首先要把学生群体培养成良好的学生集体。培养学生集体的过程也是一个教育和提高学生、促进他们品德发展的过程。

②**通过集体教育学生个人，通过学生个人转变影响集体**。要发挥集体的教育作用，第一，教师要把集体当作教育的主体，先向集体提出要求，然后让集体再去要求、教育和帮助它的成员。第二，要注意通过学生个人转变来影响集体。

③**把教师的主导作用和集体的教育力量结合起来**。充分发挥集体的教育力量，并不否定教师对集体活动的引领作用。

凯程助记 全员热爱集体→师生互相影响→教师集体结合。

2. 理论与生活相结合原则 （论：13 北师大，20 山东师大）

（1）**含义**：理论与生活相结合原则是指进行德育要注重引导学生把思想政治观念和社会道德规范的学习同参与生活实践结合起来，把提高道德认识与养成良好道德行为结合起来，做到心口如一、言行一致。

（2）**基本要求**。

①**理论与实际相结合，切实提高学生的思想水平**。理论的教育与学习必须以学生的实际生活为基点，同学生的实际生活相结合。

②**注重实践，培养学生良好的道德行为**。德育理论学习要见诸行动，要注重引导学生的实践活动与交往。

③**教师应该言传身教，做好学生的表率**。在对学生进行道德教育时，教师首先要注重自身的言行，做好学生的榜样。

> **凯程助记** 重视思想＋重视实践→离不开言传身教。

3. 疏导原则 （名：14 江苏师大、西华师大，23 闽南师大；简：5+ 学校）

（1）**含义**：疏导原则是指进行德育要循循善诱、以理服人，从提高学生认识入手，调动学生的主动性，使他们积极向上。疏导原则也被称为循循善诱原则。

（2）**基本要求**。

①**讲明道理，疏通思想**。对青少年进行德育，要注重摆事实、讲道理，做深入细致的思想工作，启发他们自觉认识问题，自觉履行道德规范。

②**因势利导，循循善诱**。德育要了解学生的性情，善于把学生的积极性和志趣引导到正确的方向上来。

③**以表扬、激励为主，坚持正面教育**。在德育中，要坚持正面教育，对学生表现的积极性和微小的进步都要肯定，引导他们步步向前，以培养良好的品德。批评与处分只能作为辅助的方法。

> **凯程助记** 讲道理→重疏导→用奖惩→重正面。

4. 长善救失原则 （名：10+ 学校；简：5+ 学校；论：20 温州，22 上海师大）

（1）**含义**：长善救失原则是指进行德育要调动学生自我教育的积极性，依靠和发扬他们自身的积极因素去克服他们品德上的消极因素，促进他们的道德成长。

（2）**基本要求**。

①**"一分为二"地看待学生**。对于学生，既要看到他积极的一面，也要看到他消极的一面；既要看到他过去的表现，也要看到他现时的表现和后来的变化；既要看到优秀学生的不足之处，也要看到后进生身上的闪光点，以便长善救失，促进他们的转变。

②**发扬积极因素，克服消极因素**。引导学生自觉地巩固和发扬自身的优点来抑制和克服自身的缺点。

③**引导学生自觉进行自我评价，勇于自我教育**。引导学生学会自我教育，自觉发扬优点、克服缺点，自觉提高道德水平。

> **凯程助记** "一分为二"地看待学生→发扬积极＋克服消极→自我评价。

5. 严格要求与尊重学生相结合原则 （名：20 西华师大；简：5+ 学校；论：14 淮北师大，15 温州，17 江苏师大）

（1）**含义**：严格要求与尊重学生相结合原则是指进行德育要把对学生的思想和品行的严格要求与对他们个人的尊重和信任结合起来，使教育者的严格要求易于转化为学生主动的道德自律。

(2) 基本要求。

①**尊重和信赖学生**。爱护、尊重与信赖学生是一个优秀教师必备的基本品德，也是教好学生、获得良好德育效果的一个重要条件。

②**严格要求学生**。"严格"指的是对学生的要求一旦提出，就要不折不扣、持之以恒地引导和督促学生做到。

> **凯程助记** 尊重信赖＋严格要求。

6. 因材施教原则 ★★★★★ （名：5+ 学校；简：23 江西师大；论：11、20 闽南师大，19 湖南）

（1）**含义**：因材施教原则是指进行德育要从学生品德发展的实际出发，根据他们的年龄特征和个性差异进行不同的教育，使每个学生的品德都能得到最优的发展。

（2）**基本要求**。

①**深入了解学生的个性特点和内心世界**。这是进行德育的前提和基础，也是因材施教的前提和基础。

②**根据学生个人特点有的放矢地进行教育**。由于学生个人都有自己的生活环境、成长经历、个性特点和精神世界，因而对他们的教育必须区别对待、有的放矢，采用不同的内容和方法来教育。

③**根据学生的年龄特征有计划地进行道德教育**。学生的思想认识与品德发展有明显的年龄特征，因而进行德育有必要研究和弄清每个年级学生的思想特点。

> **凯程助记**
> 了解学生 ── 了解个性→针对性教育
> 　　　　 └ 了解年龄→计划性教育

7. 教育影响一致性原则 ★★★★★ （简：5+ 学校；论：5+ 学校）

（1）**含义**：教育影响一致性原则是指进行德育应当有目的、有计划地把来自各方面对学生的教育影响加以组织、调节，使其互相配合、协调一致地进行，以保障学生的品德能按德育的目的发展。

（2）**基本要求**。

①**组建教师集体，使校内对学生的教育影响一致**。第一，全校教职工应明确对学生进行德育的目的、任务和学生应遵守的行为准则与要求，使对学生的德育工作步调一致地展开。第二，应当分工协作、互通情况、定期研究，协同一致地解决学生的德育问题。

②**发挥学校教育的引领作用，使学校、家庭和社会对学生的教育影响得到整合、优化**。学校、社会、家庭经常会发生激烈的矛盾与对立。有人形象地说，学校讲集体主义，家庭讲个人主义，社会讲实用主义。面对这种复杂的局面，我们必须做到整合和优化，否则就会给学生造成价值混乱，不利于培养人才。

③**做好衔接工作，对学生的教育影响要保持一致性**。对学生的教育影响前后不连贯、不一致，时紧时松、时宽时严，不仅影响学生良好品德的形成，而且易使学生思想松弛。因此，要做好德育的衔接工作，对学生的教育影响要保持一致性。

> **凯程助记** 校内教师一致性→家校社会一致性→各级学校一致性。

8. 教育影响连贯性原则 ★★★★★ （简：22 山东师大；论：5+ 学校）

（1）**含义**：教育影响连贯性原则是指进行德育，除了要保持各方面对学生教育影响的一致性外，也要保持其连贯性，使教育在组织、调节中相互协调一致，前后连贯地进行，以保障学生的品德能按照教育目的的要求发展。

（2）基本要求。

①**各级各类学校做好衔接工作，使对学生的教育影响前后连贯和连续**。具体指做好小学与初中、初中与高中以及各学期间的思想教育衔接工作。

②**学校、家庭和社会对学生的教育影响都要体现连贯性**。学校德育要长期、持久地进行，同时，家庭和社会对学生的道德渗透也要长期、持久地进行。德育的连贯性越强，教育效果越突出。

③**任何德育内容都是长期连续地影响学生的，而不是一蹴而就的**。任何德育都不是教一次就能够呈现完美的效果，长期的、连贯性的教育才会对学生产生潜移默化的效果，所以我们要注重德育的连续性。

凯程助记

助记1：各级学校要连贯→家校社会要连贯→德育内容要连贯。

助记2：如何记住这些德育原则？

六结合两性——集体个别相结合，知行统一相结合，引导约束相结合，积极消极相结合，严格尊重相结合，年龄个别相结合，还有一致连贯性。

凯程提示

关于德育原则，主要会考查简答题。在材料分析题中，可能依据材料中体现的德育原则来论述其中的一至两个原则，会考得很细致、很灵活，建议考生以理解为主。如果以材料分析题的形式进行考查，一定要根据材料的具体内容来论述。此外，不要把教学原则和德育原则这两个概念混淆。

经典真题

>> **名词解释**

1. 因材施教原则（10、14东北师大，11、21哈师大，12天津师大，16鲁东，19、22湖南，20青岛，21华东师大）

2. 德育原则（12沈阳师大、山西师大，12、18渤海，13江苏师大，14鲁东，15贵州师大，16闽南师大，18天津师大，20陕西理工）

3. 长善救失原则（13河南师大，15、20安徽师大，16湖南科技，18、22沈阳师大，20海南师大、吉林师大、西北师大，22江苏师大，23西安外国语）

4. 疏导原则（14江苏师大、西华师大，23闽南师大）

>> **简答题**

1. 简述长善救失的德育原则。（13闽南师大、华南师大、河南师大，14、18福建师大，15安徽师大，17郑州，21南宁师大、西华师大）

2. 简述德育中的严格要求与尊重学生相结合的原则。（10扬州，11哈师大，12安徽师大，14辽宁师大，18渤海、华东师大）

3. 简述德育过程中的疏导原则及其要求。（11北师大、天津师大，14、19江苏师大，19福建师大、湖南师大、西华师大，20深圳）

4. 简述在集体中进行教育的原则。（11华东师大，16沈阳师大）

第十章　德育　157

5.如何贯彻教育影响的一致性和连贯性原则？（14华南师大，17上海师大，18内蒙古师大，22山东师大）

6.简述德育的基本原则与方法。（12北京航空航天、山西师大，14河北，16深圳，17南京师大、广东技术师大、天津师大、辽宁师大，18郑州，20吉林、江西科技师大、宝鸡文理学院，21东北师大、苏州、云南师大，22扬州、信阳师范学院、青海师大，23齐齐哈尔）

7.简述德育因材施教原则及其基本要求。（23江西师大）

>> 论述题

1.有人说，现在的青年是垮掉的一代；有人则说，不！现在的青年是大有希望的一代。对此，请说说你的看法，并论述当前德育应该坚持什么样的原则。（11湖南师大）

2.如何贯彻教育影响的一致性、连贯性原则？（11江苏师大，21河南师大、苏州科技，22吉林师大）

3.论述德育原则及其要求。（21四川师大，23宝鸡文理学院）

4.举例论述长善救失的德育原则。（20温州、上海师大）

5.论述理论与生活相结合的原则。（13北师大，20山东师大）

6.根据德育原理说说如何理解"晓之以理，动之以情，持之以恒，导之以行"。（23合肥师范学院）

7.材料：校园欺凌，小明联合同学排挤小亮。

（1）请根据德育原则设计解决小明问题的思路。

（2）请谈谈学校应该如何防止校园欺凌的发生。（23陕西师大）

8.材料：明明入选班级劳动委员，以身作则，但从来不做家务活。

阅读材料，分析其中问题，结合德育原则或方法，就中小学开展劳动教育给出自己的建议。（23苏州）

9.材料：小明在学校积极主动，乐于助人，在家不主动做家务，小明的父母对他的要求也只是专注学习。

从德育原则的角度分析上述教育过程中产生的问题。（23湖北）

● 考点 7　**德育方法** ★★★★ 30min搞定　（名：12扬州，13鲁东，14东北师大，18天津；简：13沈阳师大，20陕西师大，21云南师大；论：5+学校）

1. 说服（明理教育法） ★★★　（名：13曲阜师大，17哈师大，21安徽师大）

（1）含义：说服是通过引导学生摆事实、讲道理，经过思想情感上的沟通与互动，让他们认识道理的真谛，并自觉践行的方法。说服包括讲解、谈话、沟通、报告、讨论、参观等。

（2）基本要求。

①要有针对性。要针对解决的问题，有的放矢，触动和启发学生的心灵。切忌一般化、空洞、唠叨，使学生感到厌烦，产生抵触情绪。

②要有知识性和趣味性。青少年渴望知识，期望更多地了解社会、人生。故说理要注意给学生以新知，使他们喜闻乐见，深受启示并乐于去实践。

③要善于抓时机。说理的成效往往取决于是否善于捕捉教育的时机，拨动学生的心弦，引起他们的情感共鸣。

④要注重互尊互助。对学生说理，教师的态度要诚恳、深情、语重心长、与人为善，同时要尊重学生，耐心倾听学生的意见。

> **凯程助记** 针对性地说→趣味性地说→及时说→尊重帮助地说。

2. 陶冶（情境陶冶法）☆☆☆☆☆ （名：15+ 学校；简：19 广东技术师大，20 安徽师大，21 湖南师大）

（1）**含义**：陶冶指通过创设良好的教育情境，对学生进行潜移默化的熏陶和感染，使其在耳濡目染中受到感化的方法。它包括人格感化、环境陶冶和艺术陶冶等。

（2）**基本要求**。

①**创设良好的情境**。良好的情境是陶冶的条件和工具。要有效地陶冶学生，行不言之教，必须先创设良好的情境。

②**与启发引导相结合**。为了有效地发挥情境的陶冶作用，需要教师有意识地引导和启发，使学生感受到情境的美好与可贵，认同、珍惜这种良好的情境，并在自己身上培养相应的良好品德与作风。

③**引导学生参与情境的创设**。良好的情境不是固有的，需要人为地创设；也不能只靠教师去做，应当激励学生自己去创设、优化。

> **凯程助记** 创设情境→启发引导→学生参与。

3. 锻炼（实践锻炼法）☆☆☆ （名：10 西北师大，18 哈师大，19 安徽师大，23 河南）

（1）**含义**：锻炼指有目的地组织学生进行一定的实践活动，以培养他们良好品德的方法。锻炼包括练习、执行、委托任务和组织活动等。

（2）**基本要求**。

①**调动学生的主动性**。锻炼的主体是学生，只有激发学生的主动性、积极性，使他们内心感到锻炼是有益的，他们才能自觉严格要求自己，获得最大的锻炼效果。

②**教师给予适当的指导**。对于学生的道德活动，教师应视学生的能力给予适当的指示、指导，以提升学生的锻炼效果。

③**坚持严格要求学生**。任何一种锻炼，若不严格要求，就会流于形式，不可能使学生得到真正的提高。

④**及时检查并长期坚持**。良好的习惯与品德的形成，须经历长期反复的锻炼过程，贵在持之以恒。

> **凯程助记** 我想实践→需要指导→严格要求→坚持检查。

4. 修养（自我修养法）☆☆☆☆☆ （名：5+ 学校）

（1）**含义**：修养是在教师引导下，学生经过自觉学习、自我反思和自我改进，使自身品德不断完善的一种重要方法，包括立志、学习、反思、箴言、慎独等。其中，慎独是自我修养的最高境界，它要求一个人在无人监督的独处情况下，也能自觉地按道德规范严于律己。

（2）**基本要求**。

①**培养学生自我修养的兴趣与自觉性**。引导学生的自我修养，首先要培养他们的情趣，使他们愿意去实践。

②**指导学生掌握修养的标准**。以什么作为修养的标准，决定着修养的方向、性质，因而指导学生掌握正确的修养标准是极为重要的。

③**引导学生积极参加社会实践**。指导学生修养绝不可脱离生活、脱离社会，相反，要引导他们广泛接触社会生活、积极参与社会活动，从中体验自我修养的必要性。

> **凯程助记** 兴趣自觉→修养标准→积极实践。

5. 榜样（榜样示范法） (名：5+学校；简：21陕西师大，23山东师大)

（1）**含义**：榜样即榜样示范法是以他人的高尚品德、模范行为和卓越成就来影响学生品德的方法。

（2）**基本要求**。

①**榜样真实可信**。选好榜样是学习的前提。从古至今，人们习惯拔高榜样，甚至通过故事美化榜样，这是不可取的。尤其是当学生有了自己的判断能力后，这样做只会令人反感，适得其反。

②**激起学生对榜样的积极情感**。学生通过模仿榜样的言行举止来习得其中的道德价值和行为方式，这种模仿的倾向有赖于学生对榜样的积极情感。

③**注重教师自身的示范作用**。德育的教育效果，在很大程度上取决于教师本人的以身作则。

④**为不同年龄阶段的学生树立不同的榜样**。中小学时期长达12年，跨度大，学生的道德发展也经过了多个不同的阶段，因而要为不同年龄阶段的学生树立不同的榜样。

凯程助记 真实的榜样—引起情感的榜样—教师作为榜样—不同阶段榜样不同。

6. 奖惩法 (名：13福建师大；简：21上海师大，23湖州师范学院；论：23上海师大、天津师大、安徽师大)

（1）**含义**：奖惩法是对学生的思想和行为做出评价的一种方法，包括表扬、奖励和批评、处分两个方面。表扬、奖励是对学生的良好思想、行为做出的肯定评价，以引导和促进其品德积极发展的方法。批评、处分是对学生不良思想、行为做出的否定评价，以帮助他们改正缺点与错误的方法。

（2）**基本要求**。

①**公平公正、正确适度、合情合理**。当奖则奖，当罚则罚，实事求是。

②**发扬民主，获得群众支持**。只有发扬民主，吸取大家的意见，才能公平合理。

③**注重宣传与教育**。奖励与惩罚都旨在教育学生，故要有一定的形式与声势，在一定的范围内宣布，并通过墙报、广播、橱窗等宣传，以便收到好的效果。

凯程助记

助记1：公平公正，合情合理，奖惩适度，有人支持，宣传教育，防止体罚。

助记2：如何记住这六种德育方法？说服中受陶冶，修养时找榜样，实践中获评价。

经典真题

›› 名词解释

1. 德育方法（12扬州，13鲁东，17东北师大，18天津）
2. 说服法（13曲阜师大，17哈师大，21安徽师大）
3. 榜样示范法（10沈阳师大，13、19哈师大，14云南师大，16北师大，18中央民族，19湖北师大）
4. 实践锻炼法/实际锻炼法（10西北师大，18哈师大，19安徽师大，23河南）
5. 修养法（15山西师大、湖南科技，15、18华中师大，20青海师大）
6. 陶冶法（10中山，11、12华中师大，13杭州师大，13、20哈师大，14安徽师大，15湖南科技，16中国海洋，18云南师大、江苏师大，20河北、曲阜师大、温州，22华南师大，23沈阳）
7. 奖惩法（13福建师大）

>> 简答题

1. 简述德育方法。（13 沈阳师大，20 陕西师大，21 云南师大）
2. 简述榜样法的定义及实施要求。/ 简述运用榜样示范法进行德育工作时的注意事项。（21 陕西师大，23 山东师大）
3. 简述德育中的奖惩。/ 简述运用奖励和处分的基本要求。（21 上海师大，23 湖州师范学院）

>> 论述题

1. 举例阐述榜样教育的含义及运用要求。（20 上海师大）
2. 论述情境陶冶法的基本内容和运用要求。（21 湖南师大）
3. 结合实例，论述德育方法中的说服法。（22 天津师大）
4. 论述实施道德教育的方法及具体要求。（22 苏州、淮北师大）
5. 试述品德培育的基本目标和方法。（23 哈师大）
6. 结合实例，说明德育中奖惩法的意义和应用要求。（23 上海师大、天津师大）
7. 材料：陶行知给学生三颗糖果。（此为材料大意）
联系材料和实际生活，谈谈你对陶行知运用奖惩法的认识和理解。（23 安徽师大）

第四节　德育途径

（名：18 哈师大；简：15+ 学校；论：5+ 学校）

考点 1　德育课程与直接的道德教育　3min搞定

（1）**含义**：直接的道德教育即开设专门的道德课（如思想品德课和时事政治课）系统地向学生传授道德知识和道德理论。

（2）**意义**：①使学校德育的实施在课程和实践上得到最低限度的保证。②有利于系统、全面地向学生传授道德知识和道德理论，提高学生的道德认知。③如果教法得当，可以迅速促进学生道德思维能力和道德敏感性的发展。

考点 2　间接的道德教育与全方位德育　5min搞定

（简：23 河南；论：23 湖南科技）

1. 间接的道德教育

（1）**含义**：间接的道德教育是在学科教学、学校与课程管理、辅助性服务工作和学校集体生活等各个层面对学生进行道德渗透的教育。

（2）**意义**：①学科教学中唯一可行的道德渗透是德育。②道德学习的核心是价值观或态度的学习。③教材对学生品德的影响很重要。

（3）**间接的道德教育途径**。

①**教学育人**。道德课程以外的其他学科课程，如语文课等。

②**指导育人**。如班主任谈话与工作、职业指导、就业讲座、心理咨询等。

③**管理育人**。如校风建设、教学理念对学生的影响、学生守则、共青团与少先队活动等。

④**活动育人**。如劳动和社会实践、课外活动、校外活动、少先队活动等。

⑤**环境育人**。如校园环境建设、校园生活等。

⑥**协同育人**。家庭、社会、学校三方面在德育上相互配合，形成合力，在教育功能上互补、协调统一，延伸学校教育的有效性，更好地实现德育影响的连续性和一致性，为学生创造和谐统一的德育环境，实现家校社共育，推动学生全面发展。

2. 全方位德育

德育应当普遍存在于学校的一切教育活动之中。每一个教师都应该是德育教师，教师以自己的教学活动与日常生活全方位地影响着学生的道德成长。教师的德育活动并不仅仅存在于课堂之中，更存在于日常生活之中，即直接德育和间接德育相结合，全方位地促进学生品德的发展。

凯程助记

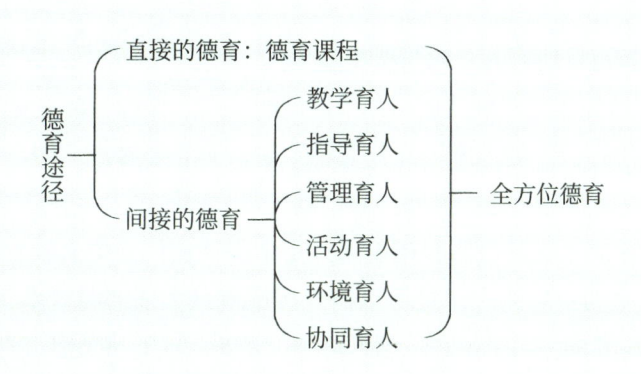

```
             ┌─ 直接的德育：德育课程
             │                  ┌─ 教学育人
德育         │                  ├─ 指导育人
途  ─────────┤                  ├─ 管理育人 ─── 全方位德育
径           └─ 间接的德育 ─────┤
                                ├─ 活动育人
                                ├─ 环境育人
                                └─ 协同育人
```

凯程提示

在王道俊、郭义安的《教育学》（第七版）中，德育途径没有区分间接的德育途径和直接的德育途径，而是笼统地介绍了途径，主要有思想政治课和其他学科教学、课外活动与校外活动、劳动和其他社会实践、心理咨询、校园生活、学校共青团与少先队活动以及班主任工作。除了思想政治课是直接的德育途径，其余均为间接的德育途径，这与上述说法基本一致，但是区分为直接的德育途径和间接的德育途径更有利于作答论述题。

经典真题

>> **名词解释** 德育途径（18 哈师大）

>> **简答题**

1. 简述德育的途径（和方法）。（10 华东师大，10、12 南京师大，12 沈阳师大，12、14、23 西华师大，13 湖北，14 北师大、华中师大，14、19、21 天津师大、内蒙古师大，15 山西师大，16、19 吉林，16、22 陕西师大、河北、聊城，17 西北师大，18 哈师大、安徽师大，19 曲阜师大，20、22 淮北师大、深圳，21 江苏、福建师大、青岛、大理、陕西理工、石河子，23 湖南科技）

2. 简述德育理念。（17 南京师大，19 河南师大）

3. 简述德育的间接途径。（23 河南）

>> **论述题**

1. 有个校长说："如果没有升学压力，我真想好好做德育。"请从学校教学和德育的关系分析这一看法。（18 北师大）

2. 论述德育的途径与方法。(20 云南)
3. 论述我国中小学德育的不足并提出建议。(21 深圳)
4. 教学中的德育渗透应该怎么做？(23 湖南科技)
5. 联系德育知识，论述教师教学中如何进行道德教育。(23 深圳)

第五节 立德树人是教育的根本任务[①]（补充知识点）

考点 1 立德树人 ★★★★ 10min搞定

1. 立德树人的内涵：道德教育是培育人才的重要根基

厘清立德树人的含义，首先需要明确立德与树人之间的关系。立德与树人是一体的，虽然"立德"在"树人"之前，"立德"才能"树人"，但思考"立什么德"时，首先要考虑"树什么人"。因为德为人之德，没有脱离人的德，有什么人就有什么德。因此，我们需要从"树什么人"开始，追问"立什么德"。

(1) 树什么人：培养社会主义建设者和接班人，**是中国特色社会主义教育的目的**。国家的建设者和接班人是"五育"并举、全面发展的人，是可以担当民族复兴大任的时代新人。时代新人应该有理想、有本领、有担当，具有奋斗精神、实干精神、创新精神，是新时代的奋进者、开拓者、奉献者。

(2) 立什么德。①立"人性"之德（立真善美之德）。德是成"人"的根本。人性中包含着成为人的共同德性，即人性的善。②立时代之德，即时代的共同道德。现代社会不仅强调个人权利和利益，也强调公共利益和社会责任，且公共性不断扩大，从国家走向区域，进而走向世界。

2. 立德树人的实施路径

(1) 构建学校实施立德树人的主渠道。①课程育人。课程是学校育人的专门载体，也是最重要的育人载体。②教学育人。教学永远具有教育性，这是教学的基本规律。③文化育人。文化化人，文化立人，文化具有潜移默化的作用。④活动育人。学校需要开展主题明确、内容丰富、形式多样、吸引力强的教育活动。⑤管理育人。管理也是一种教育，不同的管理方式蕴含不同的教育。⑥全员育人。全员既包括教师，也包括学生。

(2) 发挥家庭在立德树人中的奠基作用。①增强家庭育人意识，发挥家长的榜样作用。②注重家教、家风，用良好的家教、家风涵育道德品行。家风浓缩了一个家庭几代人的涵养，是一个家庭积淀的精气神，家风无形，重在代代相传，人文化成，成为家庭成员的精神气象。

(3) 重视实践育人，发挥社会合力育人的作用。①确立社会的自觉教育意识，构建社会共育机制。这要求社会每一个部门、每一个成员都要有自觉的教育意识，把立德树人作为全社会的责任，提高整个社会的教育力。②广泛开展社会文明实践活动，推动公民的道德实践养成。如开展学雷锋和志愿服务活动等。③以正确的舆论营造良好的道德风尚。④营造健康的网络空间。

[①] 此部分内容虽然不在333大纲考查范围内，但作为近几年教育热点关注话题，请考生务必重视。

凯程拓展

当代学校的德育问题和对策

维度	问题	对策
德育观念	应试教育智育为先,育德观念边缘化	把立德树人作为教育的根本任务
德育内容	重大节而轻小德,德育内容僵化	把生活育德作为德育的内容源本
德育方法	教师讲授太单一,生活实践弱化	把探究实践作为德育的新型方法
德育合作	教师家庭相脱离,德育资源匮乏	把家校合作作为德育的广阔背景
德育途径	课堂教学唯正途,德育途单一化	把间接育德作为德育的开发新途
德育评价	学校教育唯分数论,育人评价淡化	把改革德育评价作为德育的基本手段

第十一章 教师与学生

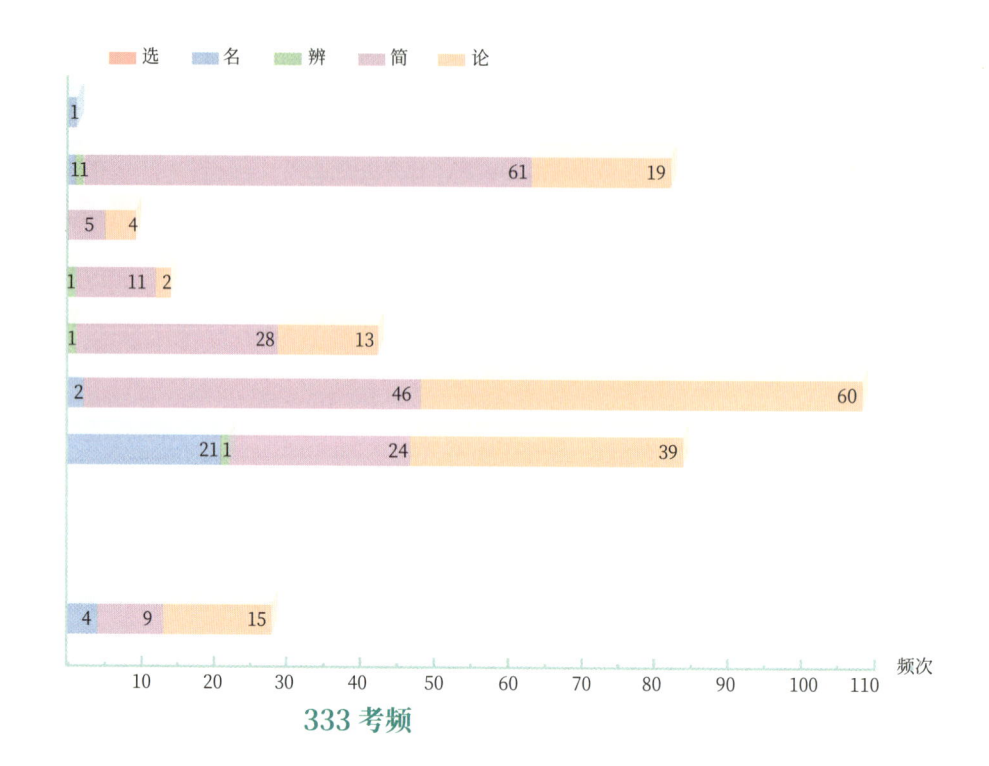

考情分析

第一节 教师
- 考点1 教师劳动的特点
- 考点2 教师劳动的价值
- 考点3 教师的权利与义务
- 考点4 教师职业的角色扮演
- 考点5 教师的素养
- 考点6 教师的培养与提高

第二节 学生与师生关系
- 考点1 学生观
- 考点2 师生关系

333考频

知识框架

教师与学生
- 教师
  - 教师劳动的特点 ★★★★★
  - 教师劳动的价值 ★★★
  - 教师的权利与义务 ★★★
  - 教师职业的角色扮演 ★★★★
  - 教师的素养 ★★★★★
  - 教师的培养与提高 ★★★★★
- 学生与师生关系
  - 学生观 ★★★★★
  - 师生关系 ★★★★
    - 师生关系的类型 ★
    - 良好师生关系的标准 ★★★★★
    - 建立良好师生关系的途径与方法 ★★★★★

① 本章主要参考王道俊、郭文安的《教育学》(第七版)第十五章和《教育学基础》(第3版)第五章。
　　细心的考生会发现333大纲中本章节的标题是"教师",凯程将其完善为"教师与学生",因为历年真题中很多学校考查学生与师生关系。请考生按照凯程编写的内容学习,不要忽视对第二节"学生与师生关系"的学习。

考点解析

第一节 教师 (名：22贵州师大)

考点1 教师劳动的特点 ★★★★★ 8min搞定 (简：50+ 学校；论：10+ 学校)

1. 教师劳动的复杂性 (名：17江苏师大)

（1）**学生状况的复杂性决定着教师劳动的复杂性**。教师劳动的对象主要是发展中的青少年，具有能动性和主体性。他们虽有共同的发展规律，但天赋、爱好、兴趣、需要、个性等均不相同，这就造成了教师劳动的复杂性。

（2）**教师任务的多样性制约着教师劳动的复杂性**。教师既要面向全体学生，又要关注个别学生；既要提高其学识才能，又要关注道德品质；既要培养优秀生，也要帮助后进生；既要和校内诸位教师团结合作，也要与家长、社会协调一致。教师劳动的复杂性可想而知。

（3）**影响学生发展因素的广泛性制约着教师劳动的复杂性**。学生进入学校后，仍然直接或间接地接受着家庭和社会的影响。随着科技的发展、大众媒体的普及，社会和同伴群体对他们的影响作用也越来越大。如何有效地协调各方面的关系，引导学生积极、健康地成长，也是当代教师面临的一项复杂任务。

2. 教师劳动的创造性 (论：20扬州)

教师劳动独特的创造性，是由教育对象的特殊性和复杂性决定的。具体表现在：教师对教育教学原则和方法的选择和运用上；教师对教材内容的处理和加工上；教师的教育机智上。所谓教育机智，是指教师在教育教学活动中表现出来的对新的、意外的情况正确而迅速地做出判断并巧妙加以解决的能力。这其中也体现了灵活性。

3. 教师劳动的示范性 (简：18福建师大)

示范性是教师劳动最突出的特点。教师劳动与其他劳动的最大的不同点就在于教师主要是用自己的思想、学识和言行，通过示范的方式直接影响劳动对象。教师的劳动之所以具有示范性，还在于"模仿"是青少年学生的一个重要学习方式。

4. 教师劳动的专业性 (简：23宝鸡文理学院；论：15山东师大)

当今国内外都很重视教师劳动的专业性问题，各国均有教师准入制度、教师专业工作要求，这突出了教师育人的特殊性和专业化。教师的专业性表现在以下几方面：（1）教师工作的领域主要是针对培养学生的教育教学领域。（2）教师需要专业的教育学、心理学知识以及学科专业知识来培养学生。（3）教师需要专门的教学技能来授课和培养学生。（4）教师对教育工作要充满教育情怀，才能做好这份工作。

5. 教师劳动的长期和长效性

教师的劳动不是一种短期见效的行为，而是一种具有长期性和长效性特点的特殊劳动过程。一方面，教师对学生的影响不是短时间内能实现的，体现了长期性；另一方面，教师对学生的影响不是一时的，体现了长效性。

凯程助记 复杂性的专业，创造性的示范，才能有长效性。

经典真题

>> **名词解释**

1. 教师（22 贵州师大）　　2. 教师劳动的复杂性（17 江苏师大）

>> **辨析题**　教师劳动具有专业性。（15 山东师大）

>> **简答题**

1. 简述教师劳动（职业）的特点。（10 沈阳师大、河南师大、青岛，10、12、15 华中师大，11、18 曲阜师大，12 江苏师大、杭州师大，12、17 华南师大，13 哈师大、湖南科技，13、14、17 西北师大，13、14、22、23 西南，13、15 渤海，14 陕西师大，14、16 西华师大、浙江师大，15 内蒙古师大、扬州，15、18 吉林师大，15、23 东北师大，16 天津师大、苏州，17 鲁东、湖南师大，18 复旦，19 宁波，20 湖北、江西师大、上海师大，21 合肥师范学院、深圳，22 广西师大、河南，23 北师大、辽宁师大、宁波、石河子、海南师大）

2. 简述教师劳动的示范性。（17 福建师大）

3. 简述教师劳动的创造性。（14 山西师大）

4. 简述教师劳动复杂性的原因/具体体现。（22 鲁东、江西师大）

5. 简述教师劳动的专业性。（23 宝鸡文理学院）

>> **论述题**

1. 论述教师劳动的特点。（10 河南师大，12 西华师大，15 江苏师大、浙江师大、曲阜师大，16 海南师大，17 闽南师大，20 四川师大、陕西理工，22 云南师大）

2. 论述教师职业的本质和特点。（17 湖南师大）

3. 论述教师劳动的特殊性。（17 杭州师大）

4. 论述教师劳动的创造性。（20 扬州）

5. 论述教师劳动的特点和教师素养。（21 天水师范学院，23 吉林师大）

考点 2　教师劳动的价值 ⭐⭐⭐ 5min搞定

（简：15、19 浙江师大，16、23 上海师大；论：16 辽宁师大，17 湖南师大，18 福建师大，20 四川师大）

1. 教师劳动的社会价值

教师劳动的社会价值，从宏观上看，最突出地表现在教师对延续和发展人类社会的巨大贡献上；从微观上看，教师的劳动关系到每一个人的发展和幸福。

2. 教师劳动的个人价值

（1）教师劳动的个人价值首先在于教师的劳动能够创造巨大的社会价值。因为个人价值的大小主要取决于他对社会的贡献。

（2）教师劳动比一般劳动更具有自我实现的价值。教师在自己的劳动中能够充分发挥个人的才智，促进个人自身的完善和发展，满足个人较高层次的需求。

（3）教师劳动还能享受到一般劳动所享受不到的乐趣。

3. 正确认识和评价教师的劳动价值

教师的劳动虽然有着巨大的社会价值和独特的个人价值，但它又具有自身的特点：（1）教师劳动的价值具有模糊性；（2）教师劳动的价值具有明显的滞后性；（3）教师劳动的价值具有隐蔽性。正因为教师劳动的价值具有模糊性、滞后性和隐蔽性的特点，所以很难为人们所充分认识。教师实际社会地位的低下也就不难理解了。

> **经典真题**
>
> ▸▸ **简答题** 简述教师劳动的价值。（15、19 浙江师大，16、23 上海师大）
>
> ▸▸ **论述题**
> 　　结合实际，评述我国教师劳动的价值。（16 辽宁师大，17 湖南师大，18 福建师大，20 四川师大）

● **考点3　教师的权利与义务** ☆☆☆ 5min搞定　（简：5+ 学校；论：18 内蒙古师大，23 华南师大）

1. 教师的专业权利　（辨：14 重庆师大；简：17 扬州，19 鲁东、青岛）

（1）**教育教学权**。教师有进行教育教学活动、开展教育教学改革和实验的教育教学权，这是教师为履行教育教学职责必须具备的基本权利。

（2）**学术研究权**。教师有从事教学研究、学术交流、参加专业的学术团体、在学术活动中发表意见的权利。

（3）**评价指导权**。教师有指导学生的学习和发展、评定学生的品行和学业成绩的评价指导权，这是教师在教学活动中居于主导地位的基本权利。

（4）**获取报酬待遇权**。教师有按时获取工资报酬、享受国家规定的福利待遇以及寒暑假的带薪休假的权利。

（5）**参与管理权**。教师有权对学校的教育教学工作、管理工作和教育行政部门的工作提出意见和建议，通过教职工代表大会或其他形式参与学校的民主管理。

（6）**自我发展权**。教师有参加进修培训、提升专业发展水平的权利。

2. 教师的专业义务　（简：18 华南师大）

（1）遵守法律及职业道德的义务，教师要为人师表。（2）履行教育教学职责的义务。（3）对学生进行各种有益教育的义务。（4）关心、爱护、尊重学生的义务，并促进学生全面发展。（5）不断提高自身思想政治觉悟和教育教学业务水平的义务。（6）保护学生合法权益，促进学生健康成长的义务。

> **经典真题**
>
> ▸▸ **辨析题** 教师的基本权利只有教育权。（14 重庆师大）
>
> ▸▸ **简答题**
> 　　简述教师的权利与义务。（13 重庆师大、中央民族，15 天津师大，17 扬州，18 华南师大，19 鲁东、青岛）
>
> ▸▸ **论述题** 论述教师的权利与义务。（23 华南师大）

● **考点4　教师职业的角色扮演** ☆☆☆☆ 15min搞定　（辨：16 山东师大；简：5+ 学校；论：10+ 学校）

1. 教师的"角色丛"　（简：13 河南，16 宁波，17 南宁师大，20 山东师大）

教师的"角色丛"是指与教师特定的社会职业和地位相关的所有角色的集合。仅就教师与学生的关系而言，教师就要扮演多重角色。

（1）"家长代理人"和"朋友、知己者"的角色。低年级的学生倾向于把教师看作父母的化身，期待教师的呵护与关爱；高年级的学生往往视教师为朋友，希望得到教师的帮助与指导，并能与自己一起分享快乐、分担痛苦。

（2）"传道、授业、解惑者"的角色。教师要担负起"传道、授业、解惑者"的角色，教师在教学中要渗透思想道德教育，将知识传授给学生，还要启发他们的智慧，解除他们的困惑，促进他们的发展。

（3）"管理者"的角色。教师作为管理者，要创造一种和谐、民主、进取的集体环境，要给予学生更多的自主权与责任，要激发学生的主体性，使学生能积极参与到班级管理当中。

（4）"心理调节者"的角色。教师要适应时代的要求，掌握基本的心理卫生知识，在日常工作中渗透心理健康教育，成为学生的心理健康顾问或心理咨询师等。

（5）"研究者"的角色。教师不能千篇一律、机械地进行教育，而是要不断反思，研究和改进自己的工作，教师应该成为教育的研究者和改革者，不断地提高自身的教育管理修养和教育教学质量。

2. 教师角色的冲突及其解决 （简：5+学校；论：5+学校）

（1）教师角色冲突的表现。

①社会"楷模"与"普通人"角色的冲突。社会对教师的期望值很高，希望教师是道德的楷模，实际上许多教师做不到，也不想当这样的角色。很多年轻教师认为自己是社会中普通的一员，认为教师无须正襟危坐、一板一眼。

②"令人羡慕"的职业与教师地位低下的实况冲突。教师虽然有很多"令人羡慕"的桂冠，如被誉为"人类灵魂的工程师"，但教师的社会地位仍然低下，经济上捉襟见肘，这使许多教师的心理及生活处于尖锐的矛盾冲突之中。

③教育者与研究者角色的冲突。很多人认为教师就应该教书育人，研究是专家的事情。殊不知要想教育好学生，首先需要研究学生。甚至很多一线教师也没有意识到自身是可以进行教育研究的，他们往往埋头苦干，却缺乏思考，无暇顾及研究，这也是目前比较重要的一对矛盾。

④教师角色与家庭角色的冲突。教师在学校工作艰辛，下班后还要继续工作，有时教师照顾了其他人的子女，却往往忽略了自己的子女，为此而引起家庭矛盾，陷入苦恼之中。

（2）教师角色冲突的解决。

①客观上，国家和社会要提供支持。

a. 提升教师地位与待遇。国家必须进一步切实提高教师的社会地位与经济待遇，改善教师的生活和工作条件，努力解决教师的实际困难。

b. 努力创造培养教师的条件。国家要给教师提供进修、提高与发展的机会，并给予教师公正、客观、科学的评价，认可并肯定教师的劳动，提高教师的成就感。

c. 要提高教师的思想修养。国家要加强对教师的思想教育，增强其责任感与使命感等。

②主观上，教师的自身努力是关键因素。

a. 加强教师的自我意识。教师要树立自尊、自信、自律、自强的自我意识。

b. 统筹兼顾多种角色。教师要根据实际情况的需要，从许多角色中挣脱出来，把时间和精力用到那些对其更有价值的角色上。

c. 学会处理冲突的艺术。教师应学会控制自己的情绪和行为，做到心胸开阔、意志坚定，切实有效地完成教师角色的任务。

3. **社会变迁中教师角色发展的趋势** （简：5+ 学校；论：20 沈阳师大）

(1) **履行多种职能**。在教学过程中更多地履行多样化的职能，更多地承担组织教学的责任。

(2) **组织学生学习**。从一味强调知识的传授转向着重组织学生的学习。

(3) **注重学生差异**。注重学生的个性化，改进师生关系。

(4) **做好教师合作**。实现教师之间更为广泛的合作，改进教师与教师之间的关系。

(5) **利用信息技术**。更广泛地利用现代教育技术，掌握必需的知识与技能。

(6) **做好家校合作**。更密切地与家长和其他社区成员合作，经常参与社区生活。

(7) **积极参与活动**。更广泛地参加校内服务和课外活动。

(8) **削弱教师权威**。削弱加之于孩子身上，特别是大龄孩子及其家长身上的传统权威。

教师角色的这些转换，不仅意味着学校教育功能的某些变化，而且对教师素养以及相应的师资培训问题也提出了更高的要求。

凯程助记

角色冲突	①社会"楷模"与"普通人"；②"令人羡慕"与地位低下；③教育者与研究者；④教师角色与家庭角色
冲突解决	①客观上（国家和社会）：a. 提升地位与待遇；b. 创造培养教师的条件；c. 提高思想修养。②主观上（自身）：a. 加强教师自我意识；b. 统筹兼顾多种角色；c. 学会处理冲突的艺术
发展趋势	职能多样削权威，组织学习用信息，注重差异办活动，同事家校两合作

经典真题

>> **辨析题** 教师在教学过程中担任多种角色。（16 山东师大）

>> **简答题**

1. 简述教师职业的角色扮演。（16 西南，17 福建师大，18 云南师大、东北师大，19 闽南师大、沈阳师大，20 山东师大、天水师范学院）

2. 简述教师职业的"角色丛"。（13 河南，16 宁波，17 南宁师大，20 山东师大，21 上海师大）

3. 简述教师角色的冲突及其解决。（10 苏州，15 辽宁师大，17 集美、山东师大，18 合肥师范学院，23 江苏师大）

4. 简述教师的角色发展。（23 四川师大）

>> **论述题**

1. 联系实际，分析教育活动中一个优秀教师应具备的职业素质和扮演的多元角色。（11 重庆师大）

2. 论述教师角色冲突及其解决方法。（15 上海师大、安徽师大，17 天津师大，18 扬州，23 南京师大、湖州师范学院）

3. 结合实际论述教师职业的角色及角色冲突和解决，以及在社会变迁中教师角色发展的趋势。（21 集美）

4. 未来学校的背景下教师的角色会有怎样的新样态？（21 首师大）

5. 结合"双减"政策论述义务教育教师的角色冲突和应对。（23 扬州）

6. 论述教师威信的形成过程及如何树立教师威信。（23 河北师大）

7. 论述教师如何扮演好职业角色。（23 大理）

8. 论述教师的角色丛及其发展趋势。(23 西安外国语)
9. 结合教育理论说明如何对后进生进行个别教育。(23 信阳师范学院)

考点5 教师的素养 ★★★★★ 10min搞定 (名: 13华中师大; 简: 30+学校; 论: 30+学校)

1. 高尚的师德 (名: 17河南; 简: 22聊城、河南)

（1）**热爱教育事业，富有献身精神和人文精神**。热爱教育事业是搞好教育工作的基本前提。这种献身精神来源于教师高尚的职业理想和坚定的职业信念，发自内心地愿把自己的全部心血灌注在培养下一代上。这是一种真挚、深沉而持久的感情，容不得半点虚假。

（2）**热爱学生，诲人不倦**。热爱学生是教师的天职，是教育好学生的重要条件。教师只有热爱学生，才能教育好学生，才能使教育发挥最大限度的作用，才能真正成为杜威所谓的"天国引路人"。

（3）**热爱集体，团结协作**。一个学生的成才是教师群体的智慧和共同劳动的结晶。因此，教师之间、教职员工之间应该相互尊重，团结协作，步调一致地教育学生，最大效度地发挥集体的教育力量。

（4）**严于律己，为人师表**。教师为人师表，必须以身作则，严于律己。凡是要求学生做到的，教师首先要做到；凡是要求学生不能做的，教师首先要自律。教师只有以身作则，才能树立威信，受到学生的尊敬。

2. 宽厚的文化素养

教师的主要任务是通过向学生传授科学文化知识，培养其能力，促进学生个性生动活泼地发展。教师要能够对自己所教的专业融会贯通，能从整体上系统把握，这样才能深入浅出、高瞻远瞩，达到运用自如的境界。同时，教师还应有比较深厚的文化修养。

3. 专门的教育素养

（1）**教育理论素养**。主要指教师对教育科学基本理论知识的掌握，能恰当地运用教育学、心理学的基本概念、范畴、原理处理教育教学中的各种问题。

（2）**教育能力素养**。主要指保证教师顺利完成教育、教学任务的基本操作能力。具体包括以下几种能力：课程开发能力、良好的语言表达能力、组织与引导教学的能力、机智地应变与创新能力。

（3）**教育研究素养**。一线教师既有资格也有条件进行教育科学研究，尤其是他们从事的教育或教学研究，教师应富有问题意识、反思能力，善于总结工作中的经验与教训，创造性地、灵活地解决各种教育问题。

4. 健康的心理素质

健康的心理素质体现在心理活动的方方面面，概括起来主要指教师要有轻松愉快的心境、昂扬振奋的精神、乐观幽默的情绪，以及坚韧不拔的毅力等。

> **凯程助记**
> 总——师德与心理素质，文化素养，教育素养。
> 分——师德包含三热爱一律己，即热爱教育，热爱学生，热爱集体，严于律己；教育素养包含三素养，即理论、能力与研究。

第十一章 教师与学生

经典真题

名词解释

1. 高尚的师德（17 河南）
2. 教师的教育素养（13 华中师大）

简答题

1. 简述教师应具备的基本素养。/ 简述教师专业素养的主要内容。（10 安徽师大，11 广西师大，11、13 华中师大，12 华东师大、北京航空航天，13 中南，14、17 上海师大，14、18、19 北师大，14、20 哈师大、曲阜师大，15 江西师大、广东技术师大，16 湖南，17 贵州师大、东北师大，18 山东师大、天津师大、山西师大，19 汕头、华南师大，20 云南、浙江师大、江苏、中央民族、闽南师大、北华，21 北京联合、湖南理工学院、陕西理工，22 华东师大）
2. 简述教师职业道德的内容。（11 扬州，14 江西师大，18 北师大，22 聊城、河南）
3. 简述教师应具备的基本素养以及它们之间的关系。（19 北师大）
4. 在现代社会变迁中，教师角色体现出哪些发展趋势？（10 福建师大，15 河南师大、郑州）

论述题

1. 一个合格教师的专业素养由哪些方面构成？教师应如何提高自身的专业素养（素质结构）？/ 论述教师的职业素养。（10 杭州师大，10、12 闽南师大，10、17 首师大，11、13 中南，11、14 重庆师大，11、15、22 西北师大，11、17 浙江师大，12、14 渤海、湖北，12、18 山西师大，13 鲁东，13、18 山东师大，14 湖南科技、天津师大、河北，15 江苏师大，16 中国海洋，16、17 曲阜师大，16、22 扬州，17 四川师大、西华师大，18 中南民族，19 太原师范学院、石河子、东北师大、青海师大，19、21 天津师大，20 内蒙古师大、陕西师大、安庆师大、湖州师范学院、华南师大，23 苏州科技、洛阳师范学院、沈阳师大、湖南科技）
2. 结合课程改革探讨教师专业素养的问题。（12 上海师大）
3. 论述教师素养的品德要求。（19 华中师大）
4. 试分析教师素养及社会变迁中教师角色的发展趋势（及如何面对）。/ 论述社会变迁对教师的角色变化和专业化发展的影响。（15、23 华东师大，19 沈阳师大）
5. 试述社会发展转型背景下，教师所扮演的角色及为适应这些角色教师所应具备的基本素养。（14 中山）
6. 试分析学校转型变革背景下教师的基本素养。（10 华东师大）
7. 教师要具备的素质。（材料大意为化学老师自制唇膏送给学生。）（21 湖南师大）
8. 结合教育实践，论述教师的专门教育素养。（21 华中师大）
9. 结合教育实际，谈谈疫情期间对教师素养的要求。（21 山西师大）
10. 论述教师素养的构成及其对教师成长的启示。（20 华东师大）
11. 如何做一个"四有"老师？（21 淮北师大）
12. 论述习近平总书记关于教育的论述中"四有"好老师的标准。（22 宝鸡文理学院）
13. 如何理解"学高为师"和"身正为范"？结合实际并举例。（22 鲁东）
14. 依据教师的多重身份，说说为从事教师这一职业，在研究生期间需要做哪些准备。（22 深圳）
15. 结合实际论述中小学教师的职业道德规范。（23 重庆师大）
16. （1）谈谈你对没有爱心就没有教育的理解。
（2）如何处理好严格教育和充满关爱的关系？（23 淮北师大）

考点 6 教师的培养与提高 ⭐⭐⭐⭐ 25min搞定

1. 教师的培养与提高的紧迫性

从总体上看，我国基础教育的教师数量问题基本上得到了解决，教师质量也得到了显著的提高。但是，如果做具体而深入的考察与分析，可以看出仍然存在以下令人关注与担忧的问题：

（1）**教师的分布结构失调**。城市教师工作条件相对较好，工资待遇相对较高，因而城市中小学教师的数量，若按目前的实际班额（一般人数偏多，实为大班）计算确实比较富余，而农村尤其是边、穷地区的教师工作条件比较艰苦，工资待遇也偏低，因而其中小学教师的数量则有所不足。

（2）**教师的质量不均衡**。我国有相当一部分教师，尤其是农村中小学教师原有的基础较差，而近年来教师质量的提升较快，但主要是通过函授、电大、自学考试等非正规教育来实现的。有的教师所学专业并非所教专业，这样便出现了所学非所用、所用非所学的状况。年轻教师尤其是男教师在农村更加稀缺，教师队伍缺乏活力，加之代课教师比例较大，稳定性较差，均会影响教师的质量。

（3）**教师队伍不够稳定，师资流失严重**。师资流失有显性流失和隐性流失：显性流失是指工资较低、条件较艰苦的中西部或农村地区的教师，千方百计地设法调往工资较高、条件较好的东部地区或城市学校任教或从事其他工作而形成的流失；隐性流失是指在岗教师因从事以增加个人经济利益为目的的第二职业或活动而挤压、削弱了他的本职工作造成的实质性流失。

（4）**不少教师缺乏现代教育的意识和能力**。由于深受传统教育思想和实践模式的影响，又缺乏接触与研习新的教育思想理念的机遇和参与教育改革实践的锻炼，所以许多教师仍执着于传统的教育观、教学观、师生观，习惯于传统模式的一套做法，不重视而且未真正地认识到在教育和教学活动过程中弘扬学生的主动性、自主性、创造性的必要性，也缺乏这方面的经验、方法与能力。甚至有的人对学习与实施新的教育理念及改革本能地抵触与消极地对抗。

2. 教师个体专业性发展的过程 （名：15+学校；辨：19南京师大；简：5+学校；论：10+学校）

（1）**理论1**：美国学者凯兹概括并提出了教师发展的四个阶段。

阶段一（求生期）：在工作的第一年，努力适应以求得生存。

阶段二（强化期）：一年后，对一般学生的情况有了基本的了解，开始把注意力放在有问题的学生身上。

阶段三（求新期）：在第三年和第四年，教师开始寻求新的教育教学方法。

阶段四（成熟期）：教师花费三年、五年或更多的时间，成为一个专业工作人员，能够对教育问题做出反省性思考。

（2）**理论2**：国内学者叶澜等从"自我更新"取向角度对教师专业发展阶段进行了深入研究，将其分为"非关注""虚拟关注""生存关注""任务关注""自我更新关注"五个阶段。

3. 培养和提高教师素养的主要途径 （简：5+学校；论：30+学校）

（1）**教师队伍专业化的主要途径**。

①**职前培养**。

第一，完善教师教育的培养体系。将师范院校培养教师与综合性院校培养教师相结合，打破培养教师的单一途径。加强师范院校与师范专业的课程建设，优化课程体系，侧重教学实际。建立职前、入职与职后培训的一体化培养模式，从整体上提高教师培养的质量。

第二，加强教师资格制度的建设。教师资格制度是国家实行的一种法定的职业许可制度，是对准备进入教师队伍从事教育教学工作人员的基本要求。国家对教师任职不仅有规定的学历标准，还有必要的职业道德、教育能力、教育知识的要求。

②入职教育。

第一，加强新教师群体的入职辅导。 新教师进入学校后，通过入职辅导对学校的综合性教学任务有初步了解，尽快熟悉教学业务，减少入职困难。同时为新教师提供更多的教学观摩、评课与教研活动。

第二，形成新教师与骨干教师之间以师徒结对为主的"青蓝工程"。 开办"以老带新"的帮扶活动，明确导师与徒弟的职责和相关要求，促进新教师的快速成长。

③在职成长。

第一，校本培训。 以学校为培训主体，以本校全体教师为培训对象，以解决本校教育教学中的实际问题为中心，采用经验交流、研讨讲座、教学观摩、教学竞赛、案例评析等多种方法，促进本校教师的专业成长。

第二，教师专业发展学校。 教师专业发展学校是大学与当地中小学建立合作伙伴关系，将教师在职进修与在职培训合为一体的学校形式。其目的在于打破大学与中小学的隔阂，既促进教师专业成长，又满足大学与中小学在课程改革等方面的合作与交流。

第三，教师教育网络联盟。 该联盟是在教育行政部门的推动下，各高校与其他企事业单位共同提供优质的教师教育资源的网络平台，以便教师便捷地使用这些资源，促进教师专业发展。

(2) 教师个体专业化的主要途径。（名：12河南）

①**教师自身要加强专业发展的观念（增强观念）。** 教师入职后是否愿意更新知识、促进发展，这依赖于教师是否有自我发展的意识与观念。提升自我发展的观念是加强教师个体专业化发展最根本的事情。

②**制订职业生涯发展规划（制订规划）。** 教师要为自己的职业发展做好短期、中期与长期的规划，审视发展机会、确定发展时间、制订行动策略并按目标逐步执行，以期自身专业水平不断发展。

③**积极参加各种培训（参加培训）。** 教师要学习教师专业发展的一般理论，建立专业责任感。近几年，较有成效的教师专业发展的培训模式有职前师范教育、在职教师发展学校与校本培训。

④**进行经常化的教学反思（教学反思）。** 反思是教师专业发展的重要方式。教师开展经常化、系统化的教学反思有利于教师对教学问题的深入思考并产生更多创造性地解决问题的方式，从而提升教师的专业化水平。

⑤**积极参与课程开发与教育研究（课程开发+教育研究）。** 积极参与校本课程的开发，促使教师站在课程编制者的立场思考课程实施；进行教育研究，促使教师站在研究者的立场审视教育问题。这两种方式能提高教师思考问题的高度，是促进教师专业发展的有效途径。

凯程助记

紧迫性	(1) 教师的分布结构失调；(2) 教师的质量不均衡；(3) 教师队伍不够稳定，师资流失严重；(4) 不少教师缺乏现代教育的意识和能力等
发展过程	(1) 理论1：求生—强化—求新—成熟。 (2) 理论2：非关注—虚拟关注—生存关注—任务关注—自我更新关注
培养途径	(1) 教师队伍专业化：职前培养（教师教育培养体系+教师资格制度）→入职教育（入职辅导+青蓝工程）→在职成长（校本培训+教师专业发展学校+教师教育网络联盟）。 (2) 教师个体专业化：（想象自己身为教师如何做到专业化） 先有观念意识→制订职业规划→积极参加培训→进行教学反思→参与课程开发与教育研究

凯程拓展

教师可以进行研究吗？

教师当然可以进行研究，因为教师有进行研究的优势和素养，而且教师参与研究意义重大。

1. 教师进行研究的优势

（1）教师在真实的教育情境中进行研究更容易发现问题；（2）在师生交往、共同发展中，教师更了解学生；（3）教师的工作有很强的实践性。

2. 教师进行研究需要的素养

（1）有研究热情；（2）有终身学习和思考的观念；（3）有自我反思和批判的能力；（4）有基本的研究方法；（5）有独立的研究精神。

3. 教师教育研究的意义

（1）解决教育实际问题，提高教育质量；（2）使课程、教学和教师真正融为一体；（3）满足教育科学发展的需要；（4）促进教师专业发展，增强教师的职业价值感；（5）有利于教师积累实践经验。

经典真题

》名词解释

1. 教师个体专业发展（10 宁波，11 华东师大，12、13 西北师大，13、16、20 杭州师大，14 山西，17 山西师大，18 江西师大、广州、南京师大，19 中央民族，20 石河子、浙江，21 南京信息工程、中国海洋，22 新疆师大、延安）

2. 教师的专业发展途径（12 河南）　　　3. 教师专业自我发展（19 新疆师大）

4. 教师专业发展（20 浙江，21 宁夏）

》辨析题

教师专业化就是为了提高教师的社会地位。（19 南京师大）

》简答题

1. 简述教师个体专业性发展的过程。（10 曲阜师大、哈师大，11 首师大，11、12 苏州，14 华东师大，14、17 宁波，18 中央民族、南京师大，19 广州，21 延安）

2. 简述培养和提高教师素养的主要途径。（16 广东技术师大，18 西南，19 重庆师大，21 闽南师大、成都，22 华中师大）

3. 简述教师职业发展专业化的内涵及要求。/ 简述教师专业发展的内涵。（15 西南，23 宁夏）

4. 教师的个体专业发展包括哪些内容？（21 新疆师大）

5. 简述教育学对教师工作的作用。（23 河南）

6. 简述教师职业倦怠的原因。（23 广西师大、济南）

》论述题

1. 论述社会变迁对教师角色及教师专业发展的具体影响。（13 华东师大，17 宁波，18 新疆师大）

2. 在教师专业发展的不同阶段，应该怎样帮助教师成长？（14 华东师大）

3. 一位出色的科学家放弃现有的工作，成为一名教师，他的导师对此觉得可惜。请从教师专业发展的角度谈谈对这一案例的看法。（13 湖南师大）

4. 如何理解教师职业是一种需要人文精神的专业性职业？其专业性表现在哪里？其人文精神又表现在哪里？（15 杭州师大）

5. 论述如何培育和提高教师的素养。(10 闽南师大，10、11 首师大，安徽师大，12、14 湖北，12、18 湖南，14 华东师大、河北、湖南科技，15、19、20 华南师大，16 扬州、山西师大、四川师大、重庆师大，17、18 郑州，18 中南民族、西南，19 东北师大、青海师大，20 南京师大，22 辽宁师大)

6. 论述具有人文精神的专业性教师和教育方法。(21 云南师大)

7. 论述教师专业发展。(20 成都)

8. 述评"教育专门化"和"教师专业化"。(22 宁波)

9. 北京师范大学2014年的讲话，关于教师如何做学生的引路人。
(1) 如何理解"四有"和"四引"的关系？
(2) 从教师专业化角度谈谈如何成为一名优秀的教师。/ 结合习近平总书记提出的相关要求，阐述如何做一名新时代的优秀教师。(23 山西师大、鲁东)

10. 论述现代教师的多重角色以及如何促进教师的专业化发展。(23 山西)

11. 结合教师专业发展的知识，谈谈加强师德师风建设的措施和途径。(23 深圳)

12. 材料：小学生提问五花八门，胡老师勉强回答甚至无法回答，因而怀疑自己的能力。
结合材料，分析胡老师为什么有这样的困惑。(23 温州)

第二节　学生与师生关系

考点 1　学生观 10min搞定 (简：23 湖南科技；论：10 西南，22 浙江海洋)

学生是指积极主动接受教育的人，学生观是指教育者对学生所持的认识、态度和看法。**新时代的学生观如下：**

(1) **尊重学生的主体性**。学生不是被动接受知识的容器，而是教育过程中的主体，教育要发挥教师的引导性，也要尊重学生的能动性，促使学生积极主动地参与学习。

(2) **尊重学生的独立性**。学生有自己的思想和看法，想有自己独立施展能力的机会与空间，教师要充分放权，让学生独立思考、独立操作，并及时激励学生。

(3) **尊重学生的差异性**。学生之间具有差异性，因为每个学生都是独特的，教师要做到充分了解学生，做到因材施教。

(4) **尊重学生的发展性**。学生是正在迅速发展的人，这种发展性还可以表现为学生具有潜能，教育的目的是要促进学生发展，激发学生潜能，而且教师要用发展的眼光看待学生。

(5) **尊重学生的个性自由**。每个学生都具有自己的个性，让学生的个性充分发挥，就是给予学生足够的自由，但自由不是无限度的，个性也不能总与社会相冲突。学生在施展个性与自由时，教师要引导学生适当地规范自由，处理好自由和纪律的关系。

(6) **尊重学生身心发展的规律与年龄特点**。学生的发展周期很长，心理学一般会研究和揭示学生的身心发展规律，并按照其规律把人的身心发展过程分为不同的阶段，明确每个年龄阶段的学生的特点，要求教育要尊重学生的身心发展规律和年龄特点。

(7) **重视学生的生活经验和体验**。杜威认为"教育即生活"，远离学生生活的教育是枯燥的教育，是空中楼阁的教育。只有尊重学生的生活经验和体验，才更能突出学生的主体性，展示学生的生活性，加强学生对知识体系的理解和掌握。

（8）**尊重学生的兴趣与需要**。教师要善于激发学生的求知欲，教学要联系学生的兴趣与需要，激发学生的学习动机，这样一来教学效果自然突出。

（9）**尊重学生对知识的自我建构性**。建构主义者认为，学生是自主地自我建构知识，教师无法把自己的知识装到学生脑中，教师只能启发学生积极主动地吸收知识，并结合自己已有的经验去完善对知识的理解，建构自己的知识体系。

（10）**尊重儿童的童趣**。低年级的学生还处于儿童期，他们对周围的事物充满想象和童趣，教师要充分尊重儿童的童趣，不可以认为儿童无知，而应该利用儿童的童趣，建立良好的师生关系，促进儿童发展。

考点 2　师生关系　★★★★★ 20min搞定　（名：21陕西师大；辨：21重庆师大；论：21海南师大）

1. 师生关系的类型　（简：21西南）

（1）**学生中心论**。

"学生中心论"是美国进步主义教育思想家杜威针对赫尔巴特的传统教育理论与思想而提出的。他把学生视为教育过程的中心，认为全部的教育教学都要从学生的兴趣、需要出发，教师只能处于辅助地位。

（2）**教师中心论**。

"教师中心论"是传统教育的集大成者赫尔巴特提出的，他强调教师的权威，主张教师在教育中处于绝对支配地位，学生绝对服从教师，处于被动地位。这是不平等的专制型师生关系，学生的价值与尊严得不到真正的尊重，个性发展也被严格限制。

根据师生之间在教育过程中不同的情感、态度和行为表现，还可将师生关系分为三种类型：专制型、放任型和民主型。民主型师生关系是当今社会理想的并正在努力实践的师生关系类型。

2. 良好师生关系的标准　★★★★★　（简：14新疆师大，18重庆师大，19中央民族，22鲁东；论：12南京师大，19山东师大，20新疆师大、重庆师大）

（1）社会关系：**民主平等，和谐亲密**。师生之间无论在政治上还是在人格上都是平等的。教师尊重学生的人格，发扬教学民主，有助于教师发挥创造性和主导作用。民主平等是建立良好师生关系的基本要求。

（2）人际关系：**尊师爱生，相互配合**。师生之间彼此尊重、相互友爱，教学才会配合默契，这是建立良好师生关系的感情基础。

（3）教育关系：**教学相长，共享共创；教师主导，学生主体**。即在教育教学过程中教师和学生相互促进、共同提高。这也是古人所讲的"教学相长""不耻下问"的体现。新时代我们强调教师起主导作用，学生具有主体地位，要将二者辩证统一于教育教学中。

（4）心理关系：**宽容理解**。教师能够对学生的不同特点有充分的认识，能够理解学生之间的差异，宽容学生的错误。

3. 建立良好师生关系的途径与方法　★★★★★　（简：19陕西师大，23南京师大；论：5+学校）

（1）**树立正确的教育观念是建立良好师生关系的根本**（转变传统的角色心理）。

这是创建新型师生关系的前提，主要表现在：第一，教师要有正确的学生观；第二，教师要有平等的师生观；第三，教师要有正确的人才观。

（2）**尊重与理解是建立良好师生关系的重点**。

①**了解与研究学生，主动接近学生**。教师要充分了解自己的教育对象，了解学生的性格特点、原有知识基础、兴趣爱好、家庭背景等。了解和研究学生是教师与学生建立良好关系的前提。

②**充分信任学生，尊重学生主体性**。教师要相信学生的潜能，赋予学生信任感，并引导学生学会自我教育，成为教育教学的主人。

③**公正对待学生，尊重个体差异**。教师要公平地对待学生，对所有学生一视同仁，教师也要尊重学生的差异与个性，做好因材施教，与学生建立民主、平等的师生关系。

④**主动沟通学生，做到"移情体验"**。教师要主动与学生沟通、交往，尤其是要注意和学生的心理交往，要经常换位思考，最大限度地理解学生。

(3) **教师加强自我修养与健全人格是建立良好师生关系的保障**。

教师的素质是影响师生关系的核心因素。教师的师德修养、知识能力、教育态度、个性品质都将对学生产生深刻的影响。

凯程提示

师生关系是教育学领域的重难点，论述题考查频率较高。其中教师如何处理好与学生的关系，是当今的热点问题。容易理解，做题时却有难度。请考生多看教材，多了解相关案例。

凯程拓展　　　　　　　　　教师期望效应

(1) **简介**：教师期望效应，又称罗森塔尔效应或者皮格马利翁效应。其源于古希腊传说中皮格马利翁和美丽少女的故事。后来以美国哈佛大学教授罗森塔尔为首的许多心理学家进行了一系列实验，专门研究教师对学生期望的作用。

(2) **内涵**：教师期望效应指学生的智力发展与教师对其的关注程度呈正比关系，即教师如果对学生产生一定的期望，就会使该学生的学习成绩和行为表现发生符合这一期望的变化。它分为自我应验效应和维持性期望效应。

(3) **应用**：①让学生感受到教师的期望值和教师对学生的关爱，学生就会产生源源不断的内在学习动机。②教师的期待要适当，期望目标必须遵循适度性原则，即期望目标为学生的"最近发展区"。切不可期待过高，拔苗助长；也不可期待过低，打击学生的积极性。

注意：虽然333大纲中没有这个知识点，但是考试出题较为频繁，需要考生重视。

经典真题

▶▶ 名词解释

1. 师生关系（21陕西师大，22河南）　　2. 皮格马利翁效应/教师期望效应（22北师大、首师大）

▶▶ 辨析题
师生关系对学校精神文化发展具有重要作用。（21重庆师大）

▶▶ 简答题

1. 简述理想师生关系的基本特征。（14新疆师大，18重庆师大，19中央民族，22鲁东）
2. 简述师生和谐关系构建的策略。（19陕西师大，23南京师大）
3. 简述良好师生关系的标准。（19中央民族）
4. 简述师生关系的类型。（21西南）
5. 学生发展的一般规律有哪些？对教育工作有什么启示？（21阜阳师大）

>> 论述题

1. 有人说,"没有教不好的学生,只有教不好的先生"。试从学生观、教师观、师生观等角度对这句话加以阐述。(10 西南)

2. 论述师生关系模式和理想的师生关系。(18 南京师大,19 山东师大)

3. 结合实际,论述新时期如何构建良好的师生关系。(20 天津外国语,23 合肥师范学院)

4. 良好师生关系的特征是什么?如何构建良好的师生关系?(20 重庆师大,20、21、23 新疆师大,22 西南、首师大)

5. 论述师生关系。(21 海南师大)

6. 论述新型师生关系及其策略。(10 西南,11、18 南京师大,13 宁波,17 重庆师大,17、18 浙江,20 石河子、天津外国语、山西,21 新疆师大)

7. 材料:某教育学家在小学挑选了 180 名学生,并且预测他们中有一部分将会有出息,有一部分平平无奇,有一部分没有大作为,结果八个月以后检测这些学生的成绩,发现如这位教育家预测的一样。

请运用教育学原理的知识分析材料。(23 宁夏)

第十二章 班主任[①]

考情分析

第一节 班主任工作概述
- 考点1 班主任工作的意义与任务
- 考点2 班主任素质的要求
- 考点3 班主任工作的内容和方法

第二节 班集体的培养
- 考点1 班集体的教育功能
- 考点2 学生群体及其主要类型
- 考点3 集体的发展阶段
- 考点4 培养集体的方法

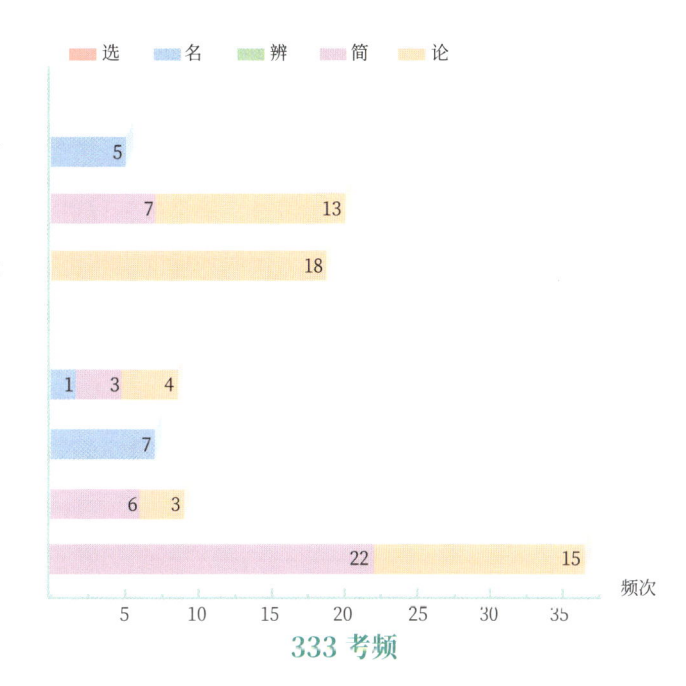

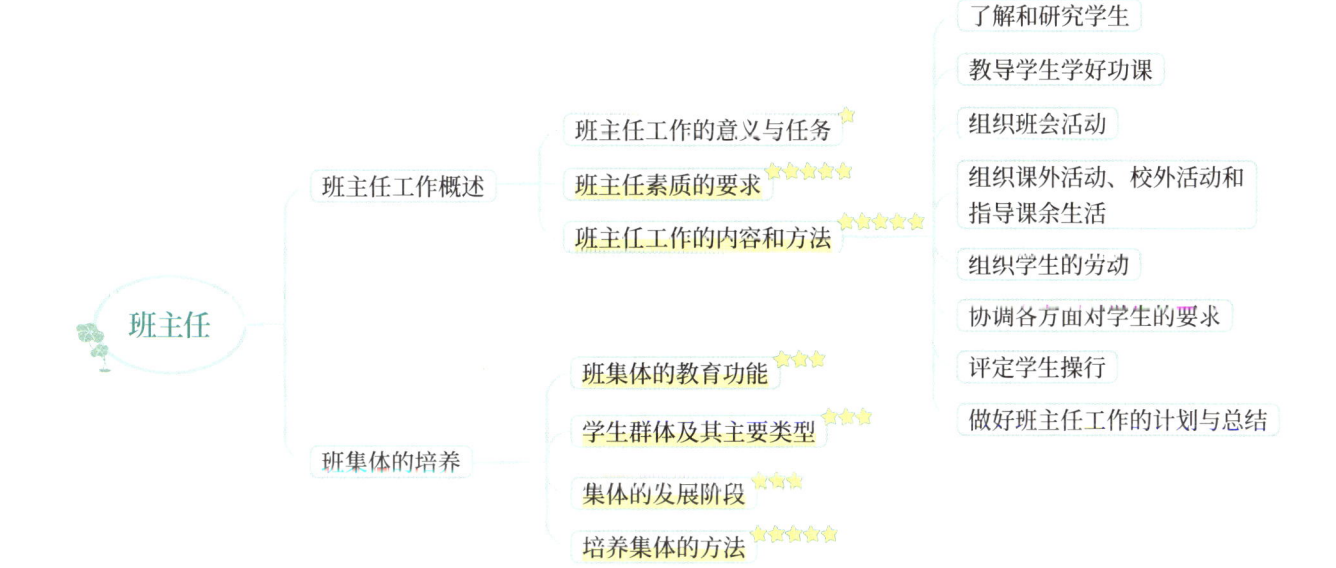

图例：选 名 辨 简 论

考点	频次
班主任工作的意义与任务	名5
班主任素质的要求	简7，论13
班主任工作的内容和方法	论18
班集体的教育功能	选1，名3，简4
学生群体及其主要类型	名7
集体的发展阶段	简6，论3
培养集体的方法	简22，论15

333考频

知识框架

班主任
- 班主任工作概述
  - 班主任工作的意义与任务 ★
  - 班主任素质的要求 ★★★★★
  - 班主任工作的内容和方法 ★★★★★
    - 了解和研究学生
    - 教导学生学好功课
    - 组织班会活动
    - 组织课外活动、校外活动和指导课余生活
    - 组织学生的劳动
    - 协调各方面对学生的要求
    - 评定学生操行
    - 做好班主任工作的计划与总结
- 班集体的培养
  - 班集体的教育功能 ★★★
  - 学生群体及其主要类型 ★★★
  - 集体的发展阶段 ★★★
  - 培养集体的方法 ★★★★★

[①] 本章主要参考王道俊、郭文安的《教育学》（第七版）第十四章。

第一节 班主任工作概述

考点 1 班主任工作的意义与任务 3min搞定 （简：20 云南师大）

1. 班主任工作的意义

（1）班主任是班级的教育者和组织者，是学校领导进行教导工作的得力助手。

（2）班主任是班级的全面管理者，在很大程度上决定一个班级的精神面貌和发展趋势。

（3）班主任是学生全面发展的主导者，深刻影响着班级里每个学生的全面发展。

2. 班主任工作的任务

依据我国的教育目的和学校的教育任务，协调来自各方面对学生的要求与影响，有计划地组织全班学生的教育活动，做好学生的思想教育工作，并对他们的学习、劳动、生活、课外活动和课余生活等全面负责，把班级培养成为积极向上的集体，使每个学生在德、智、体、美等方面都得到充分的发展。

> **凯程助记**
>
> 两依据＋协调各方要求＋有计划地组织活动＋做好思想教育工作＋对学生的方方面面负责＋培养集体＋促进学生全面发展。

考点 2 班主任素质的要求 3min搞定 （名：5+学校；简：5+学校；论：5+学校）

（1）**要有为人师表的风范**。班主任是学生的教育者、引路者，是学生学习的榜样。班主任应该严于律己，在一言一行、性情作风、为人处世等各方面均应为人师表，为学生示范。

（2）**要相信教育的力量**。班主任只有相信教育的力量，树立坚定的教育信念，才能不畏困难，顽强而耐心地工作，收获教育的硕果。

（3）**要有家长的情怀**。班主任对待学生要像家长对待孩子一样，无微不至地关怀学生，真诚地爱护学生，与学生彼此信赖，建立起深厚的情感。这样才能使学生听班主任的话，从而顺利地开展教育工作。

（4）**要有较强的组织能力**。班主任要善于与学生打交道，善于亲近学生，与学生打成一片。这样才便于组织学生开展活动，引导学生向正确的方向前行。

（5）**要能歌善舞，多才多艺**。一般来说，性格活泼开朗、兴趣广泛、多才多艺的班主任，与学生有较多的共同语言，易于与学生打成一片，便于开展工作。反之，沉默寡言、不爱活动的班主任则容易与学生脱离，难以深入了解和教育学生。

（6）**要善于待人接物**。班主任在工作中，要与家长、任课教师、课外辅导员和有关社会人士进行联系协作，因此要善于交往、能团结人，才能更好地协调各方面教育力量，做好班主任的工作。

考点 3 班主任工作的内容和方法 6min搞定 （简：21 集美、天水师范学院；论：10+学校）

（1）**了解和研究学生**。要教育好学生，必须先了解学生，并注意不断地研究学生。了解学生包括了解学生个人和集体两方面。了解学生的方法主要有观察、谈话、分析书面材料、调查研究。

(2) **教导学生学好功课**。一个班的学生平均成绩的高低与这个班的班主任是否注重抓学生的学习密切相关，越是低年级，相关程度越高，所以班主任要做好一些工作：要注意教导学生的学习目的和态度；要加强学生的学习纪律教育；指导学生改进学习方法和习惯。

(3) **组织班会活动**。开展班会活动是班主任的一项重要工作。班会的内容和形式应该多样化，组织班会还要有计划。教师对一个学期的班会活动要有总体计划，对每一次班会还要有具体计划；班会的内容要能够吸引学生，能调动全班同学的兴趣。

(4) **组织课外活动、校外活动和指导课余生活**。课外活动、校外活动与课余生活对培养学生的志趣、才能，丰富学生的生活作用重大。班主任要负责动员和组织工作，进行必要的指导，但也要严格要求学生遵守学校制度和纪律，自觉抵制不良思想风气的侵蚀。

(5) **组织学生的劳动**。班主任在组织学生劳动时需要注意：①做好准备工作，这里的准备包括劳动准备、思想准备和组织准备；②在劳动过程中，要做好组织与教育工作；③劳动过后，要进行总结工作，展示和评价班级学生的劳动成果，促进学生的发展。

(6) **协调各方面对学生的要求**。这项工作主要包括两方面内容：①统一校内教育者对学生的要求；②统一学校与家庭对学生的要求。只有班主任将来自各方面的要求进行统一，形成教育合力，才会对学生起到作用。

(7) **评定学生操行**。操行是指学生思想品德的表现，操行评定是学校对学生进行教育的重要方法。教师要注意积累每个学生的思想品德表现的材料，给学生写评语时，要实事求是，抓主要问题，有针对性，以反映学生思想品德发展的趋势和全面表现。

(8) **做好班主任工作的计划与总结**。班主任工作面广、内容多、强度大，是极为复杂的工作。班主任工作总结可以分为全面总结和专题总结，在总结中要不断提升自己，以便更好地胜任这份工作，获取教师职业更大的发展。

凯程助记

意义、任务	略（不重要）
素质要求	口诀：为人师表有信念（相信教育的力量），多才多艺会组织，还有家长柔软心
内容方法	了解学生第一位，教好功课第二位，各种活动搞起来，班会课外与校外、课余生活与劳动，协调各方的要求，评定操行要记牢，做好计划和总结

凯程拓展

通过家访建立家校联系

班主任指导家庭教育的另一个重要形式是家访。家访的目的是沟通学校教育和家庭教育，使之相互配合。家访工作中：①教师要了解学生的家庭教育情况，即学生在家中的情况和学生在家中的表现。②教师要向家长介绍学生在校情况，即学生在学校的思想表现、学习成绩、同学关系、纪律表现等。通过访问，协调学校教育和家庭教育的步调，以发挥学校教育的主导作用，和家长建立良好关系，取得家长对教师工作的支持和配合。③家访之前，最好和学生打好招呼，对学生的家庭情况做初步了解。家访时最忌教师向家长告学生的状。与家长谈话时最好请学生一起参加，也要允许学生发言，说出自己的意见。

（注意：浙江师大考生需认真学习以上知识点，其他考生请根据目标院校考纲酌情学习。）

经典真题

›› 名词解释
1. 班主任工作的任务（12 山西师大、西南，17 海南师大）
2. 班主任（23 西南）

›› 简答题
1. 简述班主任素质的要求。（12 陕西师大，15 华东师大，16 华南师大，19 吉林师大，20 天津师大，22 湖州师范学院、山西师大）
2. 简述班主任的工作任务。（20 云南师大）
3. 简述班主任工作的主要内容。（22 曲阜师大）

›› 论述题
1. 论述班主任素质的要求。（11、14 闽南师大，11、16 福建师大，12 沈阳师大，14 河南师大，17 扬州、赣南师大，18 西北师大，20 江西师大，21 黄冈师范学院，22 华东师大）
2. 论述班主任工作的内容和方法。（12 山西师大，13 鲁东，15 温州，16 西北师大，17 中央民族、海南师大，18 上海师大、华南师大、河北，19 山西，21 福建师大、集美、广东技术师大）
3. 论述班主任工作的内容以及如何进行创新管理。（21 西北师大）

第二节 班集体的培养 （名：19 河南、宁波，22 济南，23 温州）

考点 1 班集体的教育功能 5min搞定 （论：11、17 河南师大，20 山西，23 鲁东）

1. 生态功能与归属功能
生态功能体现为一个班级的生态环境的创建，包括师生关系、学生关系以及班级各种活动的创建。良好生态的班级会使每个学生发自内心地感到愉悦、兴奋、舒适，学生就会对班级产生归属感、依恋感和安全感，珍惜在校园生活中的新家园。

2. 教导功能与自主功能
一方面，班级是为了引导学生成长而组建的有目的、有计划地安排系统教学活动的场所；另一方面，在班级中，学生的成长离不开班主任的教导。以上两方面集中体现了班集体的教导功能。同时，也要看到学生是有能动性的主体，教学效果的好坏取决于能否调动学生的能动性。所以，我们既要发挥班主任的教导性，也要调动学生的能动性，才能提高教育质量。

3. 社会化功能与个性化功能
班级会卓有成效地推进青少年的社会化，使同学们都能养成相互尊重、团结合作、民主平等的现代人品质，帮助他们获得良好的人际关系。班级还可以促进学生的个性化，每个学生在班级承担的分工不同，要解决的具体问题不同，就更容易激发各自的潜能、情趣、才能、习性和特长，加速他们的个性化发展。但要注意，注重社会化时要防止强求一致，提倡个性化时要反对个人任性，这样才能使班级的社会化功能和个性化功能良性互动。

> **凯程提示**
>
> 王道俊、郭文安的《教育学》(第七版)修改了班集体的功能,凯程使用了其中的内容。旧版教材的描述是:(1) 班集体不但是教育的对象,而且是教育的巨大力量;(2) 班集体是促进学生个性发展的一个重要因素;(3) 班集体能培养学生的自我教育能力。凯程建议使用王道俊、郭文安的《教育学》(第七版)的内容,因为333大纲指定学习最新版教材。

考点 2　学生群体及其主要类型　5min搞定

1. 班集体（名：19河南、宁波）

一个真正的班集体,有明确的奋斗目标、健全的组织、严格的规章制度和纪律、强有力的领导核心、正确的舆论导向和优良的作风,能够有计划地开展各种教育活动,能自觉反思、总结经验,使集体自我教育、自我提高,不断向前发展。但不是任何一个班级都能称得上班集体,集体是群体发展的高级阶段,纪律松弛、涣散的班级不能算班集体。

2. 学生群体

（1）**正式群体**。

正式群体是指在校行政、班主任或社会团体的领导下,按一定章程制度、管理要求组织起来的学生群体。它通常包括班集体、共青团和少先队等。正式群体的目标与任务明确,成员稳定,有严密的组织纪律与工作计划,经常开展活动。正式群体如果组织得好就能有力地团结、教育全班学生共同前进,对学生的学习和生活起到重要作用。

（2）**非正式群体**。（名：5+学校；简：22华南师大）

非正式群体是指学生自发形成或组织起来的群体。它包括因志趣相同、感情融洽,或因邻居、亲友、老同学等关系以及其他需要而形成的学生群体。

其特点是:①自愿结合,自发形成,容易变化;②有共同需要;③强者领头,活动频繁,有活力;④没有明确的目的与活动计划;⑤不稳定;⑥有积极的一面,也有消极的一面。教育者应该公正、热情地对待非正式群体,真诚地帮助他们,尊重他们,引导他们向积极的方向发展。

（3）**参照群体**。

参照群体是指学生个人心中向往和崇尚的群体。由于学生心目中向往的参照群体与其实际参加的学生正式群体往往不一致,因此给教育工作造成了极为复杂的影响。有的参照群体是积极向上的,就会引导学生向积极的方向发展;有的参照群体是消极的,则需要教师的纠正和引导。

考点 3　集体的发展阶段　3min搞定　（简：5+学校；论：10江西师大,13陕西师大,17华东师大）

（1）**组建阶段**。这一阶段,班级从组织形式上建立起来了。学生互不了解,对班主任有很大的依赖性,需要班主任亲自指导和监督才能开展活动,如果班主任不注意严格要求,班级纪律就可能变得松弛、涣散。

（2）**核心初步形成阶段**。这一阶段,师生之间、同学之间有了一定的了解与信赖,学生积极分子不断涌现并团结在班主任周围,班级组织与功能较健全,班级的核心初步形成。这时,班主任从直接领导、指挥班级的活动,逐步过渡到向他们提出建议,让班干部来组织开展集体的工作与活动。

（3）**集体自主活动阶段**。这一阶段,积极分子队伍壮大,学生普遍关心、热爱班集体,能积极承担集体的工作,维护集体的荣誉,形成正确的舆论与良好的班风。此时,班集体已形成,它已成为教育的主体,能主动地根据学校和班主任的要求以及班上的情况，自觉地向集体成员提出任务与要求，自主地开展集体活动。

考点 4　培养集体的方法 5min搞定（简：10+校；论：5+校）

（1）**确定集体的目标**。目标是集体的发展方向和动力。培养集体首先要使集体明确奋斗的目标。集体的目标应当是班主任同班干部或全班同学一道讨论确定的。

（2）**健全组织、培养干部以形成集体核心**。培养集体必须注意健全集体的组织与功能，使它能正常开展工作，发挥应有的作用，关键是要做好班干部的选拔与培养工作。班主任对班干部不可偏爱和护短，要教育他们谦虚谨慎，认真负责，以身作则，团结全班同学一道前进，充分发挥集体的核心作用。

（3）**有计划地开展集体活动**。班集体是通过开展集体活动逐步形成的。班主任在确定班级的奋斗目标后，应制订集体活动计划，有计划地开展各种活动，使每个学生都能在活动中得到锻炼与提高，引导集体朝气蓬勃地向前发展。

（4）**培养正确的舆论和良好的班风**。只有在集体中形成了正确的舆论与良好的班风，集体才能识别是非、善恶、美丑，发扬集体的优点，抵制不良思想作风的侵蚀，集体才能发挥巨大的教育力量，成为教育的主体。

（5）**做好个别教育工作**。集体教育与个别教育是紧密联系的。班主任对个别学生进行教育，也是为了更好地培养集体。个别教育的重心不是面向集体，而是直接面向个人。不仅要对后进生做个别教育，也要对一般生和优秀生做个别教育。总的来说，班主任的个别教育工作包含三个方面：①促进每个学生个性的全面发展；②做好后进生的思想转变工作；③做好偶发事件中的个别教育工作。（简：20 洛阳师范学院；论：17 渤海、山西师大）

凯程助记

班级功能	（1）生态功能与归属功能；（2）教导功能与自主功能；（3）社会化功能与个性化功能
群体类型	班集体；正式群体、非正式群体、参照群体
发展阶段	组建阶段→核心初步形成阶段→集体自主活动阶段
培养方法	口诀：目标组织搞活动，舆论班风抓个别。 （1）确定集体的目标；（2）健全组织、培养干部以形成集体核心；（3）有计划地开展集体活动；（4）培养正确的舆论和良好的班风；（5）做好个别教育工作

凯程提示

班主任可以利用各种灵活的办法来培养班集体，以上几条是常用的途径。在现实的班主任工作中，教师要治班有法，又无定法。答题时，如果有材料分析题要求回答所给材料中教师培养班集体的方法，考生不要拘泥于以上几点内容，而应该根据材料的具体内容来作答。

经典真题

》名词解释

1. 班集体（19 河南、宁波，22 济南，23 温州）

2.非正式群体（10安徽师大，12中山，18广州、宁波）

›› 简答题

1.简述班集体的教育功能。（11、17河南，19宁夏，23鲁东）

2.简述班集体的发展阶段。/简述班集体的组建过程。（10安徽师大，13陕西师大，14、17华东师大，21沈阳师大）

3.简述培养班集体的办法。/简述教师管理班级组织的主要策略。（11、12、16华中师大，13、17陕西师大，14华东师大，16、17河南、郑州，18西北师大、闽南师大，19湖南师大、江西师大、宁夏，20河南师大、鲁东、青岛，21西华师大、扬州、首师大，22天津师大，23山东师大、南京信息工程）

4.简述纪律形成的内在矛盾。（21重庆师大）

5.简述非正式群体的特点。（22华南师大）

›› 论述题

1.如何做好个别教育工作？（17渤海、山西师大）

2.论述班集体的培养方法。（11、17河南师大，16、18西北师大，16、19华东师大，17郑州，19湖南师大、上海师大、宁夏，20鲁东，22河南，23四川师大）

3.论述班主任工作对班集体发展和学生品德发展的影响。（17华东师大）

4.举例论述如何组建和培养班集体。（17西南）

5.结合班级管理实际，谈谈班集体的发展阶段及其培养方法。（10江西师大，13陕西师大，17、23华东师大）

6.论述班主任工作的任务和内容。（12西南、渤海、吉林师大，15、21广东技术师大，16、21西北师大，18上海师大、华南师大，19安庆师大、山西，20合肥师范学院、浙江师大，21集美、福建师大）

7.为什么班主任在管理集体教育时要兼顾个人教育？班主任要如何做到对个人教育的管理？（17渤海、山西师大，21江西科技师大）

8.材料：小明在班里老被其他同学欺负和嘲笑，班主任在小明生日当天买蛋糕让同学们为他庆生并进行教育。

（1）结合材料，用教育学原理评价班主任的做法。

（2）班主任应该如何营造和维护好的班集氛围？（23浙江海洋）

第十三章 学校管理

考情分析

第一节 学校管理概述
- 考点 1 学校管理的概念
- 考点 2 学校管理的构成要素
- 考点 3 学校管理体制
- 考点 4 校长负责制

第二节 学校管理详情与发展趋势
- 考点 1 学校管理的目标与过程
- 考点 2 学校管理的内容与要求
- 考点 3 学校管理的发展趋势

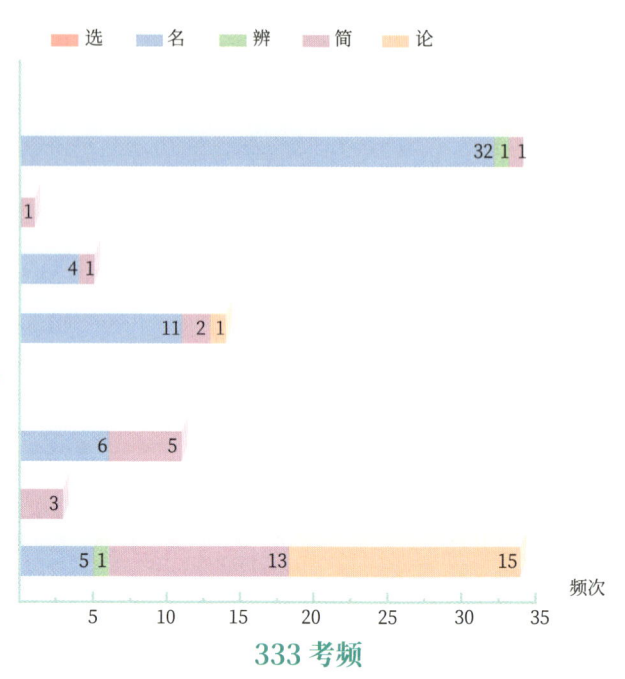

图例：选 名 辨 简 论

考点1：名32、辨1、简1
考点2：名1
考点3：名4、简1
考点4：名11、简2、论1
第二节考点1：名6、简5
第二节考点2：简3
第二节考点3：名5、辨1、简13、论15

333考频

知识框架

学校管理
- 学校管理概述
  - 学校管理的概念 ★★★★★
  - 学校管理的构成要素 ★
  - 学校管理体制 ★
  - 校长负责制 ★★★★★
- 学校管理详情与发展趋势
  - 学校管理的目标与过程 ★
    - 学校管理的目标
    - 学校管理的过程
  - 学校管理的内容与要求 ★
    - 教学管理
    - 教师管理
    - 学生管理
    - 总务管理
  - 学校管理的发展趋势 ★★★★★
    - 学校管理法治化
    - 学校管理人性化
    - 学校管理校本化
    - 学校管理信息化
    - 学校管理民主化

① 本章全部参考王道俊、郭文安的《教育学》（第七版）第十六章。

考点解析

第一节 学校管理概述

考点1 学校管理的概念 ★★★★ 5min搞定

1. 学校管理的含义 （名：20+学校）

学校管理是学校管理者在一定的社会历史条件下，通过一定的组织机构和制度，采用一定的方法和手段，带领和引导师生员工，充分发挥学校的人、财、物、时间、空间和信息等资源的最佳整体功能，卓有成效地实现学校工作目标的组织活动。简言之，学校管理是管理者通过一定的组织形式和工作方式实现学校教育目标的活动。

2. 学校管理的特性 （辨：20 山东师大；简：11 浙江师大）

（1）**学校管理以育人为中心，具有教育性**。学校管理应该具有教育性，以实现管理育人，主要应该做到以下几点：首先，创设良好的育人环境，包括物质环境、精神环境和信息环境。其次，在管理中坚持以人为本，树立管理即教育、管理即促进学生发展的观念。最后，每个管理者都应该把自己视为一个教育者，不要把自己局限于某种管理业务的组织者和执行者。

（2）**学校管理的实质是为师生服务，具有服务性**。学校管理工作错综复杂，但实质是为师生服务的。为了实现学校管理就是服务的理念，首先，要强调管理者和师生员工之间平等的人际关系，彼此应该相互尊重。其次，要求管理者能满足师生员工的需要。最后，要求管理者能换位思考，热心为师生员工服务。

（3）**学校管理在特定的文化环境中进行，具有文化性**。从学校建筑、校园布局、师生关系和学风，到学校的办学理念、教学方法等，每一所学校都会形成自己的文化特色。学校管理的文化性，一方面要考虑社会文化对学校的影响；另一方面要建设学校自身的文化来打造学校的品牌，形成学校的办学特色。

（4）**学校管理是对校内外各种资源的有效整合，具有创造性**。学校管理是一门科学，也是一门艺术，它是充满创造性的活动。①从管理对象上看，学校管理是对人、财、物、时间、空间、信息等资源的合理组合，可见，学校管理对象的多而复杂，使学校管理成为富有挑战性和创造性的工作。②从管理过程上看，学校管理是一个动态的开放性系统。政府、社会和家庭的各种不同观念、态度和行为都会影响学校管理。因此，学校管理者要创造性地开展活动，解决管理问题。

考点2 学校管理的构成要素 3min搞定 （简：18 中南民族）

1. 学校管理者

学校管理者就是在学校管理活动中处于领导地位、发挥引领作用的人。学校的正、副校长和各个职能部门的负责人员都是学校管理者。学校的教职员工和学生在一定意义上也是学校的管理者，因为他们都是学校的主人，不仅接受管理，并且积极参与管理。

2. 学校管理对象

学校管理对象就是学校管理活动的承受者，也就是学校管理者认识和实践的对象，主要包括学校的人、财、物、时间、空间和信息等资源。

3. 学校管理手段

学校管理手段主要包括学校的组织机构和规章制度。

(1) **学校的组织机构**是根据一定的组织原理和工作需要建立起来的，它可以分为行政组织机构和非行政组织机构两种类型。

(2) **学校的规章制度**一般包括学校的领导制度、教育教学管理制度、学生管理制度、校园管理制度、财务管理制度、后勤管理制度等。

凯程助记 管理者采用管理手段对管理对象进行管理。

考点 3　学校管理体制

1. 学校管理体制的含义

学校管理体制是学校管理组织机构和管理制度的结合体，它是学校管理的枢纽，对学校管理功能的实现发挥着全局性、根本性和持久性的作用。

2. 学校管理体制的内容

学校管理体制包括学校组织机构体制和学校领导体制两个方面。前者规定了学校管理机构的设置，各机构的职、责、权的划分及相互关系；后者规定了学校由谁领导和负责。我国中小学的管理体制是校长负责制。

考点 4　校长负责制

1. 校长负责制的含义

校长负责制是指校长受上级政府主管部门的委托，在党支部和教职工代表大会的监督下，对学校进行全面领导和负责的制度。在这一领导体制中，校长是学校行政系统的最高决策者和指挥者，是学校的法人代表。他对外代表学校，对内全面领导和管理学校的教育教学、科研和行政工作。

2. 实施校长负责制应该注意的问题

(1) **明确校长的权力与责任**。校长权责统一是现代管理的一个基本原则。校长没有一定的权力，在办学过程中，就不可能真正做到自主与负责。一般来说，校长拥有学校行政的决策权、各项工作的指挥权、副校长的提名和教职工的聘用与考核的人事权、学校办学经费的使用权、校内机构的设置权和校舍校产的管理权。

(2) **发挥党组织的监督保证作用**。实行校长负责制，并不意味着削弱党对学校的领导，反而应使党组织的领导职责更加明确和突出。首先，学校中的党组织要从过去大包大揽一切事务的状态中解脱出来，把自己的精力集中到加强党的建设和加强思想政治工作上来。其次，团结广大师生，大力支持校长履行职权，保证和监督党的各种方针政策得到落实。最后，要坚持用马克思主义教育广大师生，激励他们为祖国的富强奋勇进取、建功立业。

(3) **建立以教师为主体的教职工代表大会制度，加强民主管理和监督**。为了避免校长独断专行，学校应建立教职工代表大会制度，激励教职员工参与学校的民主监督与管理。教职工代表大会制度是校长负责制的重要组成部分，它为学校教职员工提供了参与学校管理的合法渠道，同时也保证了学校领导所做决策的科学性与合理性。

凯程助记

学校管理	含义：管理者通过一定的组织机构和工作方式实现学校工作目标的活动。 特点：教育性、服务性、文化性、创造性
管理要素	学校管理者、学校管理对象、学校管理手段（组织机构和规章制度）
管理体制	含义：学校管理组织机构和管理制度的结合体。 内容：学校组织机构体制和学校领导体制
校长负责制	含义：校长对学校进行全面领导和负责的制度。 注意：明确校长的权力与责任；发挥党组织的监督保证作用；发挥教职工代表大会的监督作用

经典真题

名词解释

1. 学校管理（10、11 山东师大，10、17 哈师大，10、17、22 扬州，12 杭州师大、西南，12、13 沈阳师大，12、15、18 华南师大，13 江苏师大、河南，14、19 上海师大，15 北师大、天津、江西师大、福建师大，16 云南师大、渤海，16、19 辽宁师大，17 东北师大，18 温州，19 湖北师大，20 赣南师大、宝鸡文理学院，21 佛山科学技术学院，22 湖州师范学院，23 天津师大、鲁东、聊城）

2. 校长负责制（14 苏州、淮北师大，15 重庆三峡学院、温州，16 天津，16、17 北师大，18 南宁师大，19 华南师大，20 云南，21 湖南科技）

3. 学校管理体制（16 福建师大，18 扬州，18、20 辽宁师大）

4. 学校管理制度（23 湖南）

简答题

1. 简述学校管理的作用。（11 浙江师大，21 沈阳）
2. 简述学校管理的构成要素。（18 中南民族）
3. 简述学校管理体制。（16 福建师大，18 扬州）
4. 简述学校管理的主要方面。/ 概念及内容 / 基本环节（12 北京航空航天，15 浙江师大，16 安徽师大，17 西南）
5. 简述校长负责制的内涵及需要注意的问题。（16 华东师大，20 重庆三峡学院）

论述题
什么是校长负责制？校长对学校管理行使哪些权利？（14 湖北）

第二节 学校管理详情与发展趋势

考点 1 学校管理的目标与过程 10min搞定

1. 学校管理的目标

（1）学校管理目标的概念。（名：13 安徽师大，15、17 上海师大，20 广东技术师大）

学校管理的目标是指学校管理主体对管理活动的要求和期望，也就是通过管理活动所要达到的状态、标准和结果。学校管理的目标在学校管理活动中占据重要地位，它既是学校管理活动的指南，也是衡量学校管理工作好坏的标尺。

（2）学校管理目标的作用：①导向作用；②激励作用；③调控作用；④评价作用。

（3）学校管理的目标定位： 学校管理的最终目的是通过科学而规范的管理，尽可能地利用校内外的各种资源和办学优势，最大限度地发挥学校的效能，卓有成效地提高学校的教育教学质量。简言之，发挥学校效能，促进学生发展，是现代学校管理的目标定位。

（4）学校管理目标实现的要求。

①保持各种管理目标的协调一致。 一所学校要高效而有序地运转，必须使有关学校管理的各项目标保持和谐一致。首先，学校管理目标与学校教育目标一致。其次，部门管理目标应当同学校管理总目标协调一致。最后，学校管理者的目标与被管理者的目标应当趋于一致。

②建立高效率的管理组织系统。 一个高效率的管理组织系统，从静态上看，它应该是机构健全、职责明确、权责对称、各司其职、分工合作；从动态上看，学校管理的各层次、各部门应该运转有序，不仅能够处理好日常性管理工作，而且能根据变化创造性地解决各种管理问题。

③组建一支高水平的学校管理队伍。 加强教师队伍建设是学校发展之本。我们要考虑管理队伍的年龄、专业和学历结构的配置是否合理；还要用人之长，信赖、放手；更要注重年轻干部的选拔与培养，保持队伍的生机与活力。

④采取科学的管理方法和手段。 采用科学的管理方法和手段，就是要从学校管理工作的实际出发，根据人、财、物的不同特点，采取切实有效的办法。此外，我们更要用信息化、现代化的技术手段进行系统管理，充分发挥其作用。

2. 学校管理的过程（名：19、21沈阳师大；简：15聊城，16安徽师大，17江西师大）

（1）学校管理的基本环节。（简：12北京航空航天）

学校管理的过程是指学校管理者依据科学的管理原则，为实现学校管理的预定目标，对学校管理对象的诸多因素进行管理的客观程序。其基本环节主要有：

①计划。 对学校工作目标的全面设计和统筹规划。它是学校管理过程的起始环节，在管理活动中起着指明方向、规划进程、统一步调、提高效率的作用。

②实施。 将计划付诸行动，使学校的人、财、物、时间、空间、信息等资源产生最大的实际效益与社会价值。学校管理者要做好组织、指导、协调和激励工作。

③检查。 对计划的执行情况进行考核，其目的在于发现问题和解决问题，检查具有监督、考评和激励的作用。

④总结。 对学校管理过程的计划、实施、检查等工作进行分析、评价等反思性活动。

（2）四个环节的相互关系。

学校管理过程的四个环节是一个互相联系、互相制约、循序渐进、首尾相连的有机整体。①计划统率着管理全过程；②实施是计划的执行；③检查是对实施过程的监督与检验；④总结则是对计划、实施、检查的总体分析与评价及其改进建议。总之，各环节之间都存在反馈回路，以便对工作产生反思，起到提高和促进作用。

凯程助记

计划 ⇄ 实施 ⇄ 检查 ⇄ 总结

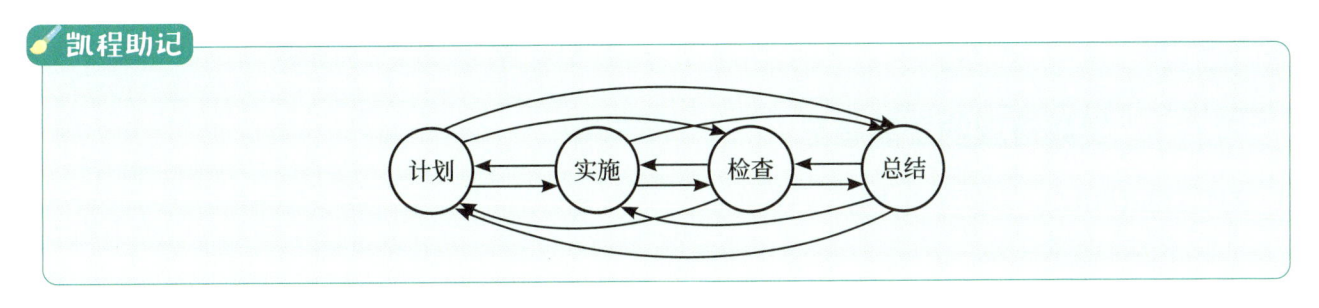

考点 2　学校管理的内容与要求　8min搞定　（名：19 湖南科技）

1. 教学管理

(1) **教学思想管理**。思想是行为的先导，先进的教学思想能够促进和引导教学工作的发展，而落后、陈旧的教学思想则是教学工作发展的障碍。因此，教学管理首先应抓好教学的思想管理。

(2) **教学组织管理**。建立有效的教学指挥系统，充分发挥各职能部门的作用，是教学组织管理的基本任务，也是实现教学目标的重要保证。在教学组织上要加强教导处的建设，领导好教研组工作。

(3) **教学质量管理**。（简：20 云南师大）

教学质量管理是学校管理者依据一定的质量标准，运用科学的手段和方法，对学校的教学过程及其结果进行全面监控、检验和评估的活动，其目的是提高教和学的质量。教学质量管理在教学管理中处于核心地位。

①**内容**：制定科学的教学质量标准；对教学质量进行检查和分析；对教学质量进行调控。

②**要求**：坚持全面教学质量管理；坚持全过程教学质量管理；坚持全员教学质量管理；坚持全因素教学质量管理。

2. 教师管理

(1) **内容**：教师管理是学校管理的一项重要组成部分，但教师管理又有其特殊性。如何创造良好的工作环境与氛围，调动每位教师的积极性，把他们的潜力与智慧引导到提高人才培养的质量上来，是做好教师管理工作的关键。其内容主要有：①教师的选拔；②教师的任用；③教师的培养；④教师的考评。

(2) **趋势**：①逐步实现职务聘任制；②趋向科学化、人性化和服务化；③注重发挥教师组织的效应。

3. 学生管理　（简：13 福建师大）

(1) **内容**：学生管理是一项细致、复杂而又多层面的工作，其内容主要包括学生的思想品德管理、学习管理、健康管理、组织管理、课外活动管理等方面。

(2) **要求**：①遵照国家的法律法规要求，对学生依法进行管理；②依据学生的身心发展特点，对学生进行科学管理；③发挥学生的主动性，引导学生进行自我管理。

4. 总务管理

(1) **内容**：学校总务管理是一项事多、量大、涉及面广、政策性强的工作，其内容主要包括财务管理、生活管理、校产管理和环境管理等方面。

(2) **要求**：①坚持勤俭节约、廉洁奉公的原则是做好总务工作的重要保证；②要深入基层了解实际情况，增强工作的针对性；③把教学服务放在首位，想方设法为教学提供必要的资金和设备，不断改善教学环境和条件，妥善保管各种仪器和设备，做到物尽其用。

凯程助记 主要记住学校管理的四方面：教学管理、教师管理、学生管理、总务管理。

考点3　学校管理的发展趋势 ★★★★★ 30min搞定　（简：5+ 学校；论：5+ 学校）

1. 学校管理法治化　（名：23 湖南科技；论：12 华南师大，15 安徽师大，16 重庆三峡学院，19 闽南师大）

（1）依法治校的含义。

随着科教兴国战略的实施和依法治国方略的确立，依法治教已成为党和政府管理教育的基本方针，依法治校则是依法治教的重要组成部分。依法治校可以分为两个方面：一是政府及教育行政部门依法管理学校；二是学校管理者依法管理学校。

（2）为什么要依法治校？

①依法治校是实施依法治国方略的必然要求。为了贯彻依法治国的基本方略，学校管理需要法治化。

②依法治校是适应市场经济发展的客观需要。为了适应市场经济的需要，学校必须拥有独立的法人地位和办学自主权，需要依法治校。

③依法治校是学校管理改革的需要。长期以来，我国的学校管理主要依靠"人治"，"人治"的最大特点是"权大于法"，人们往往服从权利而不注重遵守法律，因此学校中就会出现腐败局面，所以我们一定要做到依法治校。

（3）如何推进依法治校工作？

①注重依法行政。依法行政是依法治校的前提和保障。要求教育行政部门严格依据法律规定的职责，对学校进行管理，维护学校办学的自主权。

②加强制度建设。学校要依据法律法规制定和完善学校章程，建立学校重要的管理制度、教育教学制度及其他相关制度，做到学校各项事务有法可依，依法管理。

③推进民主建设。学校要进一步完善教职工代表大会制度，切实保障教职工参与学校民主管理和民主监督的权利。

④开展法治教育。依法治校的关键在于转变观念，学校要多采用学生喜闻乐见的方式，开展生动活泼的法治教育，提高师生员工的法律素养。

⑤维护教师权益。学校要依法聘任合格教师，明确双方的权利与责任，尊重教师权益，保障教师待遇。建立校内教师申诉渠道，维护教师合法权益。

⑥保护学生权益。学校要注重保护学生的人身安全、财产安全以及受教育权，建立和完善各种管理学生的制度，保护学生的合法权益。

凯程助记 依法行政→制度建设→民主建设→法治教育→维护教师权益和保护学生权益。

2. 学校管理人性化　（名：14 辽宁师大；简：15 湖南科技）

（1）学校管理人性化的含义。

学校管理人性化是指学校管理工作要关注人的情感、满足人的需要、崇尚人的价值、开发人的潜能、尊重人的主体人格和地位。

（2）学校如何实行人性化管理？①要考虑人的因素，一切从人的实际出发。②在分配工作任务时，要考虑人的个体差异。③要强调人的内在价值，通过激励的方式来提高工作效率。④要努力构建一种充满尊重、理解和信任的人际环境，增强教职工和学生的集体归属感。⑤加强校园文化建设，充分发挥校园文化的管理和育人功能。⑥要转变管理观念，改变管理方式，贯彻"管理即育人、管理即服务"的思想。

3.学校管理校本化 （名：17安徽师大，20扬州；辨：22西南；简：19云南师大）

(1) 学校管理校本化的含义。

学校管理校本化是指学校在教育方针与法规的指引下，可以根据自己的实际情况和需要来自主确定发展的目标与任务，进行管理工作。简言之，就是以学校为本位的自主管理。

(2) 学校如何实行校本化管理？

①**教育行政部门要简政放权**。学校教育行政部门应当把学校本应具备的教育决策权、财政权、人事权、课程与教学及其改革权逐步下放给学校，正确处理政府与学校之间的权力与职责关系。

②**倡导集体参与、共同决策**。政府将权力下放到学校，不是交给校长个人，而是交给整个学校。所以，学校必须从集权管理转向民主管理，让教职工、学生和家长共同参与学校管理。

③**开展校本研究，提高学校管理者的决策能力**。校本管理的决策能力与效益的提高途径很多，其中一个有效的方式就是开展校本研究。只有把学校自身的情况研究清楚了，自主决策才有针对性和实效性。

凯程助记 简政放权→集体参与→校本研究。

4.学校管理信息化

(1) 学校管理信息化的含义。

学校管理信息化包含两个方面：一方面是学校对信息技术的开发和使用，即把计算机、网络、多媒体等现代技术运用到学校管理上，以提高学校管理的实效；另一方面是学校管理方式和内容的信息化，即由过去的"人—人"管理、"人—物"管理转变为"人—机"管理，即注重对有关信息资源的管理。

(2) 学校管理信息化的意义。

学校管理信息化是管理的革命，它给学校带来了前所未有的变化。

①**学校管理信息化提高了管理效率**。如学校信息系统的建立，改进了学校的业务流程，减轻了管理人员的劳力。

②**学校管理信息化提高了管理者的决策效力和质量**。如学校集成化管理系统的出现，打破了部门之间的封闭与隔离，使学校各种信息得以快速有效地交流、传递、整合，并能便捷而清晰地呈现，帮助管理者做好管理决策。

③**学校管理信息化实现了信息资源的共享，提高了学校的竞争力和服务水平**。如今，学校的公共服务呈现普遍性和跨时空的特点，教师、学生和家长都可以利用学校的信息，学校信息资源可以共享，而信息服务的公开性又提高了学校的服务水平和竞争力。

(3) 学校如何实行信息化管理？

①**办学条件信息化**。加强硬件投入与软件开发，为学校管理信息化提供物质基础。

②**培训内容注重信息素养**。改进培训内容和方式，提高学校教职员工的信息管理素养。

③**学校管理信息化**。完善学校信息化管理的政策和规章制度，以便提高学校信息化管理的有效性。

5.学校管理民主化

(1) 学校管理民主化的含义。

民主管理是指学校管理充分发扬民主，以对个体价值的肯定为基础，以个体才能的充分发挥和潜能挖掘为前提，积极吸引全员参与管理活动，集思广益，群策群力，共同参与，以取得最优的管理效益。

(2) 学校如何实行民主化管理？

①**学校领导者的民主精神是实行学校管理民主化的根本**。选择具有民主精神和观念的领导者至关重

要，他会减少管理中的专制，听取大众的建议，为学校管理带来民主气息。

②**重视人人参与管理是实行学校管理民主化的基础**。所谓民主，是全民参与。所谓学校的民主管理，是指学校里的广大教师、学生，包括家长都有参与学校管理事务的权利。

③**营造民主、公平的管理氛围是实行学校管理民主化的关键**。作为管理者，要营造公平、民主的管理氛围，如完善教职工代表大会制度、力求处理学校事务公平公正等，这些都是民主氛围的体现。

④**健全民主监督机制是实行学校管理民主化的保证**。民主的最大特点就是权力制衡，学校的监督机制是民主管理的重要组成部分。目前学校的主要监督制度有党组织的监督和教职工代表大会的监督。

凯程助记 法治需要兼顾人性，校本需要信息参与，根本还要体现民主。

经典真题

一、关于学校管理的目标、过程、内容和要求

▶▶ 名词解释

1. 学校管理目标的概念与意义（13 安徽师大，15、17 上海师大，20 广东技术师大）
2. 学校管理过程（19、21 沈阳师大）

▶▶ 简答题

1. 学校管理过程包括哪些基本环节？（12 北京航空航天，15 聊城，16 安徽师大，17 江西师大，19 沈阳师大）
2. 简述学校管理的含义和内容。（13 福建师大，17 华南师大，20 云南师大，23 杭州师大）

二、关于学校管理的发展趋势

▶▶ 名词解释

1. 学校管理人性化（14 辽宁师大）
2. 学校管理校本化（17 安徽师大，19 云南师大，20 扬州）
3. 学校管理法治化（23 湖南科技）

▶▶ 辨析题　校本管理只管校内的事，不管校外的事。（22 西南）

▶▶ 简答题

当前学校管理呈现哪些发展趋势？（11、14、16 西南，12 安徽师大、鲁东，14 沈阳师大，15 西北师大，16 苏州、中央民族，17 河北，18 四川师大，20 江西师大，21 山东师大，23 杭州师大）

▶▶ 论述题

1. 论述学校管理法治化。（12 华南师大，15 安徽师大，16 重庆三峡学院，19 闽南师大）
2. 联系实际，分析学校管理的发展趋势。（10 天津师大，12 鲁东，13 湖南科技，15 辽宁师大，16 苏州，18 齐齐哈尔，18、20、21 华东师大，20 河北，22 华南师大）
3. 有人主张"依法治校"，有人主张"以德治校"。请评述这两种观点。（18 华东师大）
4. 试述学校管理的趋势及实践启示。（20 华东师大）
5. 结合实际，谈谈如何落实学校管理的"民主化"思想。（22 华东师大）
6. 试述学校管理人性化的原因及怎么做。（22 集美）

参考文献

主要参考文献：

[1] 全国十二所重点师范大学联合编写. 教育学基础（第3版）[M]. 北京：教育科学出版社，2014.

[2] 王道俊，郭文安. 教育学（第七版）[M]. 北京：人民教育出版社，2016.

其他参考文献：

[1] 黄济，王策三. 现代教育论（第三版）[M]. 北京：人民教育出版社，2012.

[2] 袁振国. 当代教育学（第4版）[M]. 北京：教育科学出版社，2010.

[3] 叶澜. 教育概论[M]. 北京：人民教育出版社，1991.

[4] 柳海民. 教育学原理（第2版）[M]. 北京：高等教育出版社，2019.

[5] 项贤明. 教育学原理[M]. 北京：高等教育出版社，2019.

[6] 冯建军. 现代教育学基础（第四版）[M]. 南京：南京师范大学出版社，2019.

333教育综合应试解析

教育研究方法分册　主编　徐影

编委会　凯程教研室

目 录

第一章　教育研究概述 ……………… 002
第一节　教育研究的含义与类型 ……………… 002
第二节　教育研究的基本原则和过程 ………… 004
第三节　教育研究的基本范式和方法 ………… 006

第二章　教育研究的选题与设计 …… 009
第一节　教育研究的选题 ……………………… 009
第二节　教育研究的设计 ……………………… 010

第三章　教育文献检索 ……………… 018
第一节　教育文献概述 ………………………… 018
第二节　教育文献检索 ………………………… 019
第三节　教育文献综述 ………………………… 020

第四章　教育观察研究 ……………… 022
第一节　教育观察研究概述 …………………… 022
第二节　教育观察研究的实施程序 …………… 026

第五章　教育调查研究 ……………… 030
第一节　教育调查研究概述 …………………… 030
第二节　问卷调查 ……………………………… 031
第三节　访谈调查 ……………………………… 038

第六章　教育实验研究 ……………… 044
第一节　教育实验研究概述 …………………… 044
第二节　教育实验研究的效度 ………………… 047
第三节　无关变量的控制方法 ………………… 049
第四节　教育实验设计的主要格式 …………… 052

第七章　教育行动研究 ……………… 055
第一节　教育行动研究概述 …………………… 055
第二节　教育行动研究的基本步骤 …………… 056

【考题预测】 ……………………………………… 061
【分项式考题】 …………………………………… 061
【笼统式考题】 …………………………………… 062

教育研究方法

学习指导

依据当下各校教育硕士的招生情况与新时代对教师研究素养的重视情况，凯程预测2024年全国统一命题科目中会有对教研科目的考查。因为新时期对教师的要求不再是传道授业的"教书匠"，而是具有创新意识和创造能力的研究型教师，这是新时期教育改革的迫切要求。因此，在2024年考研大纲正式下发之前（预计2023年09月下发），为了不耽误考生的复习，凯程团队从1月起，开始在教研科目做教学辅导安排，专硕考生学习教研时，必须非常深入细致，着重了解几种主要的教育研究方法，能够做基本的教研设计题，凯程整理的教研解析共计60多页，可供考生学习最基础、最核心的内容，防止9月再学，大家措手不及。

重磅提醒：以上是凯程预测，也许全国统一命题科目还是没有加入教研，所以请考生自愿选择是否学习该科目。

知识框架

教育研究方法
- 教育研究概述
  - 教育研究的含义与类型
  - 教育研究的基本原则和过程
  - 教育研究的基本范式和方法
- 教育研究的选题与设计
  - 教育研究的选题
  - 教育研究的设计
- 教育文献检索
  - 教育文献概述
  - 教育文献检索
  - 教育文献综述
- 教育观察研究
  - 教育观察研究概述
  - 教育观察研究的实施程序
- 教育调查研究
  - 教育调查研究概述
  - 问卷调查
  - 访谈调查
- 教育实验研究
  - 教育实验研究概述
  - 教育实验研究的效度
  - 无关变量的控制方法
  - 教育实验设计的主要格式
- 教育行动研究
  - 教育行动研究概述
  - 教育行动研究的基本步骤

考点解析

第一章 教育研究概述[①]

第一节 教育研究的含义与类型

考点1 教育研究的含义 ★2min搞定

教育研究是指运用科学的研究方法，遵循一定的研究原则和程序，有目的、有计划、系统地探索、揭示教育的本质属性以及规律的活动过程。教育研究由客观事实、科学理论和方法技术三个基本要素组成。它们同样执行着解释、预测和控制的功能，只是研究对象的特点不同。

考点2 教育研究的类型 ★★★ 10min搞定

1. 价值研究与事实研究

根据研究问题的内容和性质，可将教育研究分为价值研究和事实研究。

（1）**价值研究（规范研究）**。价值研究是指以教育中的价值问题为研究对象的一类研究的总称。价值研究着重回答"应该是什么"或"应该怎么样"的问题。它不以说明事实为目的，而以理性思辨的方式为"应然"的教育寻找理由，表现为一种关于规范、原则设定的理论研究。

举例：《教育是人类价值生命的中介——论价值与教育中的价值问题》。

（2）**事实研究（实证研究）**。事实研究是指采用分析、归纳的方法对教育进行量化或质性的研究。事实研究着重回答"是什么"或"怎么样"的问题，旨在描述、说明和解释教育的客观规律。教育观察研究、教育调查研究、教育测验研究、教育个案研究、教育实验研究、教育内容分析研究等都属于事实研究。

举例：《关于中小学生课业负担情况的调查研究》。

2. 基础研究与应用研究

根据研究的目的、功能和作用，可将教育研究分为基础研究和应用研究。

（1）**基础研究**。基础研究是指以揭示教育的本质和规律，丰富和完善教育理论为主旨的研究。它旨在探讨教育的普遍规律，阐明教育原理、教育目的、教育手段等问题。它主要的目的是不断认识和理解人类的教育活动，把握其自身的活动规律，厘清教育与其他社会子系统的关系，发展和完善教育理论，回答"为什么"的问题。基础研究不一定有当下的、实际的用处。它以认识为基本目的，以发展和完善教育理论为最高目的。

举例：《试论教育惩戒的社会学意义》。

（2）**应用研究**。应用研究是指以描述教育现象，改善教育实践活动为主旨的研究。它回答"是什么"或"怎么做"的问题。应用研究具有直接的实际应用价值，能解决某些特定的实际问题或提供直接有用的知识。

举例：《关于农村小学教师实施教育惩戒的问题、成因与对策研究》。

[①] 本章内容主要参考邵光华的《教育研究方法》和裴娣娜的《教育研究方法导论》。

(3) 基础研究与应用研究的关系。 基础研究与应用研究各自具有不同的目的、性质、特点和作用，但二者之间的划分有时是相对的，而且并没有高低之分。基础研究常为应用研究提供理论指导，应用研究需要以深厚的基础研究理论为依靠来补充知识的缺陷；应用研究的成果也有助于完善基础研究。两种研究在解决教育问题方面各具价值和功能，常常互为补充。

3. 定性研究与定量研究

根据研究过程中对客观事实的性质和数量的侧重及分析方法，可将教育研究分为定性研究和定量研究。

(1) 定性研究（质性研究）。

①**含义**：定性研究是指在尽可能自然的状态下，通过对教育现象进行深入、细致、长期的观察、体验、访谈和分析，确定研究对象是否具有某种性质或对教育现象的变化过程和变化原因进行全面分析、深刻认识的一种研究。它注重使用归纳法。

举例：《关于清末民初读经论争问题研究（1914—1918 年）》。

②**优点**：能够描述和解释复杂的现象；能够对案例进行深入分析；能够对交叉案例进行比较和分析。

③**缺点**：很难做出定量预测；很难通过重复试验的方式检验假设或理论；不易针对大样本进行分析；研究结果容易受到研究者个人的偏见和喜好的影响。

(2) 定量研究（量化研究）。

①**含义**：定量研究是指运用数学、物理等工具精确地描述教育事实，解释教育现象，以求发现普适性的教育规律的一种研究。定量研究以追求科学化为特征，关注的是带有普遍规律的教育现实，采用的手段是观察、测量、测验、调查和统计，注重的是研究的严密性、客观性、精确性和价值中立性，且注重使用演绎法。

举例：《元认知对日语专业学生日语阅读理解影响的定量研究》。

②**优点**：能够获得精确的、定量的数值型数据；研究过程严谨、科学；借助统计软件进行数据分析和处理非常简便；研究结果客观、精确；能够用于大规模群体研究。

③**缺点**：统计分析的数据可以说明研究现状，但无法进行深入的分析与原因归纳。

(3) 定性研究与定量研究的关系。 在具体的研究过程中，定性研究与定量研究之间的相关性往往高于它们之间的差异性。在当前的教育研究中，研究者为了解决和说明问题通常会采用定性研究和定量研究相结合的综合性研究。定性描述中的结论通过量化的手段进行检验，能给人更为精确的印象；通过定量研究得出的以数字和量度为特征的结论中隐含的大量信息，再通过定性的描述能进一步阐释和说明问题。所以说定性研究与定量研究并非相互排斥，而是相互补充的。

凯程拓展

定性研究与定量研究的具体对比

类别	定性研究	定量研究
描述方法	文字	数字和量度
研究对象	不同事物、现象的意义及特征	有关因素在数量上的变化以及对研究对象的影响
研究情境	在自然状态下	在操纵和控制下

续表

类别	定性研究	定量研究
研究方法	整体研究、描述分析	统计分析
研究本质	归纳：从特殊事例中归纳出一般原理	演绎：从一般原理推广到特殊事例
研究设计	灵活	结构化和规范化
注重	研究过程	研究结果
目的	理解教育现象	确定关系、影响、原因
结果	较主观，受材料真实性、逻辑性影响	更科学，具有较高的确定性

凯程助记

理解教育研究的类型，能辨别案例是哪种研究即可。

价值研究	研究教育中"应该是什么"或"应该怎么样"的问题
事实研究	研究教育中"是什么"或"怎么样"的问题
基础研究	研究教育中"为什么"的问题，最高目的在于发展和完善教育理论
应用研究	研究教育中"是什么"或"怎么做"的问题，旨在解决教育实际问题
定性研究	主要使用文字进行描述和深入分析的研究
定量研究	主要使用数量判定事物的性质和变化的研究

第二节 教育研究的基本原则和过程

考点 1 教育研究的基本原则 ★★★★★ 20min搞定

1. 客观性原则

客观性原则是指研究者在研究过程中必须尊重事实，以事实的本来面目为依据，反对主观臆测，妄自论断。它是科研工作者应遵循的基本原则。只有最大限度地保证研究过程的客观性，才能最大限度地实现研究的目标。

2. 创新性原则

创新性原则是指在教育研究中，研究者应在借鉴和继承前人或他人研究成果的基础上，发现新的问题，提出新的观点，产生新的认识，获得新的结论，为人们提供新的知识。

3. 公共性原则

公共性原则是指研究者在表达教育研究的研究程序、方法和成果时，要使用明确、清楚的文化符号和专业概念，以保证同行专家了解整个研究过程。

4. 操作性原则

操作性原则是指研究者在教育研究中使用的概念术语要有明确的、可操作的语义规定，以便对其进行定性或定量的考察，即教育研究要给出明确的操作性定义。

5. 检验性原则

检验性原则是指教育研究的结论在不同研究者的操作中,按照相同的程序和方法重新进行研究,应能得到相同或相近的结果。

6. 伦理原则

伦理原则要求研究者的科研活动应遵循基本的社会道德准则,不侵犯研究对象或研究参与者的权益,避免对其造成身心伤害。这是教育研究的基本原则,因为教育研究的对象是"人"而不是"物"。当科学性和伦理性相矛盾的时候,首先要保证伦理性。

7. 理论联系实际原则

理论联系实际原则是指教育研究从教育的实践需要和实际情况出发,研究、形成和发展教育科学理论,并努力运用教育科学理论来指导教育实践,解决教育实践中的问题,以推动教育科学和教育事业向前发展。

凯程助记 顺口溜——客观操作需检验,公共创新重伦理,理论不忘联实际。

考点 2　教育研究的一般过程 ★★★★★ 10min搞定

教育研究是一种有目的、有计划、有步骤地采用多种方法认识教育现象及其规律的创造性认识活动。一般来说,教育研究的过程分为以下六个阶段。

1. 选题阶段

选定课题就是为一项具体的研究工作确立一个研究主题,这是研究活动的起始环节。在提出问题以后,并不是所有的问题都值得研究或有能力研究,这就需要我们进一步确定课题。首先,要判断问题本身的理论价值或应用价值;其次,要考虑研究人员的研究实力和学术兴趣;最后,要考虑资料、仪器和设备等物质条件。

2. 研究设计阶段

研究计划的设计是整个研究工作中重要的一步。研究设计是否合理完善,不仅会直接影响研究的预定目标能否实现,影响研究工作的效率,而且会影响研究结果的可靠性、科学性。

3. 搜集资料阶段

为了完成课题研究,必须形成对客观存在的有关事实的科学认识。因此,应运用多种方法搜集和获取资料。资料一般分为数据资料和文字资料两种,应分别采用不同的搜集方法。常见的搜集方法有观察法、问卷法、访谈调查法和测验法等。

4. 整理与分析资料阶段

运用科学的方法对搜集到的资料进行整理,使之系统化、条理化。整理与分析资料的关键是要遵照科学事实,即把分析研究的结果归纳成几条原理原则或者对其做出事实判断。

5. 撰写研究报告阶段

对教育研究的总结是指对研究课题的选择,研究设计,研究资料的搜集、整理、分析,以及研究结论的形成等全过程进行系统的整理和概括,在此基础上按规范撰写科研论文或研究报告,以展示科研成果。

6. 总结与评价阶段

总结与评价是教育研究活动的最后一个环节。评价要先对研究成果的学术水平和应用价值进行鉴定,再对研究活动的科学性进行评估。

凯程助记

对于教育研究的一般过程，不要死记硬背，把自己想象成一名研究者，想一想在研究过程中你需要先做什么，后做什么。要按照实际研究过程记忆。顺口溜：选题之后要设计，搜集资料要分析，撰写报告后评价。

选题阶段 → 研究设计阶段 → 搜集资料阶段 → 整理与分析资料阶段 → 撰写研究报告阶段 → 总结与评价阶段

第三节 教育研究的基本范式和方法

考点 1 教育研究的基本范式 ★★★★★ 10min搞定

教育研究范式是指教育领域中学术共同体对所从事的教育研究活动的基本方法和规范的共同认识，即同一时代背景下多数学者采用的研究思路和基本模式。量的研究、质的研究、混合式研究是三种教育研究的基本范式。

1. 量的研究

量的研究是科学主义教育研究范式的主要特征之一，主张教育研究过程注重理论假设、客观实证或寻找事实和理论依据进行演绎推理，或收集样本数据进行统计推断。它经常运用的方法有实验法、问卷调查法、结构性观察法、注重科学考证的历史研究法，以及以相关分析为基础的预测法等。量的研究的优点是研究过程严谨、科学，研究结果客观、精确。

2. 质的研究

质的研究是人文主义教育研究范式的主要特征之一，主张教育研究过程以研究者本人为研究工具，在自然情境下采用多种资料收集方法，对社会现象进行整体性探究，使用归纳法分析资料和形成理论，通过与研究对象互动，对其行为和意义进行建构，从而获得解释性理解。

3. 混合式研究

（1）含义：混合式研究是指研究者将量化的和质性的研究技术相结合并运用于同一研究之中。它的意义不仅仅在于可以取长补短，获得更好的研究结果，更在于它从实质上消解、弥平了方法的边界，使得教育研究更加专注于研究的问题和环境。

举例：在"关于应试类培训机构是否恶化了教育生态的研究"中，我们采用问卷形式进行大规模调查，通过数据分析的量化研究了解家长、教师与学生对应试类培训机构的看法，又通过个案、访谈等质性研究，深度认识到大众对应试类培训机构产生依赖性的原因、现状与问题，在广度数据的分析上，结合深度访谈的质性分析，发现应试类培训机构确实恶化了教育生态。

（2）优点。

①**能够使两种研究优势互补**。能够在一个单一的研究中战略性地将量化和质性研究的优势结合，更好地实现研究中的单个目的或多重目的（这是优势互补的原则）。

②**兼顾研究的广度和深度**。能够在一个更广泛、更完整的范围内深度回答研究问题。

③**可以实现三角互证**。能够通过汇集和验证研究结果的方式为研究结论提供更有力的证据。

④**有利于产生整合性知识或结论**。能够加深对研究的洞察和理解，产生的整合性知识或结论最适合应用于理论和实践。

（3）**缺点**：①**对研究者的研究素养要求高**。要求研究者必须了解多种研究方法和途径，并能适当地将它们结合起来使用。②**成本更高，耗时更多**。

> **凯程拓展**
>
> **三角互证**
>
> **含义**：教育科学研究中的三角互证是指用不同的研究方法来研究同一现象，以彼此验证得出结论。其中的"三角"除指多种不同的研究方法外，还指不同的资料来源、不同的研究者、不同的理论假设、不同的时间和情境、样本中不同的人群等。采用三角互证研究同一现象，一是为了拓展对某一研究问题的认识，二是为了对研究结果展开评价。
>
> **举例**：《关于无家可归的青少年健康和疾病问题的研究》。
>
> 在这项研究中，我们先对街头青年主要的联络点和他们经常出没的地方进行参与式观察，然后对个别无家可归的青少年进行个案研究，最后请专家（专门为无家可归者工作的医生和社会工作者）对这些青少年进行访谈。
>
> 我们把参与式观察、个案研究和专家访谈进行了三角互证，揭示了我们正在研究的现象的不同方面。参与式观察为我们提供了来自个人的观点，以及与健康相关的集体实践情况；个案研究可以帮助我们了解参与式观察触及不到的领域，使我们了解在具体的、能够观察到的情境以外的更一般的想法、经验和实践；专家访谈提供了针对个案的具体问题和生活状况的评估。结合同一研究问题的三个不同方面的研究路径，一起揭示矛盾和差异，促使研究结论更加完整与合理。

考点 2　教育研究的基本方法 ★★★★★ 15min搞定

教育研究的基本方法是指研究者在实际研究中采取的具体办法。教育研究中最常用的方法有：

1. 观察研究法

观察研究法是指人们有目的、有计划地通过感官和辅助仪器，对处于自然状态下的客观事物进行系统考察，从而获取经验事实的一种科学研究方法。

2. 调查研究法

调查研究法是指在教育理论指导下，通过观察、列表、问卷、访谈、个案研究以及测验等科学方式，搜集教育问题的资料，从而对教育现状做出科学的分析认识，并提出具体工作建议的一整套实践活动。它主要包括问卷调查法、访谈调查法和测量调查法。

3. 实验研究法

实验研究法是指为了实现教育理论的科学化，开展各种教育实验，通过实验研究，探索教育规律，验证和检验基本原理和研究假设的一种研究方法。

4. 行动研究

行动研究是指实践者为了解决实践中的问题，在实际工作情境中通过自主的反思性探索，解决实际问题的一种研究活动。教育行动研究是当前非常提倡的一种研究方式，一线教师是主要的研究者，既可以是教师们自己研究实际教学问题，也可以是教师和专家合作，针对实际问题提出改进计划，通过在实践中实施、验证、修正而得到研究结果。

5. 比较研究法

比较研究法是指对某类教育现象在不同时期、不同地点、不同情况下的不同表现进行比较分析，揭示教育的普遍规律及其特殊表现，从而得出符合客观实际的结论的教育研究方法。

举例：《关于君子教育与绅士教育的比较研究》。

6. 叙事研究

叙事研究是当前教育界非常关注的一种研究范式。教育叙事研究是指有意识地对促进人的身心健康的教育活动中富有价值的教育事件和具有意义的教育故事的讲述与揭示，又称为"教育故事研究"。它以叙事、讲故事的方式表达对教育现象的解释和理解，揭示教育故事内涵的价值和意义。

举例：在《教改前沿的实践者——一位特级教师的故事》的教育叙事研究中，研究者选择了Z校的金老师，对金老师的教案笔记、日常生活、教师专业自主发展等进行了研究，探究了教师真正奉行的教育观念。

> **凯程提示**
>
> 前4种研究方法将在第四至七章做详细介绍，是考试最常考的方法，后两种研究方法考生知道内涵即可，不做更多的介绍与说明。

第二章　教育研究的选题与设计

第一节　教育研究的选题

选题是进行教育研究的第一步，也是教育研究的重要环节。选择和确定一个恰当的、可行的问题，决定了研究的价值与意义以及研究的主要方向。

考点1　教育研究选题的主要来源

1. 社会发展中产生的教育问题

这类研究课题包括当前社会变革和发展过程中迫切需要解决的重大问题，以及教育事业发展中急需解决的问题。例如，关于我国教育发展战略的目标研究；基础教育质量规格的指标体系、基本要求与地区差异研究；农科教结合与区域经济社会发展关系的研究；等等。

2. 学科理论的深化、拓展或转型中产生的问题

这类研究课题是在教育科学领域的各学科理论发展与构建中提出的问题。以德育研究为例，围绕德育的本质与功能问题，可以形成一系列研究问题。例如，学校德育的社会统一要求与发展个性之间关系的研究；如何落实德育的实效性；如何加强师德师风的建设；等等。

3. 教育实践变革中产生的问题

在教育实践中提出的实际问题，尤其是在教育改革中反映出的种种困惑和矛盾，是最根本的选题来源。例如，如何大面积提高教育质量问题；如何减轻中小学生课业负担问题；中学生早恋现象的产生及矫正；等等。从日常观察中发现问题，对广大的大、中、小学教师来说，是提出研究课题的一个重要途径。

考点2　教育研究选题的基本要求

1. 问题有研究价值（价值性）

选题的价值性是指所选择的问题值得去研究。从内部价值来说，一是具有理论价值，指所选择的研究课题，在理论上要有所突破或建树，或能对已有研究进行补充与完善；二是具有实践意义，指所开展的研究要有利于提高教育教学质量，促进学生全面发展。从外部价值来说，教育研究也要为哲学、心理学和社会学等学科的发展助一臂之力，同时为相关社会问题的解决提供路径与方略。

2. 问题的提出有现实性（现实性）

选题的现实性集中表现为选定的问题要有科学性。在实践基础上，选题要有一定的事实依据，研究的问题必须源于实践，得出的结论又必须能够指导实践；在理论基础上，选题要以教育科学基本原理为依据。

3. 问题表述具体明确（具体性）

选定的研究问题一定要具体化，界限要清晰，范围宜小，不能太笼统。只有对问题有清晰透彻的了解，才能为建构、指导研究方向的参照系提供最重要的依据。因此，不宜把课题选得太宽、太大、太复杂。

---

① 本章内容主要参考裴娣娜的《教育研究方法导论》、陈向明的《教育研究方法》、袁振国的《教育研究方法》以及张莉、王晓诚的《教育研究方法专题》。

4. 问题研究有可行性（可行性）

可行性包含以下三个条件：

（1）**客观条件**。除必要的资料、设备、时间、经费、技术、人力和理论准备等条件外，还要有科学上的可行性。

（2）**主观条件**。指研究者本人原有的知识、能力、基础、经验、专长，所掌握的有关这个课题的材料，以及对此课题的兴趣。也就是说，要权衡自己的条件寻找结合点，选择能发挥自己优势的课题。

（3）**时机问题**。选题必须抓住关键性时期，即应在什么时候提出该研究课题要看有关理论、研究工具及条件的发展成熟程度。

5. 问题有新颖性（新颖性）

选定的研究问题应突出研究的新颖性，也叫创新性。新颖性可以表现在很多方面，如研究内容新颖、研究角度新颖、研究方法新颖、理论假设新颖或研究环境新颖等。

> **凯程助记**
> （1）谈价值性：分为理论和实践。　（2）谈现实性：分为源于实践和指导实践，外加基本原理。
> （3）谈具体性：要求具体、清晰。　　（4）谈可行性：分为主观和客观条件，外加时机。
> （5）谈新颖性：分为内容、角度、方法、理论、环境等。

第二节　教育研究的设计

考点1　教育研究假设的形成 ★★★★ 30min搞定

1. 假设的含义

研究假设是研究课题确定后，依据一定的知识和新的科学事实，对所研究问题的规律或原因做出的推测性论断和假定性解释，是在进行研究之前预先设想的、暂定的理论，是对研究课题设想出的一种或几种可能的结论或答案。假设有两大特征：第一，有一定的科学依据；第二，有一定的推测性质。

2. 假设的类型与举例

（1）**依据假设形成的逻辑不同，可分为归纳假设、演绎假设和研究假设。**

①**归纳假设**：是基于观察的概括，是人们通过对一些个别经验事实材料的观察得到启示，进而概括、推论出经验定律的假设。

举例："单元设计教学符合学生的认知发展规律"。

②**演绎假设**：是从教育科学的某一理论或一般性陈述出发推出新结论，推论出某个特定假设。它是根据不可直接观察的事物现象或属性之间的某种联系的普遍性，通过理论综合和逻辑推演提出的理论定律和原理的假设。

举例："依据泰勒原理中教育目标的可行性推测教育目标可以分类化和层次化"。

③**研究假设**：陈述的是两个变量之间所期望的相关性（或不同性）。

举例："小学生的学业成绩与其受到的严厉惩罚成反比"。

（2）**依据假设的倾向性不同，可分为方向性假设和非方向性假设。**

①**方向性假设**：是明确指出推断预期结果方向的假设，它对某些对象和变量之间关系的方向或特点

做出了明确的指向。

举例："在思维能力上，男生的推理能力比女生强"。

②**非方向性假设：**是并未明确指出推断预期结果方向的假设，它期望通过验证假设来发现或揭示某些对象和变量之间关系的方向或特点。

举例："在思维能力上，男女生的推理能力有差异"。

（3）依据假设的性质和复杂程度不同，可分为描述性假设、解释性假设和预测性假设。

①**描述性假设：**处于科学探索的最初阶段，主要描述、认识研究对象的结构，向我们提供关于事物的外部联系和大致的数量关系的推测，是对研究对象的大致轮廓的外部表象的一种描写。

举例："教师的教学知识存在结构性特征，主要分为教学的课程知识、教学的内容知识与教学的方法知识"。

②**解释性假设：**是揭示事物的内部联系，指出现象质的方面，说明事物原因的一种更复杂、更重要的假设，是比描述性假设更高一级的形式。

举例："教育程度越高的人，对事业要求越高，就会投入更多的时间在事业上，而推迟结婚生育"。

③**预测性假设：**对事情未来发展趋势的科学推测，它是基于对现实事物的深入、全面了解而提出的更加复杂、困难的一种假设。

举例："民众受教育程度的提高有利于未来社会的性别结构合理化"。

3. 假设涉及的主要变量

（1）**自变量：**又称刺激变量、输入变量或实验变量，是由研究者主动操纵而变化的变量，是能独立地变化并引起因变量变化的条件、因素或条件的组合，包括操纵性自变量和非操纵性自变量。

（2）**因变量：**又称反应变量、输出变量或实验结果，是指由于自变量的变化而引起研究对象的有关性质、因素和特征产生相应变化的变量。因变量是研究过程中需要观察、检测和测量的指标，是研究结果的重要体现。

（3）**无关变量：**又称干扰变量或控制变量，是指研究中与某特定研究目标无关的非研究变量。因为它会对研究的因变量产生影响，可能导致研究结果出现偏差或无法取得研究结果，所以在研究过程中需要对它进行控制或消除。

举例：在"图片辅助讲解概念的方法使5岁幼儿对概念的记忆有明显的提升"的假设中，自变量是图片辅助讲解概念，因变量是5岁幼儿概念保持的时间，无关变量是概念学习的时间和次数、对材料的熟悉程度和原有的知识基础等。

> **凯程拓展**
>
> **关于变量的操作性定义**
>
> **（1）含义：**操作性定义是从具体的行为、特征、指标方面对变量的操作进行拙述，是将概念和事实联系起来的桥梁。它用具体的、可操作的方法或程序来界定变量，使变量成为可观察、可测量、可检验的项目。从本质上说，下操作性定义就是描述用什么办法来测量变量。
>
> 举例：心理学家用小白鼠做实验来研究学习过程。其中要求小白鼠处于饥饿状态，那么怎样才算饥饿呢？心理学家给"饥饿"下了操作性定义："饥饿"是指剥夺食物24小时的结果。这样，大家便都能对小白鼠的饥饿状态进行实际操作了。

(2) 操作性定义的作用：①有利于提高研究的客观性；②有助于研究假设的检验；③有利于提高教育科学研究的统一性；④有利于提高研究结果的可比性；⑤有利于研究的评价以及研究结果的检验和重复。

(3) 一个好的操作性定义的特征：①操作性定义应是可观测的、可重复的、可直接操作的；②操作性定义最好能把变量转化成可量化形式，凡是能计数或计算的内容都是可直接观测到的；③操作性定义的指标成分应分解到能直接观测为止；④操作性定义所提示的测量或操作必须可行；⑤用多种方法形成操作性定义，既可以从操作入手，也可以从测量入手。

总之，概念是为具体研究而确定的，操作性定义将抽象的东西具体化、可操作化。

4. 假设表述的规范性要求

(1) **科学性**。假设要有一定的科学根据或经验依据，不能主观臆断。

(2) **推测性**。假设是在不完全或不充分的经验事实基础上推导出来的，是对一定的行为、现象或事件出现的推测或解释，是有待实践检验的，与正确的理论不同，因而它必须表现为对两个或两个以上变量之间的某种预期关系的具体说明。

(3) **明确性**。假设本身在逻辑上应该是无矛盾的，表述时应用清楚、准确的陈述句，而不能用疑问句或含糊不清的陈述句形式。

(4) **可操作性**。假设应具有可行性和可测量性。

(5) **可检验性**。一个研究假设通过可测量的或可行的方式反复操作，便可检验其正确性和可靠性。一个原则上不可检验的假设是没有科学价值的，因而也就不是一个科学假设。

(6) **简洁性**。研究假设应当简洁明了、言简意赅。

凯程助记 科学推测很明确，操作检验很简洁。

考点 2 教育研究对象的确定 ★★★★★ 40min搞定

1. 总体、样本、抽样的概念

(1) **总体**：即研究对象的全体，是一定范围内研究对象的总和。凡是在某一相同性质上结合起来的许多个别事物的集体，当它成为统计的研究对象时，就叫作总体。

(2) **样本**：是根据研究目的和研究方法从总体中抽取的、对总体有一定代表性的一部分个体，也称为样组。样本所包含的个体数量叫作样本容量。

(3) **抽样**：又称取样，指遵照一定的规则，从总体中抽取一定数量的有代表性的个体组成样本进行研究的过程。抽样的目的在于，用一个样本去得到关于这个总体的信息及一般性结论，从样本的特征推断总体，从而对相应的研究做出结论。

2. 抽样的基本要求

(1) **总体的明确性**。研究的目的、课题的性质决定了总体的内涵和范围。样本是从总体中抽取的，首先只有根据研究目的和课题性质对总体进行明确界定，才能为选择有代表性的样本提供基础。并且，研究者准备将研究成果推广到什么样的范围，就应该在什么样的范围内抽样。从某一总体中抽取的样本，经过研究获得的结果也只能推广到这一总体中去。

(2) **抽样的随机性**。抽样要尽可能保证每个个体有均等的被抽取的机会，要使任何被抽取的个体与个体之间都是彼此独立的，在选择上没有任何联系。如研究高中生对考试的感受，如果仅仅选取高中一年级的学生，用来推断所有高中生对考试的真实感受，就是不合理的。

（3）**抽样的代表性**。抽样要尽可能使抽取的样本能够代表总体。只有样本具有代表性，才能由样本的特征推断总体的一般特征，才能使研究结果具有推广的价值。样本的代表性正是由部分推出整体的理论依据。如某市对初中生的学习方法现状进行调查研究，全市42万名初中生，要从中抽取840名来说明42万名初中生的情况，因此，这840人的代表性就显得十分重要。

（4）**样本容量的合理性**。要科学地确定样本的大小，既要满足统计学上的要求，又要考虑实际收集资料的可能性，并使误差减小到最低程度。一般来讲，样本容量与样本代表性会呈正相关，样本越大，越能反映总体的特征。当然，样本容量并非越大越好。

①**样本的大小通常取决于以下因素：**a. 研究类型；b. 预定分析的精确程度；c. 允许误差的大小；d. 总体的同质性；e. 研究者的时间、人力和物力；f. 取样的方法。

②**抽样时，可参考以下要求：**a. 一般来讲，描述研究和实验研究的样本容量为总体的10%自作主张。b. 除少数情况外，调查研究的样本容量不少于100人。c. 相关研究、比较研究的样本容量每组至少30人。d. 实验研究中，条件控制严密的实验，每组不少于15人；条件控制不严密的实验，每组不少于30人。

> **凯程提示**
>
> （1）关于"总体愈大，样本容量就愈大"的看法。
>
> 我们不能绝对地理解"总体愈大，样本容量就愈大"，因为并不是所有研究都是绝对地按照比例取样。从实际操作来看，要考虑实际操作中收集样本的可能性。样本容量过大，不仅会给研究带来许多困难与不便，还可能造成更大的研究误差。因此，在取样时，要考虑研究对精确程度的要求，以及研究者的人力、物力、时间等因素，最终确定合理的样本容量，而不是一味地追求样本容量的扩大。
>
> （2）避免取样的偏见。
>
> 取样偏见来自研究者的两点失误：一是志愿者的使用，因为取样的时候多多少少会受取样者个人能力、观念、操作程序等的影响，造成失误；二是近便组的使用，有些时候受客观条件的影响，随机取样存在一定困难，研究者就可能会选择一些方便取到的样本。这些都可能造成失误，研究者都应在研究报告中写明。

3. 抽样的主要方法

抽样的方法包括概率抽样和非概率抽样。教育专硕只需要了解最常见的概率抽样（随机抽样）。

（1）**概率抽样（随机抽样）**：指在抽样时总体中每个个体被抽取的概率相同。概率抽样可分为简单随机抽样、系统随机抽样、分层随机抽样以及整群随机抽样。

①**简单随机抽样。**

a. **含义**：简单随机抽样是以随机原则为依据的最基本的抽样方法。总体中每个个体被抽取的概率均等，而且个体之间彼此独立。

b. **方法**：抽签法和随机数目表法是最常用的两种方法。

抽签法：把总体中所有的单元都编上号码并做成签，放到一起充分混合后，每次从中取出一个签，记下号码，然后把抽取的签放回去，再次混合并抽取，如此反复，直到抽取完所需要的样本量为止。

随机数目表法：把总体中所有的单元标号，以随机数目表为基础，操作时，先随机确定一个表上的数为取数的"起点"，然后按表上的数号取样。

c. **使用条件**：适用于总体异质不是很大，且样本数量较小的情况。

d. **优点**：简单易行；可以保证全部标识的代表性；能够确定抽样误差的理论值。

e. **缺点：** 一是当样本规模小时，样本的代表性差；二是总体数量较大时，将每个个体编号费时、费力；三是总体异质性较大时，会导致较大的抽样误差。

②**系统随机抽样。**

a. **含义：** 系统随机抽样又称等距抽样、机械抽样，是对简单随机抽样方法的一种改进，即按一定的间隔顺序，在总体中抽样的抽样方法。

举例：研究者想就某校高一学生对班主任的满意度情况进行问卷调查。该校高一有1 000名学生，根据总体及样本容量要求，抽样数为100人，抽样比率为1 000/100=10。按照学生学号，先确定第一个样本的编号是5，然后依据抽样比率10依次进行抽样，则抽取的编号分别为15，25，35，45，……，995。

b. **方法：** 第一步，将总体中所有的单元按某一标准顺序排列编号；第二步，确定抽样间隔，即用总体的个数除以样本个数；第三步，采用抽签法或者随机数目表法选择一个抽样的起点，然后按照抽样间隔依次抽取样本。

注意：抽样起点的数值不能大于抽样间隔的数值。（抽样比率的计算公式：$k=N/n$，k表示抽样比率，N为总体数，n为样本数。）

c. **使用条件：** 适合大样本的情况。

d. **优点：** 能在总体范围内系统地抽取样本，使抽取到的样本比较分散，从而保证样本的代表性。

e. **缺点：** 当总体的排列顺序与抽样间隔具有对应的周期性特点时，系统抽样会导致严重的抽样误差。

③**分层随机抽样。**

a. **含义：** 分层随机抽样又称类型抽样、配额抽样，是将总体按照一定的标准分成若干层次和类别，然后再根据事先确定的样本大小及其各层或各类在总体中所占的比例提取一定数目的样本单位的抽样方法。

举例：调查某中学学生的学习压力情况时，我们要先确定总体，该校学生共1 000人。决定样本容量是100人之后，再按各个年级的学生的比例来分配，该校各年级学生占全校总人数的比例是3∶4∶3，按比例分配样本，各年级可分别选择30人、40人和30人，再按随机抽样的方法在各层抽样即可。

b. **方法：** 第一步，确定各层的抽样比例；第二步，根据样本容量，求出各层抽样人数；第三步，从各层抽取相应人数，组成样本。

c. **使用条件：** 适用于总体成分混杂，各成分之间差异较大的情况。

d. **优点：** 能有效地降低抽样误差；允许研究人员对抽样进行更多的控制，以自己的研究意图来确定每一层大约需要多少个体。

e. **缺点：** 分层抽样要求对总体中各层的情况有较多的了解，否则后续难以进行科学分析。

④**整群随机抽样。**

a. **含义：** 整群随机抽样是把总体划分成许多组或层，按照随机原则在组或层中抽样，抽取的整群全体成员均为样本的抽样方法。抽样的单位不是单个的个体，而是成群的个体。

举例：调查某中学学生的学习压力情况时，得知该校总体有1 000人，共20个班级，每班为50人，用整群随机取样的方法选择其中两个班，那么这两个班共100名学生便构成了样本。

b. **方法：** 把一个个整体按学校或者班级编号，用随机、机械或类型取样方法进行抽取，不是从整体中逐个地抽取对象，而是抽取一个或者几个单位整群作为样本。

c. **使用条件：** 适用于总体范围大、数量多的情况，但不适用于各层间同质性较低的情况。

d. **优点：** 省时、省力，可以迅速确定研究对象；可以对抽取到的样本进行集中处理。

e. **缺点：** 没有充分考虑个体间的差异，如学习成绩、学习水平、性别的差异等，因而抽样的精确度相对较低，在统计推论上有一定的缺陷。在运用整群随机抽样时，常与分层随机抽样相结合。

> **凯程提示**
>
> 整群随机抽样和分层随机抽样的异同（考生要注意避免混淆）：
> (1) **相同点：** 两种方法进行抽样的第一步都是根据某一标准对样本总体进行划分。
> (2) **不同点：** ①整群随机抽样要求保证各层间的同质性；分层随机抽样要求保证各层间的异质性。②整群随机抽样的对象是群；分层随机抽样的对象是群内的个体，即每个群内成员都有一部分被抽取到。

(2) **非概率抽样法：** 又称有偏抽样，指研究者按照一定的目的、要求去抽取样本。非概率抽样法不是随机的，而是根据人们的主观经验和其他条件来抽取样本。非概率抽样可以分为有意抽样、偶遇抽样、雪球抽样。

①**有意抽样：** 有意抽样指在抽样时，研究者按照一定的目的、要求去抽取样本。

举例：在研究特殊儿童（聋哑、弱视、弱智等）的学习特点，或超常儿童的学习特点时，那就必须以特殊儿童作为抽样对象。

②**偶遇抽样：** 偶遇抽样又称随意抽样、方便抽样，是根据当时当地的具体情况进行抽样。此抽样方法通常发生在研究者到达研究实地之后，特别是当他们对本地的情况不太了解，而且有较长的时间进行实地调查时。

举例：某校操场运动器材遭到破坏，体育老师当场抽取样本询问目标同学、旁观同学以及过往的同学，了解事件发生的原因、经过等。

③**雪球抽样：** 雪球抽样又称裙带抽样、推荐抽样，指在缺少目标总体且全部个体的名单无法构成抽样框架时，先从能找到的少数个体入手进行调查，再通过他们介绍其他符合条件的个体作为研究对象继续进行调查，依次类推，样本如同滚雪球般由小变大。

举例：在一项"关于对有强烈支持教师联盟观念的教师的调查"中，最先被选取的教师可以提供其他与自己有相似观点的教师的名字以备抽样。

考点 3　教育研究方法的选定 ★★★★★ 3min搞定

1. 研究方法的选择要考虑研究目的与研究问题的性质

在教育研究的多种方法中，不存在绝对的"最优方法"。哪一种或哪几种研究方法对实现研究目的和解决研究问题最有效，就选择哪一种或哪几种研究方法。

2. 研究方法的选择要考虑各研究方法的特点及相互联系

教育研究的每类方法都具有独立性，有各自的特点及不同的适用条件和范围，不能相互替代。同时，还要注意它们之间的联系，尤其是在难度较大的研究课题中，往往需要几种方法相互结合，配合使用。

3. 研究方法的选择要考虑研究对象的特点以及研究的主客观条件

研究对象的复杂性，研究的时长、经费等资源以及研究者本身的研究能力等都会对研究方法的选择产生影响。

考点 4　教育研究方案的确定 ★★★★★ 10min搞定

课题研究方案即研究什么、为什么研究、如何研究的总体规划。具体来说，就是研究者把研究课题、文献综述、研究价值、研究设计的构思过程、预想结果、实现条件等以文本的形式呈现出来的研究思路的整体设计。

1. 问题的提出或研究的背景

问题的提出或研究的背景主要包括研究的目的和意义。研究目的可以从研究的现状和趋势方面进行论证，包括本研究要解决的科学问题、涉及的学科领域、国内外研究水平、存在的主要问题等，要说明本研究的学术思想、立论根据、主攻关键以及独到之处。研究意义可以从实际意义和理论意义两方面进行阐述。

2. 相关研究文献综述

文献综述要把握相关课题以往的研究水平和动向，包括在前人和其他人有关研究的基础上，评价已有的结论及争论，进而说明课题的理论、事实依据及研究将在哪些方面有所创新和突破。

3. 研究的基本思路和主要内容

研究思路就是研究的路线，即如何具体开展研究的一个设想。研究的主要内容包括研究对象和总体框架、研究重点与难点及达到的目标。需要对研究内容形成框架，列出课题要研究的基本内容的纲要，要将研究内容划分为几个具有内在逻辑联系的关键性问题，或划分成细目，逐项论证各项内容具体研究什么，以及通过对这些内容的研究能够达到怎样的目标。

4. 研究的方法与步骤

研究步骤、方法及手段论证是课题研究方案的重要内容，要证明研究的策略、步骤、方法、手段及成果形式等是切实可行的，是与所研究课题相适应的。需要把研究过程步骤化地呈现出来，以供后期执行这一研究过程。

5. 研究的可行性或条件

说明已具备的研究基础和完成研究的保障条件，包括研究者前期相关研究成果、核心观点及社会评价等，以及对展开研究活动的主、客观条件（包括理论基础、研究成员、研究经验、研究能力、时间、经费等其他物质条件）的论证。

6. 研究的预期成果

研究者通过选题论证的过程，对自己所研究的选题是否能得出结论，能得出一个什么样的结论，要有一个大体的推断。成果形式有调查报告、实验报告、研究报告、论文等。

凯程助记

不要死记硬背，要将自己置身于做研究的情境中，想象自己做研究的过程，从而将其顺下来。

研究背景（我想依据当前教育焦虑的热点去研究家长为什么产生教育焦虑。）
↓
文献综述（前人都研究了什么？有什么优势和缺陷？我还能有什么创新？）
↓
基本思路（我能怎么研究？我应该研究哪些子目标？）
↓

方法步骤（我用访谈法来研究。）
　　↓
研究可行（我仔细、反复地思考了研究思路和方法，认为非常可行。）
　　↓
预期成果（我预期可以发现导致家长焦虑的教育内部和外部原因，促使结论更具有时代性。）

第三章 教育文献检索

第一节 教育文献概述

考点1 教育文献的含义 3min搞定

教育文献是记录有关教育科学的情报信息和知识的载体。它是进行教育科学研究的基础，贯穿教育科学研究的全过程。从选题、初步调查、论证课题、制订计划、搜集整理和分析研究资料到形成研究报告，都离不开有关课题文献的查找和利用。教育文献的数量和质量是判断一国或一地教育科学发展水平的重要标志。

教育文献能帮助研究者确定研究方向并提供选题依据；能为教育研究提供科学的论证依据和研究方法；同时，也能避免重复劳动，提高科学研究的效益。

考点2 教育文献的等级 8min搞定

根据加工程度的不同，教育文献可以分为四个等级。

1. 零次文献
（1）含义：零次文献是指行为、活动的当事人所撰写的第一手资料。
（2）类型：未发表的书信、手稿、日记、笔记、实验记录等各种原始记录。
（3）特点：①真实详细，原始新颖；②零散，不够系统，难以检索获取。

2. 一次文献（原始文献）
（1）含义：一次文献是以作者本人的经验、观察、访谈或者实际研究成果为依据创作出来的具有一定创造性和一定新见解的原始文献。
（2）类型：专著、论文、调查报告、档案材料、研究报告和会议记录等。
（3）特点：①数量最大，种类最多，使用最广，影响最大；②具有创造性、实用性和学术性，有很高的参考和借鉴价值；③贮存分散，不够系统，收集、整理费时、费力。

3. 二次文献（检索性文献）
（1）含义：二次文献是指为了方便检索利用，按照题名、作者、出处、内容等逻辑对大量且贮存分散的一次文献进行系统整理的检索性文献。
（2）类型：题录、书目、索引、提要和文摘等。
（3）特点：具有报告性、汇编性和简明性，是对一次文献的认识，是检索工具主要的组成部分。

4. 三次文献（参考性文献）
（1）含义：三次文献是在利用二次文献检索的基础上，对某一范围内的一次文献进行广泛深入的分析研究之后综合浓缩而成的参考性文献。
（2）类型：动态综述、专题述评、进展报告、年鉴、手册、词典、年度百科全书、专题研究报告等。
（3）特点：综合性、浓缩性和参考性。

---
① 本章内容主要参考陈向明的《教育研究方法》以及张莉、王晓诚的《教育研究方法专题》。

第二节 教育文献检索

考点1 教育文献检索的主要方法 ★★★ 10min搞定

1. 顺查法

(1) 含义：顺查法是按时间范围，以所检索课题研究的发生时间为检索始点，按事件发生、发展时序，由远及近、由旧到新的顺序查找，一般可以查全。查找时可以随时比较、筛选，而查出的结果基本上也可以反映事物发展的全貌。

(2) 适用范围：多用于范围较广泛，项目较复杂，所需文献较系统、全面的研究课题以及学术文献的普查。

2. 逆查法

(1) 含义：逆查法与顺查法相反，就是以课题研究的时间为检索始点，按由近及远、由新到旧的顺序查找。

(2) 适用范围：多用于新文献的搜集、新课题的研究，不太关注检索文献的历史渊源和系统性，易漏检，用这种方法查找的文献可能缺乏全面性和系统性。

3. 引文查找法

(1) 含义：引文查找法又称跟踪法，是指以现有的与研究课题有关的文献资料为依据，以其中引用的文献和附录的参考文献为线索来查找所需文献的方法。

(2) 优点：文献涉及的范围比较集中，获取文献资料方便、迅速，同时可以不断扩大查找范围。这种回溯过程往往有助于收集相关研究领域中重要的、丰富的原始资料。

(3) 缺点：查到的文献资料易受原作者引用资料的局限性及主观随意性的影响，文献可能缺乏新意，没有时代特点。因此，要注意文献的可靠性。

4. 综合查找法

(1) 含义：综合查找法就是将各种检索方法结合使用，以达到检索目的的方法。综合查找法的查全率和查准率较高，是实际研究中采用较多的方法。

(2) 要求：①准，查准率要高；②全，查全率要高；③深，检索内容要深；④快，检索速度要快。

凯程助记

教育文献检索的主要方法

顺查法	按由远及近、由旧到新的顺序查找，目的是查全
逆查法	按由近及远、由新到旧的顺序查找，目的是查新
引文查找法	以现有的与研究课题有关的文献资料为依据，以其中引用文献和附录的参考文献为线索查找
综合查找法	将各种检索方法结合使用，以达到检索目的

考点 2　现代信息技术在文献检索中的应用 ★★★★ 10min搞定

1. 电子资源数据库的选定

当研究者要进行文献检索时，经常使用电子资源数据库来查找教育类的文献。常用的电子资源数据库包括中国知网、万方数据资源系统、维普中文科技期刊全文数据库等。

2. 检索词的设计与选择

(1) 检索词的设计。

①**含义**：检索词是指能概括要检索内容的相关词汇。检索词是表达信息需求和检索课题内容的基本单元，也是与系统中有关数据库进行匹配运算的基本单元。检索词设计得恰当与否，直接影响检索效果。

②**检索词的设计方式**。找到课题研究中的两个关键词"A"和"B"，然后三个检索词分别为"A""B""A 并 B"。如某研究的关键词为"自主学习"和"课堂教学"，那么第三个关键词可以设置为"自主学习并课堂教学"。

③**使用检索项的技巧**。检索项也叫检索标识，指检索文献所使用的字段。有时候直接检索"题名"的结果很少，甚至为零。这并不意味着一定没有相关的内容，这时可以尝试将检索项改为"关键词""主题""摘要""全文""作者""作者单位"等，以扩大检索的范围。

(2) 检索词的选择。

在选择检索词时，一定要注意同义词问题、全称和简称问题、外来词语的不同翻译方式问题、"并"字和"或"字问题，以及扩大检索词的问题。要考虑到不同学者对同一事物的不同称呼和表达。检索时要灵活且全面，以免造成不必要的漏检或误检。

①**同义词问题**。同义词包括近义词、上位词、下位词、相关词。如综述与进展、述评、评论等是同义词；计算机与电脑、微机等是同义词；模拟与仿真是近义词。

②**全称和简称问题**。如环境保护与环保；乙型病毒性肝炎与乙型肝炎、乙肝。

③**外来词语的不同翻译方式问题**。如欧几里德、欧几里得、欧基里德、欧几理德、欧氏几何等。

④**"并"字和"或"字问题**。"A 并 B"搜索出来的是两个关键词都包含的文章。"A 或 B"搜索出来的是含有"A""B""A 并 B"的文章，使用"或"字可以扩大搜索范围。

⑤**扩大检索词的问题**。想了解小学生的认知策略，如果我们选择的检索词是"小学生认知策略"，可能搜索到的文章范围就小。此时，我们可以扩大搜索范围，去掉检索词中的"小学生"，改为"认知策略"，这样可搜索到的文章范围就广泛许多。

第三节　教育文献综述

考点 1　撰写教育文献综述报告 ★★★★ 15min搞定

1. 文献综述的含义和种类

(1) **含义**：文献综述又称文献回顾、文献析评，是根据需要把收集到的反映某个研究领域的研究发展状况、研究成果的文献资料进行系统的归纳、整理、分析，并在此基础上进行综合叙述和评论。

(2) **种类**：综述可以分为综合性综述和专题性综述两种。综合性综述是针对某个学科或者专业；专题性综述则是针对某个研究问题或研究方法、手段。

2. 文献综述的格式和内容

文献综述的格式与内容没有固定统一的模板，文献综述会根据研究者的思路和研究目的等采取多种格式或结构进行布局。文献综述为独立的论文时，可参考以下格式。

第一部分：序言。综述研究的背景、目的、意义、范围与基本内容。

第二部分：文献检索的主题、范围和方法。说明文献资料的分析范围（文献的时间跨度和主要分布）、分析维度和分析程序等。

第三部分：历史发展状况与评价。概述各个研究阶段的状况、争论的焦点，并做出评价。

第四部分：当前研究状况与评价。阐明当前研究取得的成果和当前研究的不足，并提出应该研究的问题及其思路。

第五部分：趋势展望。肯定前人研究成果的同时，指出需要进一步研究的方向、重点、思路、方法等。

第六部分：研究改进建议。针对当前研究提出新设想、新方案。

第七部分：参考文献。列出文献综述中所有引用文献的出处和其他完整的索引。

> **凯程提示**
>
> （1）注意：文献综述的格式并非固定的，在实际撰写过程中，研究者可根据需要变换格式和文章结构，但必须包括对前人观点的综述以及评价两大部分。
>
> （2）撰写文献综述报告要注意什么？（考生要理解记忆）
>
> ①**综述高质量的文献**。撰写文献综述报告时要尽量保证所查找文献的质量，一般在中国知网上通过选择"核心期刊"和"CSSCI"的方式查找文献。
>
> ②**文献内容的针对性**。文献综述报告是就某一个研究课题范围的有关文献资料内容进行评价分析的，因此报告的内容要具有针对性，即报告的内容要跟研究课题具有高度相关性。
>
> ③**文献需要加工和整理**。文献综述报告的撰写绝不是文献资料的大量堆砌，而是对已有文献进行筛选和加工整理后的研究成果，观点鲜明，重点突出。
>
> ④**突出对文献的综述与评价**。文献综述报告既要包含作者对已有文献资料的综合叙述，又要包含作者对文献资料的分析和评价。要避免文献阅读不深入，简单罗列，"综"而不"述"。同时，在撰写报告时要区分文献中引用的前人的观点和撰写报告的作者所表达的观点。一般来说，文献中引用的前人的观点会用文献作者名加年份的方式在观点前进行注明，如"李刚（2018）提出……"。
>
> ⑤**文献表述的客观性**。文献综述报告虽然包含了对他人文献的整理和评价，但是在叙述时绝对不能更改他人文献中的观点，绝不能违背教育研究的客观性原则，要保持观点和材料的高度一致性。而本人的评价可以是赞成文献中的观点，也可以是不赞成文献中的观点。同时，还要避免个人观点在综述中占主体，避重就轻，故意突出自己研究的重要性。
>
> ⑥**查阅的文献应尽可能多且全面，尽量综述最新文献**。避免文献搜集不全，遗漏重点。

第四章 教育观察研究

第一节 教育观察研究概述

考点1 教育观察的含义与优缺点 10min搞定

1. 教育观察研究的含义

教育观察是研究者通过感官和辅助仪器，在一定时间内，在自然情境下，有目的、有计划地对教育领域的某一现象及其变化过程进行全面、细致的考察和探究，从而获得比较客观的教育材料、探索教育规律的一种研究方法。

2. 教育观察研究的优点

（1）**观察的目的性**。教育观察是为了弄清某一教育现状或解决教育领域某一实际问题而展开的。因此，任何一项教育观察研究都承载着一定的目的和任务。在明确的观察目的下，观察者就可以减少其他无关刺激因素的干扰，从而保证观察的有效性。

（2）**观察的自然性**。由于教育观察是在自然状态下进行的，对观察对象不加任何干预和控制，不改变研究对象的自然条件和发展过程，保证了观察结果的精确性、客观性。

（3）**观察的能动性**。教育观察通常按照研究目的有计划、有重点、有选择地进行观察，从观察到的大量教育现象中选择符合观察目的的言语或行为现象进行记录、分析，因此，教育观察具有能动性。

（4）**观察记录的翔实性**。在教育观察的过程中，研究人员要通过描述记录法、取样记录法和行为检核表等对观察到的事实或现象进行详细的记录，以便研究和分析。

（5）**简便易行**。教育观察不必使用特殊设计的仪器设备，不需要特殊条件。研究者可以随时随地进行全面、细致、深入地观察，同时记录观察内容。

（6）**不妨碍性**。研究者实施观察法的时候，不妨碍被观察者的日常学习、生活和正常发展，因此不会产生不良后果。

3. 教育观察研究的缺点

（1）**取样范围小，代表性不高**。研究者在观察时受时间和空间的限制，在有限的感官和仪器下观察的范围不大。观察取样少，使得观察研究只适用于小样本的研究，研究结果的代表性和可推广性也受到局限。

（2）**所获材料琐碎、不系统**。通过观察获得的材料往往繁杂琐碎，罗列较多，缺乏系统性，整理分析起来难度较大。

（3）**难以确定因果关系**。观察采集的是处于自然状态下的教育现象，不对观察对象进行干预和控制，使得研究者不容易把握影响观察对象变化的内在因素和外部条件，难以确定事物之间的因果关系。

（4）**观察对象易受观察者的影响**。虽然观察过程是非干预性和非控制性的，但是观察者的存在仍然会对观察对象造成一定的影响。一方面，观察对象可能会有意识地调整自己的行为和状态以获得更好的印象和评价；另一方面，观察者的个人意识、价值观念、感情色彩甚至表情和姿势等都可能影响到观察对象的态度和行为，这都会影响观察结果的客观性。

---

[1] 本章内容主要参考宁虹的《教育研究导论》，朱德全的《教育研究方法》，裴娣娜的《教育研究方法导论》，张莉、王晓诚的《教育研究方法专题》以及邵光华的《教育研究方法》。

考点 2　教育观察研究的主要类型 ★★★ 20min搞定

1. 参与式观察与非参与式观察

按观察者是否直接参与被观察者所从事的活动，可将观察分为参与式观察和非参与式观察。

(1) 参与式观察。

①**含义：** 参与式观察是指研究者直接参与到所观察对象的群体和活动中，不暴露研究者的真正身份，在参与活动的过程中进行隐蔽性的研究观察。

②**优点：** a. 便于了解真实的信息；b. 便于获得较完整的资料；c. 便于进行多次观察。

③**缺点：** a. 易掺杂研究者的主观情感，处理不当会影响观察的客观性；b. 观察的样本数小，观察结果的代表性不强。

举例：教育学家深入偏远落后地区，对该地的风俗、生活习惯、风土人情、宗教信仰等进行深入了解，探究当地文化与教育现状之间的联系。

(2) 非参与式观察。

①**含义：** 非参与式观察不要求观察者站到被观察者的同一位置上，而是以"旁观者""局外人"的身份，可以采取公开的方式进行，也可以采取秘密的方式进行。

②**优点：** 观察对象的活动不受观察者的影响，观察结果比较客观。

③**缺点：** a. 观察对象知道自己在被观察时，往往比参与式观察受到更多"研究者效应"的影响；b. 易表面化，难以进行深层了解；c. 易受到一些具体条件的限制，如观察距离较远等。

举例：美国社会学家贝尔斯对小群体的互动行动的研究中，设隔离观察室，列出12种行为，每当其中一种行为发生时，观察者及时进行观察与记录。

2. 结构式观察与非结构式观察

按观察预先是否有严密的计划和实施程序，可以将观察分为结构式观察和非结构式观察。

(1) 结构式观察。

①**含义：** 结构式观察是指有明确目标、问题和范围，有详细的观察计划、步骤和合理设计的可控性观察。

②**优点：** 能获得翔实的材料，并能对观察材料进行定量分析和对比研究，常用于对研究对象有较充分了解的情况。

③**缺点：** 缺乏弹性，比较费时。

举例：

教师反应记录表

问题序号	反应				
	口头反应	非口头反应	肯定的反应	没有反应	否定的反应
1	√		√		
2	√		√		
3		√	√		
……					
10		√		√	
总计	6	4	6	3	1

(2) 非结构式观察。

①**含义**：非结构式观察是一种开放式观察，允许观察者根据当时当地的具体情境调整研究问题的范围、目标、观察视角等，观察内容与观察步骤不预先确定，是一种没有具体记录要求的非控制性观察。

②**优点**：方法灵活，适应性强，简便易行。

③**缺点**：a. 所获材料较零散，多用于探索性研究，难以进行定量分析和对比研究，多用于对观察对象不甚了解的情况；b. 难以排除观察者的主观选择及其带来的影响。

举例：刘老师旁听校内某高级教师的示范课，在没有听课记录表的情况下，将课上发生的教师活动、学生活动、师生互动等一切课堂活动都记录下来。

3. 定量观察与定性观察

按对被观察对象信息收集的形式，可将观察分为定量观察和定性观察。

(1) 定量观察。

①**含义**：定量观察是运用事先设计的一套定量的、结构化的记录方式进行的观察。在这套记录体系里要确定需要观察的行为或事件的类别，观察的对象以及观察的时间单位等，以结构化的方式收集和分析资料，且以数字化的方式呈现资料，这种观察方式也称为结构化的、系统化的、标准化的观察。

②**优点**：a. 观察资料是真实的；b. 观察过程是客观的；c. 量化复杂的教育现象；d. 研究的样本容量较大；e. 观察结果便于进行系统分析。

③**缺点**：a. 控制性强，缺乏灵活性；b. 难以做到完全客观。

举例：某教师对班里某学生课上每分钟的具体活动进行了研究，在观察前先对课上行为进行了界定，包括翻书、听讲、思考、实践、讨论、阅读以及无关活动共七种行为。然后，该教师将这七种行为排列成表格，并规定观察时间为15分钟，每分钟为一个间隔，最终完成观察记录表。具体观察记录表如下：

某学生每分钟具体活动的观察记录表

具体活动/活动时间	第1分钟	第2分钟	第3分钟	第4分钟	第5分钟	第6分钟	第7分钟	第8分钟	第9分钟	第10分钟	第11分钟	第12分钟	第13分钟	第14分钟	第15分钟
翻书	√				√										
听讲		√					√			√	√	√			√
思考			√						√						
实践						√									
讨论				√						√			√	√	
阅读	√				√										
无关活动		√						√			√				

注：①无关活动包括发呆、抠手指、打瞌睡等。②1分钟内同时发生多种行为，可同时记录。

(2) 定性观察。

①**含义**：定性观察是研究者依据粗线条的观察纲要，只有一个大致的观察主题、观察思路或注意方向，在现场对观察对象做详尽的多方面记录的方法。在现场形成观察笔记，并在观察后根据回忆进行必

要的追溯性的补充与完善，因此分析手段是质化的，观察结果的呈现形式是非数字化的。而且由于观察问题的不确定性，研究的问题常常随着研究的深入而不断地重构。

②**优点：** a. 具有开放性；b. 记录和分析同时进行；c. 整体描述观察情境。

③**缺点：** a. 往往只针对小样本，结果的代表性不够高；b. 对资料的处理能力要求高；c. 主观性较强，观察的效度难以检验。

举例：上海市第三女子初级中学关于课业学习的定性观察笔记

我没有参观过女子中学，所以在去之前，我似乎对女中和其他一般中学有什么不同更感兴趣，例如，女中女生的行为、语言以及与教师的关系方面与其他一般中学中的女生有什么不同。

8点15分，我到达学校，与其他同学汇合。市三女中原先是一所教会学校，其主要建筑都是过去留下来的，但被重新装修过，保留着浓厚的教会建筑的特点，很雅致。"五一楼"前立着一块宣传牌，牌子上写着"理想与信念——纪念一二·九"，我才想起后天就是"一二·九"纪念日了。

8点30分，在五一楼后面的实验楼四楼，我们找到李老师（她也在华东师大学习）并进入教室。李老师四十多岁，棕红色短发，很精干的样子，她始终微笑着。她是校长助理并教授生物课。我们今天要听的这节课就是由她来上。她告诉我们学生是高二年级，今天学的是消化系统，中间有十六分钟的录像。

9点15分，课上李老师为了调整录像，两次走出教室，但时间都很短。录像的内容是食物如何被消化吸收，是外国录制的，拍得生动，学生不时地发出笑声，李老师也不时地做出一些解释、指导和讲解。

9点30分左右，放完了录像，李老师开始讲消化系统的一些系统知识。这时候，我开始观察一个目标学生，她就坐在我的左边。（我使用一个记号体系定量观察表每分钟对她的活动做观察记录）

9点20分至9点35分，我与其他两位同学同做弗兰德斯分类分析（FIAC）体系的观察记录。

9点45分下课了，李老师解释因为弄错教室耽误了五分钟，余下五分钟的内容只好留在下次了。下课后，李老师一再微笑着对我们说抱歉，因为耽误了五分钟，使我们记录的东西少了（她事先知道我们要使用FIAC体系做记录），然后我们与她告别。

再次穿过校园时，学生也休息了，但感觉校园里仍然很安静，我想有两个方面的原因：一是校园较大，显得学生少，不拥挤；二是都是女生，打闹追逐的现象很少。不过我今天所到之处只不过是校园的一半，而另一半在草坪的另一边，情形并不太了解。

凯程助记

教育观察研究的基本类型

按观察者是否直接参与被观察者所从事活动	参与式观察：我扮成学生，其他学生不知道我是观察者
	非参与式观察：我以"旁观者"的身份进行观察
按观察预先是否有严密的计划和实施程序	结构式观察：我按自己做好的结构化的表格写观察记录
	非结构式观察：我没有事先设计好的表格，随看随记
按对被观察对象信息收集的形式	定量观察：我的观察记录都是量化数据，一目了然
	定性观察：我的观察是大段大段的文字记录，你要花时间好好地细读

第二节 教育观察研究的实施程序

考点 1 教育观察研究的实施程序 ★★★ 8min搞定

1. 界定研究问题，明确观察目的和意义

这是教育观察研究的第一步，即对观察所要解决的问题和所要获取的资料有预先明确的界定。只有弄清楚"观察什么"和"为什么观察"这两个问题，才能进一步明确观察的时间、范围、对象、内容和方法等。

2. 编制观察提纲，进入研究情境

观察提纲是对观察内容的进一步具体化，是观察时可依据的操作蓝本。对于研究中可通过观察得到的、对回答观察问题具有实质意义和价值的现象，我们可以通过编制观察提纲将它们分类，以便操作。此外，观察提纲要有一定的灵活性和可变通性，防止有效材料被遗漏。

3. 实施观察，搜集、记录资料

观察者要进行有计划、有步骤、全面而系统的观察，并对有关资料进行搜集、记录。观察是进行记录的前提，记录是对观察结果的保存，二者是整个观察研究中最核心的环节。观察和记录可以同时进行，也可以先观察后记录。记录时需要做到两点：(1) 力求专注、敏锐和客观；(2) 记录时要注意及时、详细和明确，宜多不宜少。

4. 分析资料，得出研究结论

观察结束后，观察者应及时整理、分析资料。整理与分析资料应符合以下基本要求：**正确、完整、有序、明晰**。

科学的观察不仅仅是被动地搜集事实，更重要的是对事实进行分析研究，找出各种教育现象之间的相互联系，得出观察研究的结论并解释结论。

考点 2 教育观察研究的记录方法 ★★★★★ 15min搞定

1. 描述记录法

(1) **日记描述法**：也叫儿童传记法，指在对同一个或同一组儿童长期的、反复的观察过程中，以日记的形式对儿童的行为表现进行描述的方法。观察者在对被观察者进行描述时，可使用综合性日记描述法，也可以使用主题日记描述法。一般来说，综合性日记描述法常用于记录儿童发展过程中各方面具有里程碑意义的新生动作和行为现象；主题日记描述法则常用于记录儿童语言、认知、社会情绪等特定方面的新进展。

举例：最早运用日记描述法的是瑞士教育家裴斯泰洛齐，他以观察日记的方式对儿童的自然发展进行描述，于1774年出版了《一个父亲的日记》，在日记中记录了自己孩子的生长、发展情况。同时，对母亲的早期教育作用及其他对儿童生活有重要影响的因素进行了分析。之后，苏霍姆林斯基、皮亚杰也使用了这一方法。

我国最早使用日记描述法的教育家是陈鹤琴，他用这种方法记录了自己的孩子陈一鸣的情况，写成了《儿童心理之研究》一书。

(2) **轶事记录法**：指研究者通过将其认为有价值的、有意义的或感兴趣的事件完整地记录下来进行研究的方法。这种研究方法不受任何时间和条件限制，也不需要做特别的编码分类。

举例：某研究对一个三岁幼儿的推理思维发展情况进行观察，只记录有价值的故事情节。如当小孙

女听爷爷说不吃糖时，她对爷爷说："爷爷不吃糖，等爷爷长小了才吃。"该幼儿的回答一是用了归纳推理：家里大人都不吃糖，只有小孩吃糖；二是用了演绎推理：大人不吃糖，爷爷是大人，所以不吃糖；三是用了类比推理：可以"长大"，也可以"长小"。小孙女错在类比推理上，对"长"的概念理解错了。类似的这种事例常常能为我们的研究提供宝贵的资料。

（3）连续记录法： 也叫实况详录法，指观察者在某段时间内连续记录被观察对象行为的一种观察方法，较常见的是课堂实录。连续记录法需要注意：根据观察目的确定观察时间和场景；善于借助先进的设备，如使用录音笔或影像设备；避免记录不全或错漏问题，记录要客观、全面，注意区分客观描述和观察者的主观解释。

举例：初入幼儿园的儿童活动参与情况实录（此处以记录一名儿童为例）。

观察对象：×××	观察时间：××年××月××日
观察主题：初入幼儿园儿童的一天	观察者：×××

观察记录	
详细描述	主观评价
来园时，姗姗笑眯眯地走进教室，老师就站在她的面前迎接她，可姗姗却径直往教室走。老师上前牵着她的手说："姗姗，你早！"她用眼睛望着老师，但很快又移开了。老师又说："姗姗，你怎么不跟老师打招呼呀？"她看了老师一下，才轻轻地说："老师早。"孩子们正在自由地玩着积木，姗姗独自一人坐着玩衣角。她耷拉着脑袋坐了一会儿，微微抬头看了看积木。老师走过去问："你想玩吗？"她没说话，只用眼睛看着老师。一会儿她站了起来，慢慢走了过去，还不时回过头看老师。老师笑着点点头，她走到了孩子们的身边。	分析：姗姗已经能愉快地上幼儿园了，但她在交往方面不主动，缺乏勇气，内心的需求和希望总不敢去实现，而我的点头、微笑无疑给了她很大的鼓舞。她不是不想交往，而是不敢交往，她需要老师更多的关怀和爱。
自由活动时，姗姗拿着新带来的汽车玩具，独自开心地玩着。这时乐乐走过去，向她要小汽车玩，她摇了摇头跑开了。乐乐见她不肯，就准备抢。乐乐一边紧紧抓住汽车，一边还"噢噢"叫起来。老师走过去，姗姗和乐乐停止了抢夺。老师引导乐乐有礼貌地向她借："我们一起玩好吗？"果然姗姗爽快地把汽车放到了乐乐的手中。……	分析：从姗姗玩汽车时的开心模样以及被抢时的紧张神态看出，她已经把汽车当成自己的朋友，因为她不仅可以在玩的时候抒发自己的情感，还能通过汽车与小朋友交往。……
总体分析：从案例看，姗姗是个性格较为内向的孩子，特别是在交往方面，她似乎不知该如何参与到同伴当中去。如玩积木，实际上她很想玩，但又不敢大胆地对小朋友说："我想和你们一起玩。"起初，她不愿意把玩具借给别人，当乐乐有礼貌地向她借了以后，她又很爽快地答应了，说明她内心也渴望和伙伴交往。	

2. 取样记录法

取样记录法兴起于20世纪20年代，是一种以行为为样本的记录方法。与描述记录法相比，具有更好的客观性、可控性和有效性。既能获得可靠的观察资料，又能节省人力、物力，还能减少记录所需的时间。

（1）时间取样法： 指以时间为选择标准，专门观察和记录在特定时间内发生的行为，主要记录行为呈现与否、呈现频率及其持续时间的记录方法。时间取样法仅适用于研究经常发生的行为和观察外显的行为。

举例：帕顿对学前儿童在游戏中的社会参与状况的观察。观察时，在规定时间内，对每个儿童每次观察1分钟，同时据操作定义判断每个儿童当时所从事的活动类型，填入表内。帕顿通过对其观察资料的分析发现：儿童的社会性行为发展随年龄的增加而表现出顺序性，即较小的儿童更偏向于单独游戏，以后逐步发展到平行游戏，最后才是集体性联合游戏和合作游戏。

学前儿童社会参与性活动观察记录表（适用于各年龄阶段学生）

时间	儿童代号	活动类型					
		无所事事	旁观	单独游戏	平行游戏	联合游戏	合作游戏

(2) 事件取样法： 指注重对某些特定行为或事件的完整过程进行观察的一种方法。事件取样法以事件为单位进行观察，研究的是特定类别的完整事件，其测量的不是限定时间单位中的行为表现，而是等待所要观察的事件发生，并记录发生的过程、环境条件、原因和结果等方面的情况。

举例：美国研究人员Dawe利用事件取样法对保育学校中儿童的争执事件进行了观察研究。以儿童的争执事件为观察目标，在儿童的自由活动时间里进行观察。一旦争执事件发生，便马上开始记录，并对事件进展情况做出描绘记录。观察者还需预先制订好记录表，记录表中确定了所要观察的有关争吵的6个类别，以便迅速、完整地记录事件的整体状况。该观察者共对25～60个月的40名被观察者进行了58小时的观察，记录争执事件200例，平均每小时约3～4例，其中68例发生在室外，132例发生在室内，13例持续时间在1分钟以上。

儿童争执事件观察记录表

儿童	年龄	性别	争执持续时间	发生背景	行为性质	说什么、做什么	结果	影响

(3) 活动取样法： 指以活动作为选择标准的记录方法。要求记录活动的始末以及活动中的各种情况，研究活动本身的效果或学生参与活动的行为。

举例：学校组织学生参观博物馆，教师对学生该活动的参与情况进行观察，把学生参与社会集体活动的行为分为六类：不参与行为、袖手旁观、个人玩耍、平行地活动、协助性和有联系地玩、合作或有组织相互补充地玩。

学生参与社会集体活动观察记录表

学生	参与行为类别	参与持续时间	发生背景	行为性质	结果	影响

3. 行为检核法

这一记录方法用于核对某种重要行为的出现与否。观察者将要观察的行为项目预先列成清单式表格，当该行为出现时，就在该项上做标记（如打"√"）。此法只判断行为出现与否，不提供行为性质的材料。

举例：

幼儿亲社会行为与问题行为检核表（教师版）

对于下面的各道题，请根据小朋友过去一个月的行为，在相应的方框内画钩。请务必回答每一道题，即使您对某一题不是十分确定或不是很清楚。

儿童的姓名：_____ 出生日期：_____ 男 / 女

A. 亲社会行为	从不	偶尔	经常
能与不同的小朋友一起玩	□	□	□
能专心致志于手头所做的事情	□	□	□
愿意与其他小朋友轮流玩玩具	□	□	□
游戏时能遵守规则或达成一致意见	□	□	□
主动帮忙收拾碗筷或桌椅等	□	□	□
愿意把手中的玩具给其他小朋友玩	□	□	□
脸上带着微笑，感觉很快乐	□	□	□
能与其他小朋友一起做游戏	□	□	□
受其他小朋友欢迎	□	□	□
其他小朋友不开心或身体不舒服时，能给予关心和安慰	□	□	□
……			

凯程助记

教育观察研究的记录方法

描述记录法	日记描述法：我以日记的方式长时间记录了观察对象的发展与变化	
	轶事记录法：我只记录有价值的、有意义的或感兴趣的行为或事件	
	连续记录法：我在研究时段里客观翔实地、面面俱到地进行记录	
取样记录法	时间取样法：我只记录早读时间的学生表现（时间既定）	
	事件取样法：我只记录学生争吵的事件（事件既定）	
	活动取样法：我只记录某种活动中的学生表现（活动既定）	
行为检核法	我有一个完美的记录表，表中出现的行为我打"√"，没出现的行为我打"×"	

第五章　教育调查研究[①]

第一节　教育调查研究概述

考点1　教育调查研究的概述 ★★★ 6min搞定

1. 教育调查研究的含义

教育调查研究是在教育理论的指导下，围绕一定的教育问题，通过观察、列表、问卷、访谈、个案研究，以及测验等科学方式，搜集教育研究资料，从而对教育的现状做出科学的分析和认识，并提出具体工作建议的一整套实践活动。

2. 教育调查研究的特点

（1）**在研究情境上，具有自然性**。教育调查研究是在自然状态下进行的研究，不对调查对象做任何约束或控制，调查对象也大多是在自然状态下随机抽取的。

（2）**在研究对象上，具有现实性**。教育调查研究以活动形态或现实存在形态的教育问题、教育现状为研究对象。

（3）**在研究方法上，具有交流性**。教育调查研究最常用的研究方法是问卷、访谈和测量等，它们都是通过语言直接与研究对象打交道的研究方法，属于接触性研究方法。而且，一切教育现象都可以作为教育调查研究的对象。

（4）**在研究目标上，具有事实性**。教育调查研究不是以操纵并改变研究对象的状态来获得关于教育问题的认识，而是就事论事，通过问卷、访谈和测量等方式，获得关于研究对象的教育科学事实。可见，获得教育科学事实是教育调查的直接研究目的。

（5）**在研究实施上，具有灵活性**。教育调查研究不受现场条件和时间的限制，收集资料的速度较快，使用面积较广。

考点2　教育调查研究的一般步骤 ★★★★ 10min搞定

1. 确定调查课题

选择什么问题作为教育调查研究的课题，可以考虑"新""热""实"这三个因素。"新"指课题应把握教育发展的新形式、新成果以及存在的新问题；"热"指课题应关注社会生活、教育实践或教育研究领域的争论话题、热点问题，以事实为证，分析推理，寻找解决问题的答案；"实"指课题要考虑调查者的实际条件，量力而行，忌不切实际，避免课题太大。

2. 选择调查对象

根据调查课题和目的选择合适的调查对象。调查对象的选择恰当与否会直接影响调查结果。无论采取什么样的抽样方法选取调查对象，都要明确调查对象的总体及其基本特征，考虑调查问题对总体和样本的适应性，以及调查研究的结果在什么范围内推广。

3. 确定调查方法

不同的调查课题应采用不同的调查方法。访谈调查和问卷调查是最常用的两种调查方法，这两种方

[①] 本章内容主要参考和学新的《教育研究方法》，朱红兵的《问卷调查及统计分析方法——基于SPSS》，裴娣娜的《教育研究方法导论》以及陈向明的《教育研究方法》。

法的特点与适用范围各不相同。

4. 编制调查工具

调查方法确定以后，应编制和选用相应的调查工具。访谈调查要有访谈提纲，问卷调查要有调查问卷。如果研究课题已有较成熟的相关调查工具，可以直接选用，反之，则需要研究者进行编制。

5. 制订调查计划

调查设计是研究者对调查研究工作及其过程所做的具体的规划和安排。调查计划的主要内容有：(1) 调查的目的和意义；(2) 调查对象的总体、样本数量及抽样的方法；(3) 调查中使用的方法、手段及工具的说明；(4) 调查工作的步骤及日程安排；(5) 调查的组织、领导、人员分工以及调查人员的培训；(6) 调查资料的汇总方式、分析处理方法；(7) 调查报告及其完成时间；(8) 调查经费的使用安排等。

6. 实施调查过程

实施调查是指按照调查计划开展调查活动，即运用调查工具对调查对象进行调查并搜集资料。这是整个调查工作的中心环节，它直接关系到调查资料的丰富程度、可靠程度和可分析程度，从而决定了整个调查工作的质量。实施调查应严格按照调查提纲的规定进行操作，避免随意性，力求使调查材料具有真实性、客观性和典型性。

7. 处理调查资料

调查者搜集的原始资料往往是零散、杂乱的，需要调查者根据研究的需要及时进行分类、汇总、概括、统计，这就是资料的整理。

8. 撰写调查报告

调查研究的最后一步是撰写调查报告。调查报告是以文字形式反映调查研究的过程和结果。写调查报告时，观点和结论要从材料中来，要用材料说明观点和结论，切忌主观性、片面性、随意性。

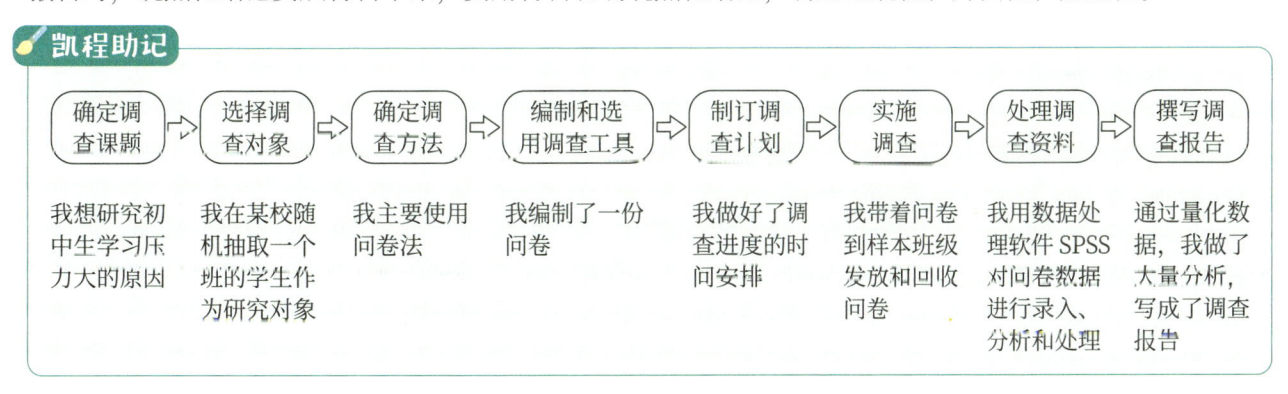

📝 凯程助记

| 确定调查课题 → 选择调查对象 → 确定调查方法 → 编制和选用调查工具 → 制订调查计划 → 实施调查 → 处理调查资料 → 撰写调查报告 |

| 我想研究初中生学习压力大的原因 | 我在某校随机抽取一个班的学生作为研究对象 | 我主要使用问卷法 | 我编制了一份问卷 | 我做好了调查进度的时间安排 | 我带着问卷到样本班级发放和回收问卷 | 我用数据处理软件SPSS对问卷数据进行录入、分析和处理 | 通过量化数据，我做了大量分析，写成了调查报告 |

第二节 问卷调查

👉 考点1 问卷调查的概述 ⭐⭐⭐⭐ 10min搞定

1. 问卷调查的含义

问卷调查是研究者通过事先设计好的问题来获取有关信息和资料的一种方法。研究者以书面形式给出一系列与研究目的有关的问题，让被调查者做出回答，通过对问题答案的回收、整理和分析，获取有关信息。

2. 问卷调查的优点

（1）**低成本，省时间，调查效率高**。问卷调查既可以通过与调查对象见面进行现场调查，又可以通过网络、电话或邮寄等不见面的方式进行远距离调查。问卷的基本成本只有问卷印制费，如今，线上问卷的流行，更能降低成本，并且快捷、便利。研究者通过发放问卷收集信息，速度快、效率高。

（2）**调查样本较大，结论的代表性较高**。问卷调查涉及的范围可以较大，人数可以较多，在一定时间内可以进行大样本的调查，可以获得大量样本信息，使调查结果代表性较高。

（3）**标准化程度高，研究结果易进行编码处理和量化分析**。问卷多使用结构化的试题方式，在资料的收集与整理过程中，可以对答案进行归类、编码，易进行量化处理分析，使结论更精确。

（4）**调查对象匿名化，使研究结论较为客观**。匿名形式答卷，有利于调查对象在填写问卷时消除各种顾虑，真实、客观地回答问题，减少主试和被试的交互作用，提高调查的信度。

3. 问卷调查的缺点

（1）**问卷回收率难以保证**。问卷的题量太大会使调查对象产生厌烦情绪，或者使调查对象不合作，导致问卷有去无回，降低了问卷的回收率，影响研究结论。

（2）**数据质量难以保证**。调查对象的随意答题、不答、误答、漏答、错答和缺答等，都会影响问卷的完整性，也会影响问卷的效度。

（3）**不利于调查深层次的问题**。问卷中的问题和大部分答案由问卷设计者预先设定，篇幅有限且缺乏弹性，使得调查对象的作答受到限制，可能遗漏一些更深层、细致的信息；搜集的资料往往是表面的，不能深入了解被调查者内心真实的想法。

（4）**问卷设计对调查者的能力要求高**。问卷设计并不轻松，对问题和答案的编制要求高，要经过很多环节及多次修改才能完成。问卷设计的好坏，会直接影响获取信息质量的高低。

（5）**要求调查对象具有一定的文化水平，适用对象范围受限**。调查对象要能识文断字，甚至具有一定的文化水平，对于不识字的人，如幼儿等，无法使用调查问卷。

考点 2 问卷的构成 ★★★★★ 10min搞定

问卷一般包括题目（标题）、前言或指导语、问题和答案、结束语。

1. 题目

题目是对整个问卷的概括性表述，要用精炼、准确的语言反映问卷的目的和内容。

2. 前言或指导语

问卷的前言一般就是问卷的指导语，是指导调查对象填写问卷的总说明性文字，安排在问卷的卷首。通过阅读指导语，调查对象可以知道调查者的身份、调查目的、调查内容、调查是否匿名、如何填写问卷等重要信息，以激发调查对象回答问题的热情，消除顾虑。

（1）**指导语的主要内容：**①我是谁？说明问卷所涉项目的主持单位和研究人员。②我为什么调查？说明调查的意义、原因或目的。③我要调查什么？概述调查问卷的主要内容。④我能为你着想吗？强调对调查对象利益和隐私的保护，如说明问卷匿名填写、调查者负责对答案保密、调查内容仅为研究所用等。⑤你该如何作答？交代清楚问卷回收的时间、问题作答的规则与要求等。

（2）**指导语的写作要求：**文字表达简明扼要，措辞恰当，笔调亲切，便于理解。

3. 问题和答案

问题和答案是问卷的主体与核心，也是问卷设计最关键的一环。问题设计的好坏直接影响着问卷质量的高低。

(1) **从形式上看，问题可分为封闭式问题和开放式问题两类**。封闭式问题由问卷提供答案选项，调查对象只能从中选择一个或几个选项作为答案；开放式问题不提供答案选项，调查对象可以自由回答问题，没有任何限制。开放式问题的答案往往能够出现出人意料的、更丰富的材料，但对其答案进行归类和统计比较麻烦。

(2) **从内容上看，问题可分为特征问题、行为问题和态度问题三类**。特征问题用于了解调查对象的基本情况；行为问题用于了解调查对象过去发生的或正在进行的某些行为和事件；态度问题用于了解调查对象对某一事物的看法、认识、意愿等主观因素，如学习目的、理想、兴趣爱好等。

4. 结束语

结束语需要言简意赅，体现问卷的完整性。结束语主要有以下三种方式：

(1) **答谢词**。对调查对象的合作表示感谢。

(2) **说明问卷回收的方法**。填答者完成填写后，用什么方法将问卷返还给调查者。

(3) **征询建议**。征询调查对象对本次调查的形式与内容方面的感受及意见。

值得注意的是，问卷也可以没有专门的结束语，将开放性问题作为最后的问题，留出空白位置方便调查对象自由作答。

考点 3　问题的设计 ★★★★★ 40min搞定

1. 问题的形式

(1) **开放式问题**。

①**含义**：开放式问题是指对问题的应答无须研究者事先提供任何具体答案，完全由作答者自由填写的一种问题设计方式。就题型而言，可以是填空式的，也可以是问答式的。

②**适用范围**：适用于答案比较复杂、事先无法确定各种可能性答案的问题。

③**优点**：a. 具有很强的灵活性和适应性；b. 有利于发挥作答者的主动性和创造性，使他们能够自由表达意见；c. 可能得到研究者未考虑到的结果或启发性的答案，有利于探索性研究。

④**缺点**：a. 标准化程度较低；b. 答案不集中；c. 整理和分析比较困难；d. 要花费较多的时间来思考、填写，所以有可能降低问卷的回收率和有效率。

(2) **封闭式问题**。

①**含义**：封闭式问题是由问卷提供答案选项，调查对象只能从中选择一个或几个选项作为答案。一般要对回答方式做某些指导或说明，这些指导或说明大多用括号括起来，附在有关问题的后面。

②**形式**：主要有填空式、是否式、多项单选式、多项限选式等形式。（后文有详解）

③**优点**：答案规范，容易回答，能提高问卷的回收率和有效率，而且有利于进行统计和定量分析。

④**缺点**：a. 对于比较复杂的、答案很多或不太清楚的问题，很难进行完美设计；b. 回答方式比较机械，难以适应复杂的情况；c. 难以调动作答者的主观能动性。

(3) **半封闭式问题**：也称半开放式问题或综合型问题。半封闭式问题往往是在封闭式问题的基础上进行适当的改进或说明，给予调查对象一定的回答自由。这种问题形式集开放式和封闭式问题的优点于一身，避免了二者的缺点，因而具有非常广泛的用途。

2. 问题设计的基本要求

(1) **明确问题的范围**。需明确是用于小范围的典型调查还是用于大范围的统计调查；是了解人们思想态度方面的意向性问题，还是主要了解过程方面的事实材料。

（2）问题的内容符合研究目的和假设的需要。所列项目对研究目的是否具有较好的覆盖面，答案是否能较全面地反映所要研究问题的主要方面，且不交叉、重叠。

（3）问题的数量要适度。一份问卷的作答时间一般以30～40分钟为宜。若问题数量太多，作答者容易产生厌倦情绪，导致敷衍塞责或不予回答；若问题数量太少，又不能得到有关研究的基本事实材料，以致于影响研究结论。

（4）问题的表达须符合以下要求：

①问题的单一性。即一个题项询问一个问题，不能一题多问。

举例：你赞同对学生进行竞争性较低的测验和实施教师等级制度吗？

修改：拆分成两个题目。a. 你赞同对学生进行竞争性较低的测验吗？ b. 你赞同实施教师等级制度吗？

②问题表达要简明通俗。问卷中每个问题都应力求简洁具体、简明扼要，避免使用模糊或专业性强的术语，避免应答者可能不明白的俗语或生僻的用语。

③问题表达要准确。一是措辞要准确、完整，不能模棱两可。二是定量准确，如果要收集数量信息，应要求作答者答出准确数量，不要通过运算才能得到的数量概念（如平均数）。

举例：一个月里你帮助孩子做作业的平均次数是多少？

修改：一个星期内，你帮助孩子做过几次功课？

④问题表达具有中立性。运用中性词，避免使用导向性或暗示性语言，用语必须保持中立。避免问题隐含某种假设或期望结果，避免题目体现某种思维定势的导向。

举例：你赞同在学校放松纪律要求？

修改：你对学校放松纪律要求的看法是什么？

⑤正面肯定提问。避免使用假设句、否定句、双重否定句和反问句等形式进行表述。

举例：a. 下列教学策略中，你不用哪种？

　　　b. 当遇到总是告状的学生，以下选项中哪些你不得不做？

　　　c. 假如你遇到总告状的学生，你真的认为他们的行为正常吗？

修改：a. 下列教学策略中，你会使用哪种？

　　　b. 当遇到总是告状的学生时，你的做法是？（多选题）

　　　c. 假如你遇到总告状的学生，你认为他们的行为正常吗？

（5）问题中隐含的心理因素。首先，避免与社会规范有关或有情绪压力的问题。其次，避免涉及个人隐私程度较深而作答者不愿直接回答的问题。最后，措辞要礼貌。

举例：a. 你的收入中有受贿所得部分吗？

　　　b. 你在维持良好的课堂学习气氛中感到困难吗？

修改：a. 这个问题就不应该问，多数人不愿意回答真相。这是一个无效问题。

　　　b. 你在维持良好的课堂学习气氛中有哪些难点？

3. 问题的顺序

问题的排列与组合方式，是问卷设计中的一个重要问题。为了形成合理的结构，通常要注意两个方面：一是要方便被调查者顺利地回答问题，二是要方便调查后的资料整理和分析。问卷问题的顺序排列方式有多种，常见的有以下四种：

（1）类别性顺序。把同类性质的问题尽量安排在一起，这样方便被调查者按照问题的顺序，回答完一类问题后再回答另一类问题，避免思路经常中断或来回跳动。最常见的类别顺序形式是先回答有关个人特征资料和事实性问题，再回答态度性问题，另外一种类别性顺序是先回答封闭性问题，再回答开放性问题。

(2) **时间性顺序**。将问题按时间顺序安排。一般应根据时间的线索，无论是由远及近，还是由近及远，问题的排列在时间顺序上都应该有连续性、渐进性，这样可以使时间顺序与逻辑顺序统一起来。

(3) **内容性顺序**。①先易后难，先简后繁。将一些较简单、容易回答、熟悉的问题放在前面，较复杂的或专门安排的问题放在问卷靠后的位置。②先一般，后特殊。将一般性质的问题放在前面，敏感性强的问题放在后面。③先总体，后特定。问题的排列要考虑问题的层次，针对某一事物或主题先问总体特征，再进行特定特征的问题安排。

(4) **逻辑性顺序**。研究者有意识地将自变量问题放在前面，因变量问题放在后面，以便研究者进行资料分析。

4. 问题答案的格式

(1) **答案的内容要求**。

答案的内容要明确、简洁。各个选项应相对独立，选项之间不应有相互包含或彼此交叉的情况。有层次的选项应层次分明，有一定的区分度，且选项排列讲究逻辑性顺序。具体来说，分为以下五点：

①**相关性**。答案与所设问题具有相关性，不能答非所问。

举例：你喜欢什么样的进修方式？

A. 函授　　　　　B. 脱产　　　　　C. 半年　　　　　D. 一年

E. 短训　　　　　F. 其他

修改：你喜欢什么样的进修方式？（C和D对应的是进修时间，它们与进修方式不相关）

A. 函授　　　　　B. 脱产　　　　　C. 短训　　　　　D. 其他

②**层次性**：答案处于相同层次。

举例：您通过什么渠道了解某培训机构？

A. 网络电视　　　B. 报纸　　　　　C. 网络　　　　　D. 同学或朋友推荐

E. 宣传单　　　　F. 宣传活动　　　G. 其他

修改：您通过什么渠道了解某培训机构？（A是C的下位概念，E是F的下位概念）

A. 网络媒介，如电视、电脑、手机等　　　　B. 纸质媒介，如报纸、杂志等

C. 同学或朋友推荐　　　　D. 其他

③**穷尽性**：穷尽一切可能的答案。

举例：你的婚姻状况如何？

A. 已婚　　　　　B. 未婚　　　　　C. 离婚　　　　　D. 丧偶

E. 其他

④**互斥性**：答案之间相互排斥。

举例：你认为学生在学习上失去信心的主要原因是？

A. 家庭影响　　　B. 社会环境　　　C. 教学方法　　　D. 同学关系

E. 教师态度　　　F. 其他

⑤**适切性：** 答案根据研究需要确定合理的测量层次。

举例：

题 目	选 项
	否　　　　　　　　是
	0　1　2　3　4
我总是具有与学生在一起的强烈愿望	( ) ( ) ( ) ( ) ( )
我对我所教的学科总是充满热情	( ) ( ) ( ) ( ) ( )

(2) 问题答案的基本格式。

①**是否式：** 答案只有肯定和否定两种，作答者根据自己的情况选择其中一种。

举例：你是班主任吗？

A. 是　　　　　　B. 否

②**选择式：** 分为单项选择式和多项选择式，是列出多种答案，由作答者选择其中一项或多项答案的形式。

举例：你最喜欢下列哪一类体育活动？

A. 球类　　　　B. 田径　　　　C. 游泳　　　　D. 体操

E. 武术　　　　F. 其他

③**排序式：** 又称顺位法、评判式，是列出若干答案，由作答者给出各种答案先后顺序的回答形式。

举例：请将下列行为依其对科学素质的重要程度由高到低排序，并把排序结果写在左边的括号内。

（　）能坚持观察活动。

（　）能将所学的科学知识用于生活实际。

（　）能动手进行科技制作。

（　）能识别迷信与伪科学的谬误。

（　）能从自己身边做起，参与科学知识的普及活动。

④**量表式：** 又称等级式，是列出不同等级的答案，由作答者根据自己的意见或感受选择答案的形式。通常宜采用李克特量表形式，李克特量表是由一组陈述组成，每组陈述有"非常同意""同意""不一定""不同意""非常不同意"的五种回答，分别记为5、4、3、2、1，每个被调查者的态度总分就是他对各道题的回答所得分数的加总，这一总分可以说明他的态度的强弱或他在这一量表上的不同状态。

举例：当前小学生课业负担很重。（　　　）

A. 非常赞同　　　B. 赞同　　　　C. 不确定　　　　D. 不赞同

E. 非常不赞同

⑤**填空式：** 常见于对作答者来说既容易回答又方便填写的问题。

举例：你的学校所在的省份是（　　　）。

⑥**定距式：** 答案选择不是一个点，而是一个区间。

举例：

*1. 请为学校图书馆进行整体评分

不满意(0)　　　　　　　　　　　　　　　　　　　满意(100)

⑦**矩阵式（表格式）**：是将同类的几个问题和答案排列成一个矩阵，由作答者对比进行回答的形式。

举例：关于教师对工作的满意度问题

选项	1 非常满意	2 满意	3 一般	4 不满意	5 非常不满意
教师的工作环境					
教师的工作待遇					
教师的工作内容					
教师的工作时间					

⑧**判断式**：也叫划记式，按同意或不同意，在答案上分别作记号"√"或"×"。

举例：关于你对考试的看法，请在你认为符合的情况前画"√"，不符合的情况前画"×"。

（　）考试前我非常紧张，我常担心我的成绩会落后于他人。
（　）考试可以使我发现自己在学习上的不足，我并不害怕考试。
（　）我较关心名次，名次先后是促使我发奋学习的一大动力。
（　）如果不是为了应付考试，我甚至都不想翻教科书。

凯程拓展

M 中学新手班主任工作效能问卷调查〔这是题目〕

诸位亲爱的班主任老师：

　　大家好！我们是北师大教育学院 A 组调研团，为研究新手班主任群体的工作现状以及为其提出建设性建议，特此发放关于 M 中学新手班主任工作效能的问卷。试卷采用匿名形式征集答案，请老师们放心作答。您的配合与真实的回答对我们的研究结论很重要，请认真作答。

　　　　　　　　　　　　　　　　　　　　　　　　　　　　　　　　谢谢！

　　　　　　　　　　　　　　　　　　　　　　　　　　　　　　　A 组调研团

〔这是指导语〕

一、封闭式问题 〔以下是正文，由问题和答案构成〕

1. 填空式：您的工作时间是（　　）个月。
2. 是否式：您是班主任吗？（　　）
   A. 是　　　　　　B. 否
3. 单选式：您所带的科目是（　　）。
   A. 语文　　　　　B. 数学　　　　　C. 英语　　　　　D. 其他
4. 多项式：您觉得自己能够胜任工作的哪些环节？（　　）
   A. 备课　　　　　B. 讲授课程　　　C. 管理学生　　　D. 批改作业
   E. 家校联系　　　F. 师生沟通　　　G. 其他
5. 量表式：您对目前工作状态的感受是什么？（　　）
   A. 非常满意　　　B. 比较满意　　　C. 不太明确　　　D. 不太满意
   E. 非常不满意
6. 判断式：您认为符合您的情况的，请打"√"，不符合您情况的，请打"×"。

您给学生正式上课时会紧张。（　　）
您较为关心领导和同事对您的看法。（　　）
您已经在关注学生的需要和成长。（　　）

7. 排列式：您希望学校安排的班主任培训有哪些方面？请将下列项目按您认为的重要程度从高到低开始排序。

（　　）教学策略培训　　　　　　　　（　　）管理学生策略培训
（　　）家校沟通策略培训　　　　　　（　　）师生沟通策略培训
（　　）布置作业和批改作业培训　　　（　　）班主任职责培训

二、开放式问题

1. 您为什么选择做班主任？
2. 在工作过程中您最大的收获是什么？最大的困难是什么？

再次感谢您的配合与支持，谢谢！ ← 这是结束语

考点4　问卷的信度与效度

1. 效度

效度是指测量的准确性和有效性，即一个测量对它所要测量的特性准确测量的程度。测量的效度与测量的目标有密切关系，效度就是指测量本身所能达到目标的有效程度。

2. 信度

信度是指研究工具（测量手段）在反映研究对象的性质或特征时表现出来的一致性，即反映研究工具对每个研究对象测量结果的一致程度。信度是一个统计学概念，如果研究工具对研究对象测量结果的误差大，信度就低；误差小，信度就高。

3. 信度与效度的关系

（1）研究信度是研究效度的一个必要前提。没有信度，效度不可能单独存在，信度是效度的必要条件，但不是充分条件。信度是为效度服务的，因而效度是信度的目的；效度不能脱离高信度而单独存在，所以信度是效度的基础。

（2）无信度一定无效度，但有信度不一定有效度。一个可靠的研究程序并不证明内容一定有效，信度低，效度不可能高；信度高，效度未必高。

（3）有效度必定有信度。效度高，信度必定也高，因为不可能存在唯有效度而没有信度的情况。

第三节　访谈调查

考点1　访谈调查的概述

1. 访谈调查的含义

访谈调查又称访谈法、谈话法、访问法，指研究者通过与访谈对象的口头交谈，收集所需要的、客观的、不带偏见的事实材料的调查方法。

2. 访谈调查的优点

(1) **调查过程灵活性强**。访谈者可以根据访谈过程的具体情况，采取灵活措施，如可以对受访者不理解的问题做详细的解释，就某一问题做进一步的补充提问等，引导交谈，获得可靠、有效的资料。

(2) **便于了解深层次的问题**。访谈是面对面的交谈，访谈者采取多种措施，运用多种技巧，引导受访者进行全面而深入的思考并作答，常常能收集到较深层次的观点和意见，从而使调查更加深入。

(3) **调查信息可靠性高**。访谈者能在与受访者的交谈中，观察、判断受访者的回答是否可信，确保收集到的信息直接、可靠，以此提高访谈的有效性。

(4) **调查对象范围广**。访谈以口头交流为基本手段，不受书面文字的限制，适用于文化程度较低的人，甚至可以对文盲展开调查，也可以对特殊群体进行调查，如对幼儿进行调查，所以访谈调查适用对象范围较广。

3. 访谈调查的缺点

(1) **成本高、耗时长、效率低**。调查过程需要较多的人力、物力和财力，调查时间也较长，如研究者出于创设访谈环境的需要，选择咖啡馆、茶馆等场所；多次往返受访者场所的交通费；初次会见受访者时赠送的一些小礼物等都可能需要付出额外费用。可见，访谈调查的效率较低，应用范围有一定限制。

(2) **样本较小，结论的代表性较低**。访谈调查在单位时间内所能调查的样本较小，当样本小时，结论的代表性就不高，可推广度也会受限。

(3) **标准化程度低，不易量化，资料分析处理的难度大**。访谈调查具有较强的灵活性，预先拟定的访谈提纲往往会随着具体访谈情境的变化进行一定程度的调整和修改，记录的方式也可能会因调查对象的情况而有所不同，有文字资料，也可能有录音资料、录像资料，这样得到的资料就比较杂乱，标准化程度低，不易量化，分析、整理较为困难。

(4) **匿名性较差，影响信息的真实性**。如果访谈内容是敏感的问题，受访者很可能会拒绝回答以确保自身安全。另外，虽然研究报告或论文中采取了保护性措施，但受访者熟悉的人还是能很容易地推断出受访者的真实身份。

4. 访谈调查的主要类型

根据访谈的时间或次数，将访谈分为一次性访谈调查和重复性访谈调查。根据一次访谈对象的多少，将访谈分为个别访谈调查和集体访谈调查。根据是否对访谈过程进行控制和访谈过程是否使用严格设计的访谈提纲，将访谈分为结构性访谈调查和非结构性访谈调查。

(1) **结构性访谈调查（标准化访谈调查）**。

①**含义**：结构性访谈调查指访谈者按照统一的设计要求和事先规定的访谈提纲依次向访谈对象提问，并要求受访者按规定的标准回答提问的正式访谈。

②**优点**：a.访谈提纲标准化，可以把随意性降到最低；b.所获得的资料标准化程度较高，便于统计分析；c.对于不同访谈对象的回答，也易于进行比较分析。

③**缺点**：比较呆板，容易失去访谈调查所具有的灵活性强的优点。

(2) **非结构性访谈调查（自由式访谈调查）**。

①**含义**：非结构性访谈调查指只根据一个粗略的访谈提纲或某一主题，由访谈者和访谈对象自由交谈以获取资料的访谈方法。

②**优点**：a.有利于访谈者和受访者充分发挥主动性、创造性，便于全面而深入地搜集资料；b.有利

于拓宽和加深对问题的考察，能灵活地处理访谈设计中没有考虑到的事件和问题。

③**缺点：** a. 非结构性访谈难度大，需要更高的访谈技巧；b. 访谈耗时常常不确定；c. 资料的整理和分析难度较大。

考点 2　访谈调查的过程 ★★★★★ 20min搞定

1. 选择访谈对象

在访谈调查中，访谈对象的选择是重要的一环，它和访谈能否成功有着直接的关系。在选择访谈对象时，需要注意以下三个方面。

（1）**访谈对象的人数**。访谈样本的大小，多半由调查研究的目的和性质决定，当然也必须考虑调查研究的人员、时间、经费等条件。集体访谈时，一般以 6 ～ 12 人为宜，人数太多或太少都会降低访谈的效率。

（2）**访谈对象的典型性和代表性**。如果是个别访谈，在选择访谈对象时，应事先了解访谈对象的经历、地位和个性特征，以确定访谈对象能否提供有价值的事实材料，是否乐于回答所提出的问题。如果是集体访谈，应确保所访谈的对象既具有代表性，又熟悉与访谈主题有关的情况。

（3）**访谈对象之间的关系**。如果是集体访谈，应使访谈对象在学历、经验等方面尽可能相似，让他们相互之间感到地位平等，防止出现个别权威，影响其他人畅所欲言。还要注意访谈对象之间是否有矛盾，以免他们担心访谈结果会对自己的切身利益造成影响而保留意见和态度。

2. 准备访谈提纲和访谈计划

（1）**确定访谈类型**。一般来说，访谈方式要依据调查研究的目的进行选择和确定。如果是探索性研究，通常选择非结构性访谈；如果是要验证某个假设或者需要较快获得较多人的态度，通常选择结构性访谈。访谈类型的选择除与调查研究目的和性质有关外，还与人员、时间、经费的充裕与否直接相关。

（2）**准备访谈工具**。访谈记录表、各种证明材料、证件、采访机、录音机等。

（3）**准备访谈提纲**。访谈提纲一般需要明确六项内容：①访谈的目的；②访谈的类型；③访谈的主题；④访谈的具体问题（这是核心）；⑤访谈的时间、地点、访谈者、访谈对象和参与访谈的其他相关人员；⑥访谈的资料记录和分类方法等。

（4）**拟定访谈提纲和计划的原则**。①简明扼要；②问题表述口语化；③合理安排问题的顺序；④随机应变；⑤随时修订。

3. 正式访谈

访谈要按计划进行，目的要明确，中心议题要集中。为了使访谈取得良好效果，正式访谈包括以下阶段：

（1）**尽快接近访谈对象**。如何让访谈对象乐于接受我们的访谈呢？①访谈者的穿着要干净整洁，称呼恰如其分；②自我介绍简洁明了，不卑不亢；③热情礼貌，语气中肯、正面；④说明保密原则，消除对方的戒心；⑤说明访谈目的和意义，让对方认可我们访谈的价值。

（2）**营造融洽的访谈气氛**。刚进入访谈状态时，访谈者要注意营造融洽的访谈气氛，良好的气氛是保证访谈调查成功的重要条件。访谈者可以从对方熟悉的事情、关心的社会问题、时下的新闻热点谈起，也可以从关心访谈对象入手，联络感情，建立信任，在初步营造起融洽的关系后，再进入访谈正题。

（3）**按计划进行访谈**。访谈过程要遵循如下原则：

①**提问**（顺序—简明—中立—追问）。

a. 为了保证研究结果客观、可靠，按照访谈提纲的顺序进行提问。

b. 提问要简单明了，易于回答，可按访谈对象能接受的方式进行提问。

c. 提问的语气与方式应保持中立。

d. 善于追问，适时、适度地进行追问。

②**倾听（倾听—中立—不打断）**。

a. 访谈者要保持倾听的注意力。

b. 倾听时，保持不做是非判断的态度。不要流露出惊讶、赞成、批评等语气和态度。

c. 不要打断或中止访谈对象的话，以免使访谈对象产生不良情绪。

③**回应（认可—总结—自我暴露）**。

a. 认可、鼓励访谈对象。可以用言语、微笑、点头的方式鼓励访谈对象，表示认可访谈对象。

b. 重复、重组与总结。对访谈对象所说的话进行重复、重组或总结。

c. 自我暴露。以自己的相关经历或经验对访谈对象所说内容进行回应。

④**心理（氛围—礼貌—时长—保密—观察）**。

a. 保持访谈在轻松、愉悦、友好的氛围中进行。

b. 对话礼貌，态度真诚、自然，最重要的是要尊重访谈对象。

c. 访谈的时长要恰当。把控好访谈时长，冗长的访谈会使对方烦躁，最好不要过多地打扰别人的休息和工作。一般电话访谈为 20 分钟左右，结构性访谈为 45 分钟左右，集体访谈和非结构性访谈不超过 2 小时。

d. 严守保密性原则。对于访谈对象的顾虑，可通过承诺对交谈内容保密进行消除。

e. 要善于观察访谈对象的心理变化。

（4）**认真做好访谈记录**。访谈记录方式有现场记录与事后记录，还有笔录、录音、录像。访谈记录要做到：①客观、准确，尽可能完整、全面地按访谈对象的回答记录；②记录时可对不明确的回答做记号，以便追问，不要曲解访谈对象的原意；③访谈后要及时整理、分析访谈记录；④此外，录音、录像的记录通常要征得访谈对象的同意。

（5）**结束访谈**。访谈结束时，访谈者要向访谈对象致谢，注意为以后的研究抽样做铺垫，要记清访谈对象的姓名、访谈日期、访谈地点等信息。此外，如果是重复性访谈，还可以跟访谈对象商量好下一次访谈的时间、地点等。

4. 访谈资料的整理与分析

（1）**对访谈资料的整理**。指对访谈资料进行分类和编码。我们需要注意的问题有：

①**随时整理**。不要等全部访谈结束后再整理，最好当天访谈的资料当天整理，防止遗忘。

②**及时整理**。访谈资料中简化的内容，要及时补充还原。

③**做好分类**。将访谈资料进行分类和编号。

（2）**对访谈资料的分析**。分析访谈资料时，我们需要注意的问题有：

①**阅读原始资料**。研究者要站在访谈对象的角度对原始资料进行理解。

②**资料的录入**。将原始资料打乱，赋予意义后以新的方式组合在一起。

③**寻找本土概念**。即访谈对象使用频率较高，用于表达真实想法的词汇或概念，这种概念通常具有访谈对象的个人特点。

5. 完成访谈调查报告

撰写访谈报告时，要注意访谈调查报告的格式。具体格式包括报告标题、摘要、访谈背景、报告的主体（包括访谈目的、访谈对象、资料分析、访谈结果）、讨论或建议、参考文献、附录（附访谈提纲）。

凯程助记

访谈调查的过程
- 选择访谈对象
  - 访谈对象的人数
  - 访谈对象的典型性和代表性
  - 访谈对象之间的关系
- 准备访谈提纲和访谈计划
  - 确定访谈类型
  - 准备访谈工具
  - 准备访谈提纲
  - 拟定访谈提纲和计划的原则
- 正式访谈
  - 尽快接近访谈对象
  - 营造融洽的访谈气氛
  - 按计划进行访谈
  - 认真做好访谈记录
  - 结束访谈
- 访谈资料的整理与分析
  - 访谈资料的整理
  - 访谈资料的分析
- 完成访谈调查报告 —— 注意访谈调查报告的格式

凯程拓展

关于学优儿童在校适应能力的访谈提纲

访谈对象： 6名小学班主任老师和随机抽取的10名学优儿童。

访谈目的： 获得良好学校适应在学业、人际、情绪、行为四个方面的具体的典型表现，进而为论文的"良好学校适应对学生发展的基础作用"部分提供依据。

访谈范围： 学优儿童在学业、人际、情绪、行为四个方面的具体表现。

学优儿童的选取标准： 参照俞国良"关于学习良好儿童的界定标准"来界定学优儿童；学业成绩标准为主科（语文、数学、英语）平均成绩居本班级前20%。

选取学优儿童的原因： 有研究表明，学业适应与情绪适应、人际关系适应、行为适应有显著的相关关系。也有研究结果表明，学优儿童在学业适应和情绪适应方面表现良好。

一、对班主任的提问

1. 学优儿童在综合运用知识方面、基础知识掌握方面表现如何？
2. 学优儿童的课堂具体表现如何？（听讲、做笔记、完成作业情况）
3. 学优儿童在学习自主性和学习兴趣方面表现如何？
4. 学优儿童在参与课外活动的积极性、集体活动的兴趣方面表现如何？
5. 学优儿童是否有爱哭、容易被激怒等方面的表现？
6. 学优儿童是否经常表现出烦恼、忧愁、焦虑等不良情绪？

7. 学优儿童在遵守学校的规章制度和听从老师的命令方面表现如何?

8. 学优儿童是否有逃学或旷课的情况,或抄袭别人作业的行为?

9. 学优儿童是否会表现出不良的行为(偷东西、欺负同学、打架或争吵等)? 如果有,表现频率如何? (有时、经常、从不)

10. 其他问题。

二、对学优儿童的提问

1. 你是否喜欢学校?
2. 你是否喜欢学校的老师?
3. 你是否有抄袭别人作业的行为?
4. 你是否喜欢参加集体劳动?
5. 你是否喜欢周围的同学?
6. 你是否经常和同学闹矛盾?
7. 在学校你是否开心?
8. 你对自己的成绩是否满意?
9. 你认为老师喜欢你吗? 在老师眼里你是好学生吗?
10. 你是否感觉自己很孤单?
11. 其他问题。

第六章 教育实验研究

第一节 教育实验研究概述

考点1 教育实验研究的概述 ★★★ 6min搞定

1. 教育实验研究的基本含义

教育实验研究是研究者按照研究目的，合理地控制或创设一定的条件，人为地变革研究对象，从而验证假设，探讨教育现象因果关系的一种研究方法。换言之，教育实验研究是针对一定的研究假设，主动操纵研究变量，干预研究对象的变化，进而揭示研究变量之间因果关系的教育研究活动。

2. 教育实验研究的基本要素

（1）**自变量和因变量**。教育实验研究的目的是考察一个或几个自变量与一个或几个因变量之间的因果关系。

（2）**实验组和控制组**。接受实验处理的一组称为实验组；未接受实验处理的一组是控制组，或称为对照组。实验组和控制组的研究对象应尽可能相似，两组同时接受测量。控制组根据随机控制的程度分为两种：一种是通过随机分配形成的等值组，称为等值组或真实控制组；另一种是非随机分配形成的控制组，称为不等控制组。

（3）**前测和后测**。通常情况下，实验需要对因变量进行前、后两次相同的测量（也有的实验设计没有前测，只有后测，如单组后测设计），在实验处理前的测试称为前测，在实验处理后的测试称为后测。教育实验的效果通常通过比较前测和后测的结果来衡量。

3. 教育实验研究的优点

（1）**对因果关系的预见性**。教育实验作出了一种广义的因果推测，在文献研究、理论研究的基础上，对所要解决或探索的问题有一个预先的假定，然后通过一定的措施来证明这个假定。

（2）**推理模式的完整性**。教育实验采用假设演绎法进行验证，当所要研究的变量关系以一种假设的方式提出后，整个研究活动就围绕着假设展开。如进行变量的控制、操作等一系列干预活动，经观察、分析，最后用结果对照假设，得出结论。

（3）**对教育活动的主动干预性强**。为了探索预期的因果联系，教育实验采取了一系列控制或干预手段，如主动地突出并操作某些变量，排除某些干扰变量（无关变量），以提高研究结论的可靠性。调查法、文献法也研究因果关系，却因研究过程中的外部干扰因素太多，没有（也无法）控制，其误差显然要大于实验法。

（4）**教育实验的可重复验证性**。由于教育实验对教育活动进行主动干预，可多次获得同一形态下的某些教育现象，便于重复验证，提高结论的科学性。

（5）**教育实验研究有利于扩大研究范围**。人为创造实验条件，可以观测到自然环境中遇不到或者不易观察到的信息，还可以在不同的情况下研究教育问题，扩大研究范围。

---

① 本章内容参考邵光华的《教育研究方法》，张莉、王晓诚的《教育研究方法专题》，袁振国的《教育研究方法》，裴娣娜的《教育研究方法导论》等。

4. 教育实验研究的缺点

（1）**由严格控制带来的环境失真**。实验条件控制得越严格，离真实的教育活动环境就越远，在自然条件下的教育活动中重复验证的可能性就越低。因此，在严格控制的环境下形成的实验结果，并不一定能推广到真实生活情境中。

（2）**实验人员和实验过程带来的负效应**。负效应指来自实验主、客体且最终影响到实验结果的不良因素。这类负效应可以举出许多例子，如实验人员的期望会影响实验的效果（罗森塔尔效应）；实验对象因知道自己参加实验而引起的积极性提高（霍桑效应）等。

（3）**不可避免的样本不足和选择误差**。教育实验一般都是关于群体的研究，群体越大，则控制的难度越大，但样本较小，则不足以将结论推广至总体。再由于种种社会因素的影响，实验往往只能在指定（给定）的学校和班级进行。这样，样本所来自的母体不能代表更大范围（如不同学区、不同省市）的总体，导致"选择误差"。

考点 2　教育实验研究的基本程序 ★★★ 8min搞定

1. 教育实验研究的准备阶段（教育实验研究的设计）

（1）**教育实验成功与否，很大程度上取决于实验前的准备工作**。具体包括以下内容：

①**选定实验研究的课题并形成研究假设**。基于研究问题，形成研究假设，对课题中涉及的变量及其相互作用关系做出陈述性表达。

②**分析实验因素与确定实验处理**。选择与操作自变量，选取与安排被试（列举群体、样本、实验单位、抽样方法及样本大小），确定操作性定义。

③**明确因变量的测量工具与指标**。选择或编制合适的统计测量工具，并初步选择统计分析的方法。

④**列出无关变量及其控制方案**。写出可能的无关变量，采用相应的控制方法，设计控制过程和预测控制的程度，排除其对实验处理效应的干扰。

⑤**确定实验设计模式与相应的统计假设**。根据该研究内容及各种实验模式的优缺点，灵活选择，保证恰到好处。

（2）**实验设计需遵循的三条基本原则**。

①**随机化原则**。随机化是实验设计中控制无关变量最重要的方法，也是最有效的方法。随机化通常包括两个方面：一是被试应从总体中随机选择；二是被试的配组（分到实验组或对照组）应随机分配。

②**可控制原则**。控制是实验的基本特征，没有控制就没有实验。一个实验能否有效地得出因果关系的结论，最重要的是看实验设计能否有效地控制无关变量。

③**可重复原则**。可重复是对实验的精确性和可靠性的要求，也是检验实验结果有效性的标准。

2. 教育实验研究的实施阶段

按照实验设计进行教育实验研究，操作自变量、控制无关变量，观测由此产生的效应，并记录实验所获得的资料、数据等。

3. 教育实验研究的总结推广阶段

对实验中取得的资料、数据进行处理分析，确定误差的范围，从而对研究假设进行检验，最后得出科学结论。在分析实验研究结果的基础上，写出实验报告。有时，为了验证或推广实验结论，还需进行重复实验或扩大实验。

> **凯程助记**
> 教育实验研究的基本程序：准备阶段（随机化、可控制、可重复三原则）→实施阶段→总结推广阶段。

考点3　教育实验研究的基本类型：前实验、准实验与真实验　★★★★☆ 6min搞定

按实验变量的控制程度不同，教育实验可分为前实验、准实验与真实验。

1. 前实验

前实验是指对无关变量控制程度最低的实验。前实验可以进行观察和比较，但对无关因素的干扰和混淆因素缺乏应有的控制，因而无法验证自变量与因变量之间的因果关系。前实验不打乱正常的教学秩序，接近真实的教育情境，但是其结论内、外效度均很低，不具有可推广性，一般应用于教育行动研究。单组前后测实验设计（后文有详解）属于常见的前实验设计。

举例：在"范文在小学生写作训练中的作用"的实验中，一位教师仅在自己班中进行实验，实验前实施前测，之后进行一周的范文模仿训练，实验后实施后测，最终比较前、后测的成绩说明实验效果。实验没有随机挑选被试，几乎没有控制无关变量，只是进行了观察和结果的比较。

2. 准实验

准实验是指对无关变量有一定控制的实验。准实验不能随机分派被试，也不能完全控制无关变量，只能尽可能对其予以控制。准实验是在教育的实际情境中进行的，通常会设置控制组，因而具有推广到其他教育实际中的可行性。我国大多数中小学开展的教育实验都是准实验，但由于未对实验组和控制组进行等组处理，可能会出现取样的代表性较低等问题。非随机分派控制组前后测设计（后文有详解）属于较常见的准实验设计。

举例：在"范文在小学生写作训练中的作用"的实验中，随机选取三年级两个班的学生，一班为实验组，一班为控制组，在实验前对两个班进行前测，实验组进行一个学期的范文模仿训练，控制组不进行实验处理，最后比较两个班的测试成绩，判断范文在小学生写作训练过程中是否有作用。

3. 真实验

真实验指对无关变量控制程度最高的实验。真实验可以随机分派被试，设置实验组和控制组，能有效控制实验中的自变量和无关变量，能系统地操作实验因素。这种实验具有很高的内在效度，能准确、充分地说明自变量与因变量之间的因果关系。但由于其人为性较强，设计复杂，外在效度不理想，很难在实际的教育情境中普遍推广和应用。随机分派控制组前后测设计和随机分派控制组后测设计（后文有详解）都属于较常见的真实验设计。

举例：在"范文在小学生写作训练中的作用"的实验中，首先在三年级的优、中、差三类学生分层中随机抽取60名学生作为样本，依据这60名学生的成绩，进行精细的配对处理，要求将水平相同的两名学生分别分派到两组，保证两组学生整体水平相当，然后随机指定一组为实验组，另一组为对照组。实验组进行一个学期的范文模仿训练，控制组不进行实验处理，最后比较两个班的测试成绩，判断范文在小学生写作训练过程中是否有作用。这个实验和上述实验相比，加强了实验对象的随机选择和随机分派，特别做了对学生的配对，保证两组学生实力相当。

第二节 教育实验研究的效度

考点 1 教育实验研究效度的含义

研究效度是指一个研究的有效性和真实程度，即实验设计能够回答要研究的问题的程度，涉及实验研究的准确性和普遍性，是衡量教育实验成败优劣的关键性质量指标。1963年，美国学者坎贝尔和斯坦利把教育实验研究效度分为内在效度和外在效度两类。内在效度决定实验结果的解释，外在效度直接影响实验结果的推广。

考点 2 教育实验研究的内在效度与外在效度

1. 内在效度的含义

教育实验研究的内在效度是指自变量与因变量的因果关系的真实程度，即研究的结果。因变量的变化确实由自变量引起，是操作自变量的直接结果，而非其他未加以控制的因素所致。也就是说，内在效度表明的是因变量 Y 的变化在多大程度上来自自变量 X。

2. 外在效度的含义

教育实验研究的外在效度是指实验结果的概括性和代表性，表明教育实验研究结果的可推广程度。研究者总是希望自己的研究结果具有普遍适用性，可以推广到更大的范围，一个实验越能实现这个目标，就表示越有良好的外在效度。

3. 内在效度和外在效度的关系

（1）**内在效度是外在效度的必要条件**。内在效度决定了对实验结果的解释，没有内在效度的实验是没有价值的。内在效度是实验质量的根本保证，是外在效度的先决条件，没有内在效度，便无所谓外在效度。

（2）**内在效度高，外在效度不一定高**。一般来说，内在效度越高，就越能确认其结果是由实验处理所致；外在效度越高，其结果的推论范围就越大。但是内在效度高的，并不一定可以推广到其他情境中。

（3）**内在效度与外在效度有时会互相影响**。内在效度和外在效度不总是一致的，内在效度和外在效度之间是会有冲突的，要保证一种效度，必然会削弱另一种效度。

举例1：在学校、教室内进行实验的研究结果，虽然将来能较好地适用于实际教育情境（具有好的外在效度），但因实验条件限制，无法像实验室实验那样进行充分控制，实验的内在效度往往较低。

举例2：为了防止性别差异影响实验结果，只选取男生或女生作为被试，这时实验的内在效度提高了，但实验结果的外在效度降低了，因而实验结果不能推广到不同性别的群体中。

> **凯程助记**
> 研究的信度是指研究的方法、条件和结果是否具有前后一贯性。
> 研究的效度是指结论能被明确解释的程度（内在效度）和结论的普遍性（外在效度）。
> 内在效度是指研究结果能被明确解释的程度。
> 外在效度是指研究结果能被推广到其他总体条件、时间和背景中的程度。

考点 3　内在效度与外在效度的影响因素 ★★★★★ 10min搞定

1. 影响内在效度的因素

（1）**历史**。也叫偶然事件、履历效应或历史效应，指在实验进展过程中没有预料到的影响因变量的事件的发生。一般来说，实验时间越长，受实验处理以外的其他事件影响的可能性就越大。

举例：正在进行关于如何增长学生耐性的实验，期间新闻广播上出现新异消息，如森林大火、某地大地震等，这些事件的出现，不是实验处理本身所造成的差异，而是研究者事先没能预料并加以控制的，它很可能冲淡实验处理的影响。

（2）**被试身心的成熟程度**。也叫生成效应，指时间在被试身上所起的作用。它反映被试在一个时期或一个阶段后，随时间的推移以及偶然因素的影响，被试自身身心各方面发生的变化而引起的系统变异，如被试在实验期间的生理或心理变化。

举例：在学习实验中，被试在 50 分钟后因疲劳导致成绩下降。

（3）**前测效应**。指前一次测验对后一次测验的影响。测验因素一般通过设置无前测的对照组进行控制。

举例：英语标准化的 IELTS 考试，经过再次测验，被试比较了解研究者在测题中所隐藏的做题技巧，同时了解测验的特点，使被试在以后的测验中表现较为熟练。

（4）**测量工具**。指测量手段和工具对实验因变量的影响。实验的测量工具（如仪器、试卷等）、测量主持者、评卷者的不同或不一致，都可能使测量的标准不统一，从而影响测量结果的准确性，使实验处理作用的效果被混淆。

举例：一位教师在一项实验研究中，先进行了前测，她发现前测的一些试题表述不够合理，于是她做后测时，对很多题目做了改进，使表述更合理、题目更准确，她的做法是对的，但是前后测的试题卷就不同了，会影响实验结果。或者前后测由不同的教师阅卷，而他们评分标准不同，这也会影响实验结果。

（5）**统计回归**。是在教育实验中有前后测情境下出现的一种效应现象，一种趋向平均数的常态回归。被试的前测成绩过优或过劣，其后测成绩都有向群体平均值靠拢的趋向。

举例：在一项阅读教学的实验中，如果选择的被试是一组分数很低的学生，经过一段时间的实验，再测试的时候平均成绩有所提高，这里就不能完全排除统计回归的因素。

（6）**被试选择的差异**。指由于选择被试的程序不适当，没有采用随机取样和随机分组的方法，造成被试组之间存在系统性差异。也就是说，在进行实验处理前，他们在各方面并不相等或有偏差。

举例：一个教学实验的实验组是一个重点班，而控制组是一个普通班。两组实验的结果无法进行比较，因为生源水平不同，影响了实验结果。

（7）**被试的流失**。指在实验中被试的更换、淘汰或中途退出都有可能对研究结果产生显著影响。

举例：在一项判断各类运动效果的实验中，部分被试发现此项运动很难而退出，被试的流失影响了实验效果。

（8）**多种因素和条件的交互作用**。即选择与成熟的交互作用、选择与历史的交互作用等。上述七种因素彼此的交互作用，是影响内在效度的另一种因素。

举例：实验者要试验某种心理咨询方法的效果，于是选择一组心理正常的学生和一组心理异常的学生做实验，两个组实验前的条件就不同，这是"被试选择的差异"因素；实验处理后，异常组学生发生了自然恢复，正常组学生则无变化，这是"被试身心的成熟程度"因素。这两种因素的交互作用，干扰了实验的效果。这是"选择与成熟的相互作用"因素影响了实验的内在效度。

2. 影响外在效度的因素

（1）**测验的反作用或交互作用效应**。测验的反作用指前测对后测的作用。测验的交互作用指前测与后测的交互作用。在有前测和后测的实验设计中，前测的经验往往会限制研究结果的推论性，因为实验对象对实验处理具有敏感性，在平常情境中未曾注意到的问题或现象，这时会变得更加敏感和警觉，以致实验效果可能部分来自前测实验所产生的敏感性。

举例：在一项口算新技巧教学实验中，前测提示被试按照这样的技巧可以提高正确率，经过新技巧教学后，进行了后测，后测的成绩变好了，这可能不是新技巧教学的影响，而是前测的影响。也就是说，测验的经验使后测的成绩提高了。因此，这种实验在推广的时候可能没有外在效度。

（2）**选择偏差与实验变量的交互作用效应**。这一效应也可以看作被试取样不具有代表性。当我们选取一些具有独特心理素质的实验对象做实验时，选择偏差与实验变量的交互作用效应就容易产生。因为这些独特的心理素质有利于对实验处理造成较佳的反应。

举例：当我们选择高智力的学生进行启发式教学和灌输式教学的实验比较时，实验结果发现启发式教学优于灌输式教学。但这一结论很难推广到中等和低智力学生群体中，因为高智力学生或许更能从启发式教学中获益。

（3）**实验安排的副效应**。指实验情境措施对被试的影响，包括实验者本身的个性特征、动机、情绪等。实验者将实验目的、对实验结果的期望无意中传递给被试，或被试知道参与实验而提高积极性，从而使实验处理的效果含有特定的含义。

举例：霍桑效应、期望效应等。这些效应有时也可以影响内在效度。

（4）**多重实验处理的干扰**。如果某实验组接受两种或两种以上的实验处理，那么后一实验处理将受到前一实验处理的干扰，产生练习效应或疲劳效应。因此，这种实验的结果只能推论类似这种重复实验处理的情况。

举例：试验集中学习法、分散学习法、整体学习法和部分学习法的学习效率时，让每位被试重复采用这四种学习方法，如果发现其中的整体学习法效果最好时，研究者并不能将这种结果推论到仅采用一种整体学习法的处理情境中，因为整体学习法取得良好的效果，可能是与其他三种学习方法交互作用的结果。

凯程助记

分 类	含 义	影响因素
内在效度	自变量与因变量的因果关系的真实程度	历史；被试身心的成熟程度；前测效应；测量工具；统计回归；被试选择的差异；被试的流失；多种因素和条件的交互作用
外在效度	推广到哪种总体 推广到哪种环境或条件	测验的反作用或交互作用效果；选择偏差与实验变量的交互作用效应；实验安排的副效应；多重实验处理的干扰

第三节　无关变量的控制方法

考点 1　无关变量的控制方法 ★★★★ 20min搞定

控制无关变量是提高实验效度的关键，在教育实验中，研究者必须采取有效可行的方法，尽量控制除实验处理（自变量）以外所有可能影响研究结果的因素（无关变量）。常用的方法有：

1. 消除法

消除法指完全消除无关变量的影响，是控制无关变量最彻底的方式。

举例：如果噪声是一个实验中潜在的混淆变量，那么研究者会试图构建一个没有噪声的环境来控制这种潜在的混淆变量，也许研究者会让被试在一间隔音室里完成实验。

2. 恒定法

恒定法指当无关变量无法消除或者很难消除时，可以采取使这些变量在研究过程中保持恒定的水平以排除其对实验结果的干扰，即所有被试都接受相同的无关变量，把变量变为常量。恒定法不能消除无关变量带来的误差，只能使这些系统误差在所有被试身上处于相同的水平，从而从宏观上用统计的方法更清晰地看到实验的结论。

举例：测试一项新的体育课程对提高体力和耐力的效果。体力和耐力可能会受到性别的影响，因此研究者仅选择女性作为被试，使性别这一变量恒定不变。

3. 均衡法

当无关变量无法消除，也不能保持恒定时，研究者可以采取均衡的方法来控制无关变量。均衡法是指当一个实验具体涉及两个组（实验组与控制组）或几个组时，使得各组的平均数及变异量尽可能接近，使无关变量保持基本相同的状态，使它们在不同组内对实验因素的影响基本一致。也就是说控制组除了不接受实验处理，其他条件都与实验组相同。

举例：在研究"繁体字教学对学生语文识字能力的影响"时，如果认为学生自身的成熟会影响实验结果，则设置控制组。实验组和控制组的学生的能力水平同步发展，学生自身的成熟的影响会相互抵消，只需要判断哪一组能力提升更多。

4. 抵消法（设计控制）

抵消法是通过组内设计（分配自变量的顺序）、效果平衡（采用实验组与控制组随机取样、随机分派，使无关变量平衡）以及拉丁方设计（也叫实验条件平衡设计、固定组循环设计），使被试变量在实验中产生的影响通过设计抵消。有些实验研究，被试需要在各种不同的实验条件下接受重复测量，由于重复测量、练习、迁移、干扰、疲劳、热身等作用会影响因变量的测量效果，研究者可以采用抵消的方式来控制这类无关变量。

举例：可以通过轮组设计抵消实验顺序的影响。在一项关于比较A、B两种训练方法哪个效果更好的实验研究中，A、B两种训练方法无论哪个先做，都会对后做的效果产生影响。研究者可以使一组按照A、B顺序安排实验，另一组则按照B、A顺序安排实验，最后将两组A的实验结果相加，两组B的实验结果相加，再对A、B进行比较，得出结论。

5. 随机法

随机法指被试的纯粹的机遇选择，主要包括随机选择和随机分派。随机是科学研究必须遵循的基本原则。随机化控制是研究者最常用的控制无关变量的方式，也是最有效的控制无关变量的方式。随机选择也称随机抽样，指随机地从总体中选择一些个体或整体，从而使选取的样本与总体相似。随机分派也称为随机分配，指通过随机选择被试，并随机地把被试分为实验组和控制组，在此基础上，对实验组和控制组的被试进行等组处理，使每组的每对被试情况相同或相似，促使每组被试尽可能水平相当。

举例：在"小学低年级实行探究式教学法可以提升学生的数学成绩"的实验中，我们在A校一至二年级的全部学生里，采用简单随机抽样的方法，随机选择60名学生构成实验组。如果我们再把这60名学生随机地分为实验组和控制组，这就是随机选择。我们还可以在A校一年级直接随机抽取两个班（整群随机抽样），随机决定一个班为实验组，另一个班为控制组，这也是随机选择。

如果我们将随机选择的60名学生分为同质的两组（同质意味着两组人数均等，其他情况也大致相同，即做了等组处理），再随机决定一个班为实验组，另一个班为控制组，这就是随机分派。

6. 盲法

盲法是采用隐蔽手段，控制实验参与者的偏差或期待的一种控制变量的方法。根据设盲对象的不同，盲法可以分为单盲、双盲。单盲是指被试不知道自己在参与实验，而主试知道。双盲是指主试和被试双方都不知道谁在接受实验处理，谁没有接受实验处理，甚至也不知道实验设计者的意图。

单盲举例：一位研究者在进行"新的教学方法对数学成绩的影响"研究中，随机选取了200名学生，并将其分为两组，研究者知道哪些学生是实验组，哪些学生是控制组，但学生都不知道他们正处于教育实验中。

双盲举例：一位研究者想研究"新的教学方法对数学成绩的影响"，因此选择了同一学校两位水平相当的特级教师以及两个水平相当的重点班，并决定一个班为实验组，一个班为控制组，但是两位特级教师以及两个重点班的学生均不知道研究的目的以及接受实验处理的情况。

7. 统计控制法

统计控制法是指用统计方法对实验数据进行处理以消除或削弱无关变量对因变量的影响，如可使用协方差分析。协方差分析是用于使前测或其他变量不同的对照组等同的控制方法，可以根据前测变量的差别调整后测分数，通过这种方式，使不同对照组的被试在统计意义上等同。

举例：研究数学与语文相关，选取智力水平一样的两个组（配对），把智力水平控制在同一水平上，另外在计算全班平均数时排除两极端的分数，以缩小差距，尽可能反映真实的客观情况。

8. 配对法

配对法也叫匹配法，其主要目的是使实验组和控制组在一些重要条件上相等或接近，从而控制无关变量对实验结果的影响。具体要求：（1）根据实验控制的目的和要求，将实验对象中有关条件相等或接近者分配到一起组成对子。（2）将对子分别分派给实验组和控制组。配对法的关键是配对的特征和条件，因此在配对时应考虑将学生的何种特征作为配对的条件。假定实验因素是教法，无关变量可能有智力、基础成绩、非智力因素、性别等，研究者要以控制的无关因素为配对条件。当然，配对的条件越多，越难配对。但若不全面考虑各个因素，则可能会因某些因素没有作为配对条件而成为未能控制的无关变量，影响实验结果。

举例：要在八年级200名学生中抽取30名学生分成两组，研究新的语文教学方法的教学成效。拟控制学生的基础成绩这个无关因素对实验结果的影响，可用配对法。具体做法是：①将200名学生按他们平时的基础成绩分为上、中、下三类。②计算抽样比例，然后按比例计算每类学生该抽取的大致人数（应为偶数）。③分别在这三类学生中按基础成绩配成对子。以同分者或分数相近者为一对。④将每一对学生分别分派给两个组。使两个组的基础成绩相等或相近，同时也要考虑使两个实验组学生的其他特征（如性别、性格、智力等）尽可能相同或相近。配对法经常与前后测配合使用。

9. 纳入法

纳入法指把影响实验结果的某种（或某些）因素当成自变量来处理，并将其纳入实验设计中，成为多因素实验设计。

举例：在试验启发式教学法和演讲式教学法的优劣时，这个实验研究是单因素实验，只需要考查教学方法与教学成绩的因果关系。但如果研究者想了解智力和性别这两个无关变量是否影响学习成绩，我们不妨把智力和性别纳入该实验研究的过程中，即将智力因素分为高、中、低三个层次，性别分为男、女两类纳入实验设计中，这时，原设计就变为2（两种教学法）×3（三个层次的智力水平）×2（两种性别）的三因素实验设计。

第四节 教育实验设计的主要格式

实验设计符号说明：

X：表示一种实验处理，是指操纵的实验变量； C：表示控制的变量；

O：表示一次测试或观察，是实验处理前或后的观察和测定；

O 的下标（$O_1 O_2$）：表示测量的时间顺序；

G：表示组，实验组或控制组； R：表示被试已被随机选择、分派和控制；

RG：表示被试组是采取随机选择或随机分配而形成的；

—：表示未做实验处理，也可省略不写； ——：表示等组之间水平的线，也可省略不写；

……：表示不等组之间水平的线。

考点1 单组前后测设计的格式及优缺点 ★★★ 6min搞定

（1）特征：①只有一组非随机选择的被试，无控制组；②只给予一次实验处理；③有前测和后测，用前后测的差异作为实验处理效果。

（2）格式：G：O_1 X O_2

（3）优点。

①有前测，可以在实验处理前提供有关选择被试的某些信息。

②通过前后测，可以提供被试在实验处理前后两次观测条件下行为变化的直接数据，能明显地验证实验处理的效果。

③被试兼作控制组，便于估计被试个体态度对实验结果的影响。

（4）缺点。

①没有控制组做比较，不能控制历史、成熟及统计回归等因素的影响。实验设计如果未对这些因素进行控制，则实验的内在效度不高，其科学性较差。

②前测可能影响后测（处理效果），产生实验误差。

考点2 非随机分派控制组前后测设计的格式及优缺点 ★★★★★ 8min搞定

（1）特征：①有两个组（实验组与控制组），一般在原有环境下的自然教学班、年级或学校中进行，不是随机取样分组，因此控制组与实验组不等，但实验处理可随机指派。由于不能用随机等组或配对方法分配被试，只能试图寻找与实验组相匹配的控制组，尽可能使组间平衡，两个组等价。②都有前后测。

（2）格式：G_1：O_1 X O_2
　　　　　　………………
　　　　　　G_2：O_3 C O_4

(3) 优点。

①有控制组，有前后测比较，可以控制成熟、历史、测验、工具、统计回归等因素的影响，能在一定程度上控制被试的选择偏差，从而提高研究的内部效度。

②在统计分析上，要比单组实验设计的统计分析把握性大。在教育研究中，常常采用整组比较设计。

③不打乱自然班组，实施方便，容易被普通学校领导与教师所接受。又因为实验情境与教学环境相似，所以外在效度高。因而，它实际上是最常用的一种教育实验设计模式。

(4) 缺点。

①不是随机取样分组，选择与成熟的交互作用会降低实验的内在效度。

②前后测的交互作用。实验结果不能直接推论到无前测的情境中，对实验结果的解释要慎重。要尽可能从同一总体中抽取样本，以避免被试差异所带来的实验误差。

考点 3 随机分派控制组后测设计的格式及优缺点 ★★★★★ 8min搞定

(1) 特征： ①随机选择被试并随机分派被试到两个组，两组学生的水平相当，也叫等组处理，并且相当多的随机分派实验都会对实验对象进行配对处理（配对法）；②仅实验组接受实验处理；③两组均只有后测，没有前测。

(2) 格式： RG_1: X O_1
RG_2: C O_2

(3) 优点。

①能消除前测与后测、前测与自变量的交互作用，内在效度高，避免了练习效应的影响，节省了人力和物力。

②由于随机取样、随机分派，这里做的等组处理或配对处理对被试进行了严格的选择，促使被试具有总体的代表性。

③随机分派与设计控制组可以进行实验过程的比较，还可以控制历史、成熟、测验与统计回归等因素的影响。

(4) 缺点： 不能对被试缺失进行控制。

考点 4 随机分派控制组前后测设计的格式及优缺点 ★★★★★ 8min搞定

(1) 特征： ①随机选择被试并随机分派被试到两个组，两组学生水平相当，也叫等组处理，并且相当多的随机分派实验都会对实验对象进行配对处理（配对法）；②仅实验组接受实验处理；③两组均有前测和后测；④是一种最基本、最典型的实验设计。

(2) 格式： RG_1: O_1 X O_2
RG_2: O_3 C O_4

(3) 优点。

①由于需要随机取样、随机分派，这里做的等组处理或配对处理对被试进行了严格的选择，促使被试具有总体的代表性。

②有控制组，便于对照比较，可以控制成熟、测验、统计回归等因素的干扰。

③有前后测，易于进行实验前后的比较，能够明显地验证实验处理的效果。

④有控制组和前测，在一定程度上能控制被试的选择偏差、被试对象的流失，从而提高内在效度。

（4）缺点：可能产生前后测的交互作用，前测与实验处理的交互作用会影响外在效度。

凯程拓展

（1）随机分派控制组前后测设计和随机分派控制组后测设计在什么时候用？

当研究者需要收集被试原始状态的数据，并且不担心前测会对后测成绩造成影响时；当研究者需要通过前测来验证两组是否为等组或对两组被试的前后变化程度感兴趣时，可采用随机分派控制组前后测设计。但是，当研究者有理由怀疑前测会对实验结果造成影响，或者前测需要花费大量时间和经费时，最好回避前测，采用随机分派控制组后测设计。

（2）随机法、随机选择、随机分组、随机分派、随机分配、配对法、配对处理、等组处理、等组设计的区分。

① 随机法 $\begin{cases} 随机选择 \\ 随机分组 = 随机分派 = 随机分配 \end{cases}$

② 随机分派需要做等组处理（等组设计），等组的常见方法是两组的大体情况和学习水平相当（也叫两组同质或两组相等），等组处理最佳的方法是配对法（也叫配对处理）。

凯程助记

助记1：怎样记住各种教育实验设计格式的优缺点？这里有窍门。每个实验格式，我们都只需要关注三个要素带来的优缺点，即前测、控制组和随机分派带来的优缺点。只要总结好这三个要素带来的优缺点，每种实验格式我们都可以套用答案。总结如下：

1. 前测

（1）优点：实验处理前可以提供被试的某些信息；比较前后测差异，能明显验证实验处理的效果。

（2）缺点：前测与后测的交互作用，前测与实验处理的交互作用。

2. 控制组

（1）优点：可以控制历史、成熟、统计回归等因素的影响。

（2）缺点：外在效度不高。

3. 随机分派

（1）优点：等组化处理，提高样本的代表性，加强实验样本的可靠性，可控制被试选择的偏差，被试对象的流失等因素。

（2）缺点：扰乱正常的教学秩序。

助记2：教育实验设计总结

实验类型	实验名称	实验格式	优缺点
前实验设计	单组后测设计	G: O_1 X O_2	①有前测；②没有控制组；③非随机
准实验设计	非随机分派控制组前后测设计，也叫不等控制组设计	G_1: O_1 X O_2 ………… G_2: O_3 C O_4	①有前测；②有控制组；③非随机
真实验设计	随机分派控制组前后测设计，也称实验组、控制组前后测设计	RG_1: O_1 X O_2 RG_2: O_3 C O_4	①有前测；②有控制组；③随机
	随机分派控制组后测设计，也称实验组、控制组后测设计	RG_1: X O_1 RG_2: C O_2	①没有前测；②有控制组；③随机

第七章 教育行动研究

第一节 教育行动研究概述

考点 1 教育行动研究的含义与特点 ★★★★ 3min搞定

1. 教育行动研究的含义

教育行动研究是研究人员和实际工作者为了解决教育实践中的问题，在实际工作情境中通过自主的反思性探索，解决实际问题的一种研究活动。教育行动研究是当前非常提倡的一种研究方式，一线教师是主要的研究者，既可以是教师们自己研究实际教学问题，也可以是教师和专家合作，针对实际问题提出改进计划，通过在实践中实施、验证、修正而得到研究结果。

2. 教育行动研究的特点

（1）**为教育行动而研究**。这是教育行动研究的目的，是与传统研究"为理论建构而研究"的研究目的相对应的，主要体现在三个方面：第一是为了解决教育行动中的实际问题；第二是为了提高教育行动的效率；第三是为了提高教师的教育行动能力与素养。

（2）**由教育行动者研究**。这指出了教育行动研究的主体主要是教师，而不是外来的专家学者。教育行动研究要求教育一线人员参与研究，对自己从事的实际工作进行反思，在反思中提高理论水平和实践能力。

（3）**在教育行动中研究**。这是教育行动研究的情境，一方面要求关注研究情境的特殊性；另一方面证明行动的过程就是努力提高行动效率，改善行动质量，提高自我行动能力的过程。

考点 2 教育行动研究的优缺点 ★★★★ 12min搞定

1. 教育行动研究的优点

（1）**适应性和灵活性**。教育行动研究可以在研究过程中不断调整和修改研究方案，增加或减少子目标。教育行动研究更加重视实际的教育环境，对实验条件的控制较为宽松，教师具有很强的可操作性和灵活性。

（2）**评价的持续性和反馈的及时性**。评价的持续性是指在整个研究过程中贯穿诊断性评价、形成性评价、总结性评价。反馈的及时性是指：①及时反馈总结，使教育实践与科学研究处于动态结合与反馈中；②一旦发现较为肯定的结果，立即反馈到教育实践中。

（3）**较强的实践性与参与性**。实践性是指教育行动研究总是围绕学校的实际问题展开，与教育实践密切联系。参与性是指教育行动研究的研究人员包括专业研究人员、行政领导以及一线教师，研究人员通过不同的方式直接或间接参与研究。

（4）**多种研究方法的综合使用**。在教育行动研究中可以综合、灵活、合理地运用多种研究方法，可以单独使用观察法、问卷或访谈、准实验或前实验、个案研究、叙事研究等研究方法，也可以联合使用两种或多种研究方法。理想的行动研究应是多种科学研究方法灵活且合理的并用。

2. 教育行动研究的缺点

（1）**研究对象样本受限，不具有代表性**。由于教育行动研究常常在实际的、具体的情境中进行研究，如某个教师只会在自己的班级中进行研究，这就说明研究样本受到限制，最终结果不具有代表性。实际上，行动研究更适用于小规模的微观教育实践活动。

（2）**研究过程控制不足，研究结果效度低**。教育行动研究对自变量的控制很少，其内在效度与外在效度稍显薄弱，在某些方面缺乏严格的科学性要求，导致其研究结果的准确性和可靠性不够。

（3）**研究人员能力受限或合作不佳，导致研究不合理**。有的研究由一线教师单独完成，这就依赖教师们的研究水平和能力，如果教师的研究能力有限，那么研究结果更像是经验描述，缺乏可靠的论证过程。有的研究由一线教师和理论研究者合作完成，而在实践中协调二者工作的难度大，合作不佳的时候，也会影响研究结果。

凯程拓展

教师的教育行动研究与专家的传统教育研究的对比

维度	教育行动研究	传统教育研究
问题的提出	研究问题由教师本人提出，是教师直接关心的教学实践问题	一般是研究者选的课题，与教师和学生的实际需要没有直接的关系
研究对象	研究自己的学生和自己的教学，与本人有密切的关系	研究者与他要研究的学校、教师、学生等无直接的关系
研究者角色	教师是设计者、实施者、参与者、评价者	研究者仅是设计者、指导者、评价者
研究目的	促进教师职业发展，改进教学实践	验证理论，发现规律，提供宏观指导和决策
研究过程	自下而上，既重视结果又重视过程	自上而下，重视结果是否验证了假设
研究方法	观察、反思、日志、座谈、问卷、准实验等多种方法	也会使用实验、比较、测量、问卷调查、实验等方法，但实施过程控制程度高，更加严谨
结论的意义	结论可直接应用于改进实践	一般得出普遍性的结论，用于提供宏观指导和参考

第二节 教育行动研究的基本步骤

考点 1 教育行动研究的基本步骤 ★★★★ 15min搞定

目前影响较大的行动研究程序是由凯米斯等人提出的，他们认为行动研究是一个螺旋式加深的发展过程，包括计划、行动、观察和反思四个环节。

1. 计划

"计划"是开展行动研究的蓝图，也是整个研究的规划，包括总体计划和每一步的计划。"它"包含三方面的内容和要求：

（1）**发现问题**。行动研究始于研究者解决问题的需要，它要求研究者从现状调研、问题诊断入手，弄清楚以下问题。

①**我们遇到的是一个什么问题？** 如教学方法问题、学生的心理问题、课堂纪律问题、学习动机问题等。

②**这个问题是普遍的还是特殊的？** 如是几乎所有学校、所有班级、所有这个年龄阶段的学生普遍具有这个问题，还是只有这班的学生、只有这门课、只有某一个学生小团体有这个问题。

③**这个问题的形成原因可能有哪些？** 如是受社会大环境的影响，还是受学校校风的影响，或者是只

受这个班的班风影响；是教学内容的原因，还是教学方法的原因，或者是学生心理方面的原因等。

④这个问题的存在对课堂教学的效果有什么影响？ 如会不会严重影响到教学效率，或者改进之后会不会比较明显地提高教学效果等。

（2）**寻找方案**。对问题做了界定与分析之后，接下来要考虑的问题是如何解决这一问题。研究者可以通过查阅相关文献资料、参与相关培训、向同行请教等方式来寻找解决问题的方法，并根据自身知识与经验构思计划。

（3）**制订计划**。由于行动研究是在行动观察中实施研究，因此研究计划应体现灵活性、能动性和开放性。制订研究计划时既要考虑可能出现的、未曾预料到的制约因素，又要强调依据行动中的反馈信息对研究计划进行过程的修订和完善。

2. 行动

"行动"就是指计划的实施，它是行动者有目的、负责任、按计划的行动过程。在行动中，要按计划、有控制地进行变革。在变革中促进工作的改进，包括认识的改进和所在环境的改进。要考虑实际情况的变化，进行不断的行动调整。"行动"包括以下几点：

（1）**行动必须以研究计划为指导**。在行动研究中，教师的行动不是漫无目的的，而是根据已经制订好的计划展开教育教学实践的过程，因此具有鲜明的目的性和计划性。切忌一到实践场域，就进入习惯性工作的轨道，将前期的研究计划完全抛之脑后，导致计划是一套，行动又是另一套。

（2）**行动过程中可以灵活调整预先设计好的计划**。首先，行动研究的计划常常需要根据研究的进程和环境的改变而进行调整；其次，教师在不断地反思和积累中，难免会形成对问题的新认识；最后，在研究的过程中，也难免会有新的因素介入研究，从而影响原有计划的完成。在这些情况下，研究中计划有调整、行为有变动，都是情理之中的事情。

（3）**合理使用各种方法，搜集研究资料**。在实施计划的行动中，还要注意搜集每一步行动的反馈信息。获得可行的信息才能进入下一步计划和行动。否则，总体计划甚至连基本设想都有可能需要做出调整或修改。

3. 观察

"观察"是指对行动的过程、结果、背景以及行动者的特点的考察。"观察"是反思、修订计划和进行下一步的前提条件，在行动研究中的观察包括：

（1）**谁来观察？** ①教师可以自己观察和记录，但有必要提醒的是，教师自己的观察要尽量保持客观，不要让先入为主的主观愿望左右了观察结果。②教师可以委托几个学生对他们的课堂进行观察和记录，但学生的记录未必全面，还会耽误这些学生的课堂学习。③教师可以邀请自己的同事或者相关领域的研究者到自己的课堂中进行观察和记录。邀请他人观察和记录的好处是，大家有比较共同的经验基础和兴趣点，易于交流与合作，更容易发现问题，而且由别人来观察也比较客观。

（2）**观察什么？** 在教育行动研究中，教师的观察对象是全面且多样的，不仅要观察行动的过程和研究对象（学生）的变化，而且要观察行动的结果，除此之外，行动的背景和行动者（即教师）自身的特点都需要观察。我们只有做了全面的、系统的观察，才能够对下一轮行动研究的计划做出合理的调整，最终提供一个中肯的结论。

（3）**怎么观察？** 当我们谈具体的观察方法时，可以使用教育观察方法里的各种观察方法和记录方式，也可以采用问卷、访谈来了解学生对教学变化的看法，还可以使用测量试卷来观测学生成绩的变化。可见，行动研究中的"观察"泛指一切了解实情的手段和方法，并不局限于教育研究中的观察法。

4. 反思

"反思"既是行动研究第一个循环的结束，又意味着新的行动研究循环的开始。反思的目的在于寻求教师行动或实践的合理性。"反思"这一环节包括：

（1）**整理与描述**。行动者要对研究中获得的数据、资料进行科学处理，对观察到的、感受到的、与制订计划、实施计划有关的各种现象进行归纳整理；并描述本轮研究的进程和结果，特别是多侧面地、生动地勾画出行动的过程。

（2）**评价与解释**。行动者要对行动研究的过程和结果进行判断和评价，并对有关现象和原因做出分析和解释。

（3）**反思与修正**。行动者要反思研究中存在的问题，或研究过程中存在的失误；思考研究已经取得什么成果，还应该如何改进研究以取得新成果。进而使行动者对整体设想、总体计划和下一步行动方案是否需要修正以及需做哪些修正做出判断和构想。

（4）**写出研究报告**。行动研究的报告是指在行动研究的过程中或行动研究告一段落后，对行动研究的过程进行记录、描写、阐释和反思。行动研究的报告可以采取不同的写作形式，比如以下四种形式：

①**研究日志**。研究日志也称为"教学日志""工作日志""教师日志"，是教师对生活事件定期的记录，它有意识地、生动地表达了教师自己的想法。

②**教育叙事**。教育叙事既指教师在行动研究过程中用叙事方法所做的某些简短的记录，也指教师在行动研究中采用叙事方法所写的研究成果。

③**教育案例**。教育案例是指针对有教育问题和疑难情景在内的真实发生的典型性事件。教育案例所记录的故事需要包含教师在行动过程中的思考，解决疑难问题所采用的方法，以及疑难问题被解决的程度。

④**教学课例**。教学课例是指在对一堂课进行实录的基础上，对这节课进行反思与评析。

总之，行动研究可以循环多轮进行研究，研究者往往在第一轮行动研究的计划、行动、观察和反思四个环节中找到研究需要突破的新问题，或需要调整的新内容，再开始第二轮行动研究，之后还可以进行第三轮、第四轮等多轮行动研究，循环上升，不断推进研究的进程，帮助教师获得更多的思考。

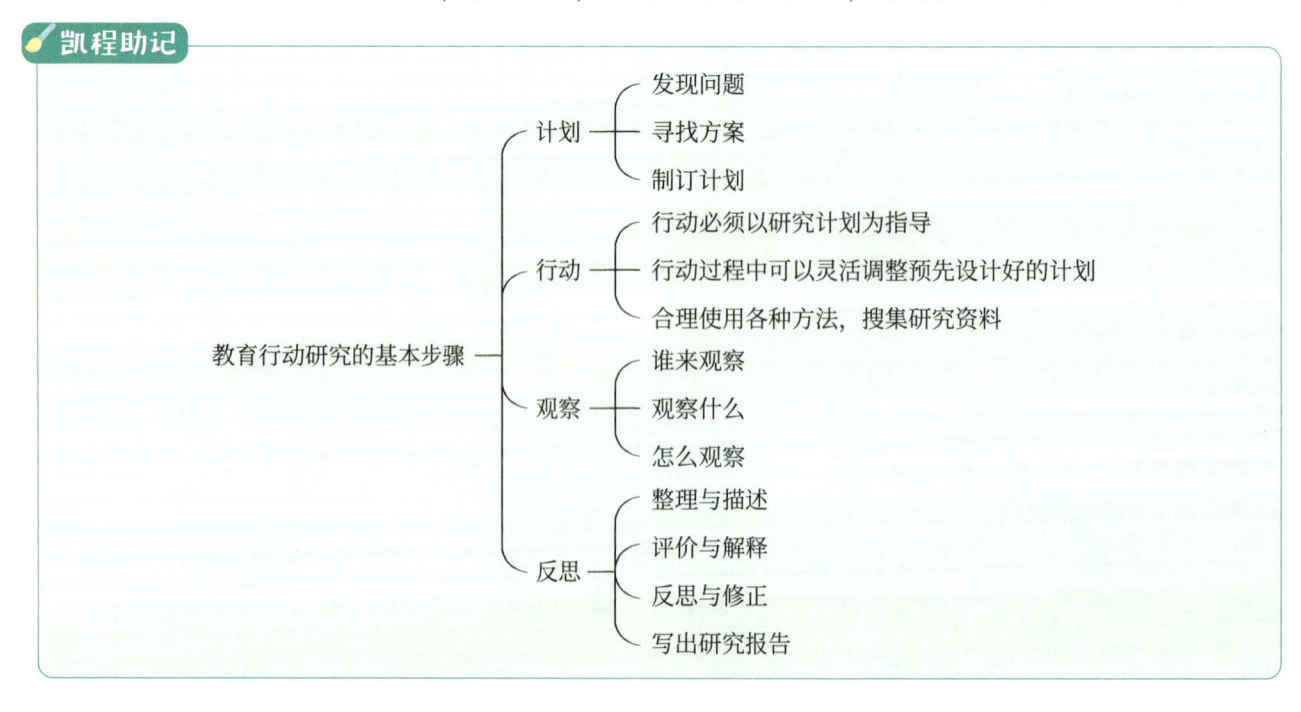

凯程助记

```
                          ┌─ 发现问题
                    计划 ─┼─ 寻找方案
                          └─ 制订计划
                          ┌─ 行动必须以研究计划为指导
                    行动 ─┼─ 行动过程中可以灵活调整预先设计好的计划
教育行动研究的基本步骤 ─┤      └─ 合理使用各种方法，搜集研究资料
                          ┌─ 谁来观察
                    观察 ─┼─ 观察什么
                          └─ 怎么观察
                          ┌─ 整理与描述
                    反思 ─┼─ 评价与解释
                          ├─ 反思与修正
                          └─ 写出研究报告
```

凯程拓展

关于行动研究的案例：
一位小学教师用爱化解学生对学校生活的恐惧的故事

1. 计划

T老师在学校门口意外地发现班上的学生S正对送她的父亲大发脾气，但学生S在学校很少与老师、同学接触，上课发言时也很胆怯。T老师认为可以将学生S校内外言行态度存在反差的现象作为教育研究问题。

T老师通过家访了解到S在幼儿园期间因犯错误被教师关在厕所，S哭了两个小时，老师才想起S还在厕所里，之后S大病了一场，并且不愿意上幼儿园，也怕老师。据此初步形成行动研究计划：

第一步，从协调S与同学的关系入手，消除S与同学交往的胆怯，使她不再回避同学；

第二步，从协调教师与S的关系入手，消除S对教师的害怕，使她不再回避教师；

第三步，在日常教学过程中，教师积极观察并有意识地调查S所参与的班级学习活动，引导她逐步融入集体学习；

第四步，进行专题教育活动，用全班师生的真心、真情消除S心灵深处对学校生活的恐惧。

T老师希望S能够与老师、同学轻松愉快地交往，并且S不再对家长粗暴地发脾气。

2. 行动与观察

根据制订的行动计划，T老师针对S进行的系列教育行动随着S发生的变化有步骤地进行着。

（1）通过重新调换学生的座位让S减少对同学的戒备心理，能与同学正常交往。

行动：T老师给S安排了一位热心、爱动、爱说话的男生做同桌。

观察：当T老师几次观察到S与同学有了主动交往的一些行为后，开始着手进行研究的第二个步骤。

（2）教师不断利用非正式场合与S近距离接触，消除S对教师的胆怯，使其能接纳教师。

行动：T老师坚持经常靠近S，并不采取什么特别的行动。

观察：几天下来，T老师发现S已经不太在乎老师是否在身边了，尝试与S进一步接触。

行动：T老师引导S第一次和大家一起度过课间的活动时间。

观察：只要做出一些努力，S对学校生活的感受是能够发生变化的。她开始着手实施自己的第三个研究活动。

（3）教师通过有准备的英语课堂对话练习鼓励S发言，帮助她建立参与课堂学习活动的信心。

行动：在一节英语课上，T老师与S进行了对话练习，并请全班同学为S鼓掌。

观察：T老师从S的话语和表情中看到了S正在建立起对老师和同学的信任。

（4）与S进行一次特殊的个别谈话。

行动：T老师表示遇到了曾经把S关在厕所的A老师，A老师拜托她代其向S道歉。

观察：T老师注意到S的情绪变化，从开始的怔怔，到放声大哭，再到低声抽泣，最后用轻声的话语表示了对曾经令她伤心的A老师的原谅。

3. 反思

T老师从多方面了解对S的教育效果。从S家长的反馈中了解到S回到家变得喜欢和家人谈论学校的事情，对家人的表现也有所转变。通过其他老师了解到S不再像以前那样胆小怕事，学习的积极性和主动性都有所提高。

T老师对围绕S对学校、教师有恐惧感，对家人任性无礼的问题设计并实施的一系列教育行动研究进行了梳理和反思。但也想到S的行为转变刚刚开始，是否还需要一些持续活动的跟进。如设计一个新的班级活动，发动和指导学生以"爸爸妈妈的一天"为主题写日记，并开展全班同学的交流活动；进一步引导学生发现父母的忙碌与辛劳，并观察S以及全班学生的参与情况。T老师对S的一个教育行动研究过程似乎已经结束，但新的教育行动研究又即将开始。

【考题预测】

【分项式考题】

1. 为探究学校教学过程中的师生关系，了解课堂教学中的师生互动情况，某学校计划进行以"语文课堂师生互动"为主题的研究，希望改善教学过程中的师生互动情况，构建民主型师生关系。（材料大意）（2021年西南大学333真题）

(1) 为这一研究拟一个合适的标题。
(2) 如果该研究使用观察法，说说观察的步骤和注意事项。
(3) 制定事件取样观察表，确定至少五个观察项目。

2. 某研究者欲以"外来务工人员子女家庭教育现状的调查研究"为题在某地区初中开展研究，旨在了解该地区外来务工人员子女家庭教育存在的问题，并进行成因分析，寻求相应的对策。（2014年311教育学统考真题）

(1) 该地区有三所外来务工人员子女教育定点初中，共有960名外来务工人员子女。其中A校256名，B校360名，C校344名。现拟从中抽取120名学生作为样本进行问卷调查。为了使样本与总体在结构上保持一致，以保证样本的代表性，应采用何种取样方法？如何抽取样本（写出步骤）？
(2) 请按问卷指导语的要求，拟出一份问卷指导语。
(3) 为了解外来务工人员子女家庭教育存在的深层次问题，研究者还拟对部分家长进行访谈调查，请按访谈调查的要求拟出一份访谈提纲（至少包含5个问题）。

3. 阅读下述案例，按要求回答问题。

某研究者想探明教学方式与学生思维品质形成的关系，于是在一所小学随机选择了一个班作为实验班，采用新的应用题教学方式实施教学，如以自编应用题（一题多变）和解应用题（一题多解）培养学生思维的灵活性，以应用题归类教学培养学生思维的深刻性，等等。实验前后分别对该班进行了难度相当的测试。将该班前后测平均成绩的差异视为实验产生的效果。（2008年311教育学统考真题）

(1) 写出该研究使用的随机抽样方法的名称。
(2) 写出该实验的研究假设。
(3) 写出该实验设计的名称，并用符号表示其格式。
(4) 试从实验设计方面分析该研究可能存在的问题，并提出改进方案。

4. 小学语文教师王老师酷爱传统文化。他在识字教学中感觉到，借助繁体字可以帮助学生对生字的理解和记忆。于是他计划在文献研究的基础上申报课题，在学校科研顾问黄教授的帮助下，开展改善识字教学的行动研究。请按要求答题。（2016年311教育学统考真题）

(1) 试为该课题设计一个课题名称。
(2) 请为该课题设计文献检索的主题词和文献综述的基本框架。
(3) 该课题的研究主体、研究对象和研究样本是什么？
(4) 请按照凯米斯程序，说明该课题研究的主要步骤及每一步骤的具体要求。

【笼统式考题】

1. 光明路实验学校为充分发挥劳动综合育人的功能，加强了学生生活实践、劳动技术和职业体验教育，学校优化综合实践活动课程结构，提出确保劳动教育类课时不少于一半，并要求家长配合给孩子安排力所能及的家务劳动。学校有学生值日制度，定期组织学生参加校园活动，积极开展校外劳动实践和社区志愿服务，请就光明实验学校的实践做法选择其中一项活动设计一个方案，评价其实施效果。研究方案至少包括如下方面：题目、研究背景及目的、研究问题、研究意义、研究方法、研究对象的选取。（2022年北京师范大学901真题）

2. 根据学生不同阶段身心特点，科学设计各级各类教育德育目标要求，引导学生养成良好思想道德、心理素质和行为习惯，传承红色基因，增强"四个自信"，立志听党话、跟党走，立志扎根人民、奉献国家。通过信息化等手段，探索学生、家长、教师以及社区等参与评价的有效方式，客观记录学生品行日常表现和突出表现，特别是践行社会主义核心价值观情况，将其作为学生综合素质评价的重要内容。

问题：请围绕完善学生德育评价，设计一份研究方案。（2020年北京师范大学901真题）